区块链
原理与技术应用

张小松　李　凡　黄明峰◎主　编
李　涤　项　磊　顾立庆◎副主编

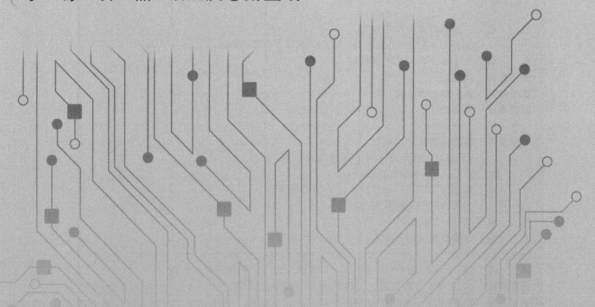

西安交通大学出版社
XI'AN JIAOTONG UNIVERSITY PRESS

内容简介

本书以区块链的相关技术原理为基础,全面介绍了区块链技术、比特币区块链系统、以太坊区块链系统、超级账本区块链系统、区块链信息安全技术、区块链共识机制、区块链智能合约技术、区块链 P2P 网络技术、BaaS 区块链即服务平台技术、区块链技术的应用等内容。

本书可作为区块链工程类专业的教学用书或参考书,也可为研究区块链的科研人员和相关读者提供一定的帮助。由于区块链作为一种新型去中心化的信任基础技术体系尚处于快速发展过程中,书中不足之处,敬请读者积极指正。

图书在版编目(CIP)数据

区块链原理与技术应用/ 张小松,李凡,黄明峰主编
. — 西安 :西安交通大学出版社,2023.4(2025.1重印)
ISBN 978 - 7 - 5693 - 3157 - 8

Ⅰ.①区… Ⅱ.①张…②李…③黄… Ⅲ.①区块链技术 Ⅳ.①TP311.135.9

中国国家版本馆 CIP 数据核字(2023)第 053752 号

书　　名	区块链原理与技术应用
	QUKUAILIAN YUANLI YU JISHU YINGYONG
主　　编	张小松　李　凡　黄明峰
责任编辑	魏照民
责任校对	魏　萍　李　文
封面设计	任加盟
出版发行	西安交通大学出版社
	(西安市兴庆南路 1 号　邮政编码 710048)
网　　址	http://www.xjtupress.com
电　　话	(029)82668357　82667874(市场营销中心)
	(029)82668315(总编办)
传　　真	(029)82668280
印　　刷	西安日报社印务中心
开　　本	787 mm×1092 mm　1/16　印张 17　字数 371 千字
版次印次	2023 年 4 月第 1 版　　2025 年 1 月第 2 次印刷
书　　号	ISBN 978 - 7 - 5693 - 3157 - 8
定　　价	49.80 元

如发现印装质量问题,请与本社市场营销中心联系。
订购热线:(029)82665248　(029)82667874
投稿热线:(029)82668133
读者信箱:xj_rwjg@126.com

前　言

如果你不相信我或者不能理解我,那我没有时间去说服你,对不起。(If you don't be-lieve me or don't get it, I don't have time to try to convince you, sorry.)

——中本聪(Satoshi Nakamoto)

2009 年以来,由于基于区块链的比特币(Bitcoin)、以太坊(Ethereum)等加密货币系统的成功,区块链技术受到世界各国政府及学术界、科技界、产业界的高度关注。区块链是分布式计算与存储、P2P 网络、共识机制、智能合约、密码学算法等多种技术相互融合的新一代信息技术,本质上是由一组相互不完全信任的节点共同维护,只允许记录新数据,而不允许对历史数据进行修改或删除的分布式账本系统。

在最初的设计中,比特币系统区块链在所有网络节点之间共享系统状态,并实现了一种简单的复制状态机模型,通过哈希计算对全部交易加上时间戳,将它们合并入一个不断延伸的基于随机散列的 PoW 工作量证明的链条作为交易记录,除非重新完成全部的工作量证明,形成的交易记录将不可更改。从那时起,区块链技术迅速发展,以太坊系统开始成为支持用户自定义的状态和图灵完备的状态机模型,创新性地支持被称为"智能合约"的基于区块链的可编程应用程序。智能合约一旦在区块链上部署,所有参与节点都会严格按照合约程序中规定的逻辑执行。区块链的去中心化、数据防篡改等特性,为智能合约提供了一个可信的运行环境。智能合约机制也使区块链技术从最初单一的加密货币应用,延伸到金融服务、政务服务、权属管理、征信管理、共享经济、供应链管理、物联网等各个应用领域,智能合约的功能范围也从早期的合同执行,创造性地拓展到各类应用场景。

经过十多年的发展,区块链技术已成为 21 世纪最具有影响力的新一代信息技术之一,是自主技术创新的重要突破口,面向由陌生主体构成的开放网络环境的数字价值创造、数字价值交换与记录过程,提供一种在不可信环境中,由多方集体维护、不可篡改、可追溯、公开透明的链式数据存储与分布式账本服务,有效降低第三方信任服务的成本和中心化信任服务的风险,实现了一种创造数字世界中不可复制东西的能力,是发展数字经济、构建变革性的价值生态系统的重要基础设施,具有广阔的应用前景与价值。

未来与区块链技术相互融合的应用将会越来越多,对区块链技术原理进行更加深入的理解与研究将是很多领域的创新创业中不可或缺的一环,这迫切需要加快区块链专业技术人才培养。2020 年 2 月 21 日,教育部批准成都信息工程大学开设全国首个"区块链工程"(Block chain Engineering)本科专业,其专业代码是 080917T。清华大学、北京大学、浙江大学、同济大学、武汉大学、中央财经大学、北京邮电大学、西安交通大学、上海财经大学、上海交通大学、电子科技大学等几十所高校都在积极推进区块链人才培养工作,开设了区块链相关课程。因此,需要一本适用于"区块链工程"本科专业相关区块链原理核心课程的教材,这也是本书编著的主要目的。

本书用通俗易懂的语言,比较全面、系统地介绍了区块链系统设计与工作原理,以及智能合约与区块链应用开发技术。第一章概括性地介绍了区块链技术背景、区块链的基本概念、区块链技术发展历史、区块链系统总体架构、区块链技术应用概况等内容。第二章至第四章,从比特币、以太坊、超级账本 Fabric 等典型区块链系统架构入手,分别介绍比特币、以太坊、超级账本 Fabric 等区块链系统逻辑架构中数据层、网络层、共识层、激励层、合约层等主要功能层级的核心机制与技术原理。第五章从与区块链系统共识机制紧密相关的密码学基础知识入手,分别介绍在区块链系统中普遍采用的哈希算法、非对称加密算法、数字签名、PKI 公钥基础设施、默克尔树(Merkle Tree)、默克尔帕特里夏树(Merkle Patricia Tree)等信息安全相关技术原理。第六章从区块链共识机制的基本原理与问题入手,详细介绍分布式系统的共识算法分类以及相关的算法原理,并重点阐述目前在区块链系统中主要使用的 PoW、PoS、PBFT、Raft 等共识算法。第七章从智能合约的基本概念入手,首先介绍智能合约的定义、作用和特点,然后重点描述智能合约相关技术原理与实现机制,包括智能合约设计模型、以太坊智能合约实现机制、超级账本智能合约实现机制等内容。第八章从 P2P 网络技术的基本概念入手,阐述 P2P 网络的定义、特点以及 P2P 网络相关模型与算法,并详细介绍典型区块链系统中 P2P 网络的工作机制。第九章从区块链即服务(BaaS)的基本概念入手,阐述 BaaS 的起源、定义与应用优势,然后对 BaaS 相关的云计算、Docker 容器、跨链访问管理等核心技术进行介绍,详细描述 BaaS 平台系统逻辑架构与主要功能以及微软、IBM、腾讯、百度等推出的典型的 BaaS 服务平台。第十章从基于区块链的应用系统相关概念入手,首先阐述了区块链系统的基础功能原语,基于区块链的应用分类与评估方法,以及基于区块链的应用系统模型;其次重点介绍了多个区块链技术应用方向;最后描述了几个典型的区块链技术参考应用方案。

本书由电子科技大学张小松、成都信息工程大学李凡、云上贵州大数据产业发展有限公司黄明峰担任主编,贵州师范大学李涤、贵州省公共资源(国有企业生产资料)交易中心项磊、成都众里智慧科技有限公司顾立庆共同担任副主编。编写分工如下:张小松负责编写本书第一章、第五章、第六章和第九章的内容(总计约 12.2 万字);李凡负责第二章、第三章、第七章和第十章的内容(总计约 12 万字);黄明峰负责第四章和第八章的内容(总计约 6.3 万字);李涤参与编写第九章的内容(总计约 3.5 万字);项磊、顾立庆参与编写第十章的内容(总计约 3.1 万字)。张小松、李凡做了本书的统稿工作。

由于区块链作为新一代信息技术尚处于快速发展过程中,加之作者水平有限,书中内容出现疏漏在所难免。如果读者发现任何问题和不足,敬请积极指正。

先修课程

本书假定读者已经学习了软件工程、面向对象程序设计语言(Go/Java/C＋＋)、计算机网络、数据结构、信息安全基础原理等课程或有相关的知识背景。

课程计划安排

如果计划开设一门区块链技术原理类基础课程,可以采用本书作为教材。下面给出了一个按照 48 课时(36 课时讲授/12 课时实验)集中教学来设计的课程教学计划,其中 36 课时讲授安排如下表所示。

课次	主题	课时	本书章节
1	区块链技术概述	2	第一章
2,3	比特币区块链系统	4	第二章
4,5	以太坊区块链系统	4	第三章
6,7	超级账本区块链系统	4	第四章
8,9	区块链信息安全技术	4	第五章
10,11	区块链共识机制	4	第六章
12,13	区块链智能合约技术	4	第七章
14	区块链 P2P 网络技术	2	第八章
15,16	区块链技术的应用	4	第十章
17,18	区块链即服务平台技术	4	第九章

编者

2022 年 6 月

目　录

第一章 区块链技术概述

区块链（Blockchain）从字面意思理解是"由区块组成的链"，这个概念最早出现于 2008 年 10 月 31 日（北美东部时间）署名"中本聪"（Satoshi Nakamoto）的作者发表的论文《比特币：一种点对点的电子现金系统》（Bitcoin：A Peer-to-Peer Electronic Cash System）中，该论文首次提出"区块链"（Chain of Blocks）是一种用于记录交易账本的数据结构。

随着区块链技术十多年的发展与应用，人们逐步加深了对区块链技术本质的认识。最初人们将区块链视为一种分布式账本系统，通过维护数据块的链式结构，可以维持持续增长的、不可篡改的数据记录。近年来，人们认识到，区块链作为新一代信息技术，与云计算、人工智能、大数据、物联网等技术一样，有利于人类生产能力与生产效率的提升，有利于开放数字经济社会环境下人类生产关系的优化与重构。

区块链技术也不是全新的技术，而是将分布式计算与存储、共识机制、智能合约、P2P 网络、网络安全等多种计算机技术相互融合的应用技术创新。

本章将描述区块链技术背景、区块链的基本概念、区块链技术发展历史、区块链系统总体架构、区块链技术应用概况等内容。

1.1 区块链技术背景

1.1.1 区块链产生的背景

随着人类处理大数据的数量、质量和速度的能力不断增强，推动人类经济形态由工业经济向数字经济形态转化，数字技术被广泛使用并由此带来了整个经济环境和经济活动的根本变化。企业、消费者和政府之间通过网络进行的交易迅速增长，必须极大地降低社会交易成本，提高资源优化配置效率，才能提高产品、企业、产业附加值，推动社会生产力快速发展。而人类社会交易是个体或组织价值创造、价值交换与价值记录的过程。在这个过程中，所有环节的"可信"是有效社会交易活动的前提与基础，信任是确保人类社会交易甚至生产关系得以维系发展的核心要素。

根据信任主体之间的关系,可以把信任服务模式划分为无中介熟人信任、第三方信任和无中介陌生人信任等3种类型,如表1-1所示。无中介熟人信任,信任主体之间的信任关系构建在对相互身份、交往历史的了解和掌握的基础之上,信任主体之间为"熟人"关系;第三方信任,信任主体之间为"陌生人"关系,相互之间的信任依托于对第三方中介的信任,对第三方中介的信任程度直接影响对"陌生人"的信任程度;无中介陌生人信任,信任主体之间虽是"陌生人"关系,但相互之间构建信任关系并不依赖于第三方中介,信任的构建将依赖于软件算法与机器系统,如依托区块链系统。

表1-1 信任服务模式的对比

信任服务模式	信任主体关系	是否第三方参与	信任依据
无中介熟人信任	熟人关系	否	熟人
第三方信任	陌生人关系	是	第三方可信度
无中介陌生人信任	陌生人关系	否	软件算法与机器系统

传统的信任服务模式包括无中介熟人信任、第三方信任等,在人类社会发展过程中,都发挥过重要作用,甚至使用至今,但均存在许多局限性。

无中介熟人信任是一种最早出现的信任服务模式,信任主体需要对价值交往对象的身份、交往历史进行了解和掌握,这种了解和掌握是构建在与交往对象的长期相识、相处及价值频繁交互的历史信息基础之上的,因而具有以下局限性:

(1)信任的基础是由特定原因形成的熟人社会关系,如亲戚、同乡、同学、同事等。

(2)信任的建立需要投入大量时间、精力,甚至情感等。

(3)信任形成范围十分有限,信任主体对象数量有限。

无中介熟人信任服务模式的特点决定了其信任范围、作用范围有限,并且信任成本高昂而低效,但是无中介熟人信任在现代社会中仍然在使用。

由于无中介熟人信任是一种落后的信任服务模式,已不适应人类社会经济活动快速发展的需要,因而出现了更具效率的第三方信任服务模式。与无中介熟人信任相比,第三方信任具有以下优势:

(1)信任主体的范围大大扩展,由原来极其狭窄的熟人群体扩展到广大的陌生人群体。

(2)由对个体的信任转变为对第三方中介平台的信任。

(3)第三方中介平台的信任服务能力决定了对个体的信任水平。

第三方信任是当前人类社会的主流信任服务模式,构成了现代社会经济活动的基础框架,但第三方信任体系仍有其局限性,主要表现在以下两个方面。

(1)第三方信任的构建成本仍然高昂。一个权威可信的第三方信任服务平台,必须具备大量资金投入与保障、规范的管理制度与严格执行、高水平高素质的运营团队,方可持续运营与服务,必然需要承担由此带来的高昂的交易成本。

（2）第三方信任的信任风险仍然广泛存在。由于第三方信任服务模式依赖于第三方中介平台，而第三方中介平台本身在资源投入、信息获取和运营管理能力方面的问题，以及自身潜藏的内部人员的作恶风险，均可能造成第三方信任的削弱甚至丧失。

21世纪以来，数字化的技术、商品与服务不仅在向传统产业进行多方向、多层面与多链条的加速渗透，而且在推动诸如互联网数据中心建设与服务等数字产业链和产业集群不断发展壮大。比如，我国重点推进建设的5G网络、数据中心、工业互联网等新型基础设施，本质上就是围绕科技新产业的数字经济基础设施。数字经济发展使人类对"信息"的价值创造、传播与利用的时间与空间范围获得了空前的释放，企业、消费者和政府之间通过互联网进行的交易爆发式增长，第三方信任服务模式因其在成本、效率、风险等方面的局限性越来越跟不上数字经济发展的步伐，迫切需要发展全新的信任服务模式，进一步降低信任服务的成本和风险，提高服务效率，并打破互联网垄断格局，推动数字经济持续创新与高速发展。区块链作为一种创新的只依赖于软件算法与机器系统的无中介陌生人信任服务体系进入了学术界和产业界的视野。

1.1.2　区块链的起源

区块链技术起源于人类设计使用数字货币替代实体货币的长期探索和实践过程中。货币是人类社会商品交换的产物，是在商品交换过程中从商品中分离出来的固定地充当一般等价物的商品，其本质上是财产所有者与市场关于交换权的契约。在人类几千年的社会发展过程中，先后出现了实物货币（如贵金属货币）、代用货币（如银票）、信用货币（如纸币）、电子货币（如信用卡、储蓄卡）、数字货币（如央行数字货币）等货币类型。近代以来，在相当长的时间内，纸币一直是货币的主要形态，但是纸币的发行、印制、回笼和贮藏等环节成本较高，流通体系层级多，且携带不便、易被伪造、匿名不可控，存在被用于洗钱等违法犯罪活动的风险，虽然现代电子货币（信用卡、支付宝、微信等）弥补了纸币的诸多问题，但电子货币依赖背后的集中式支付体系，一旦碰到支付系统故障、断网、缺乏支付终端等情况，就无法使用。同时，尽管集中式支付体系的结构带来了管理和监管上的便利，但系统安全性仍然存在很大挑战，诸如伪造、信用卡诈骗、盗刷、转账骗局等安全事件屡见不鲜。

从20世纪80年代开始，研究人员一直在探索设计实现一种新型数字货币，保持既有货币方便易用的特性，同时消除纸币和电子货币在使用上的缺陷。

1983年，大卫·乔姆（David Chaum）在其发表的论文《不可追踪支付的盲签技术》（Blind Signatures for Untraceable Payments）中提出了基于盲签名技术的 e-Cash 数字加密货币方案。

1997年，英国著名的计算机科学家和密码学家亚当·巴克（Adam Back）在"加密朋克"（CryptoPunk）邮件列表发送了一封主题为"一种基于局部哈希冲突的邮资方案"（A Partial Hash Collision Based Postage Scheme）的邮件，提出了哈希现金（Hash Cash）技术方案，该方案中首次使用一种叫作工作量证明（Proof of Work，PoW）的技术来解决垃圾邮件问题。

　　1998 年,华人密码学家戴维(Wei Dai)在"加密朋克"邮件列表发送一封关于 B-money 的技术设想,B-money 的设计目标是一种采用 PoW 工作量证明机制和分布式记账的电子现金系统,但是 B-money 交易过程还是要依赖于第三方信任服务体系,PoW 机制只能保证代表电子现金的一串数字的确对应了真实世界一定价值的资源消耗,但如果没有对分布式账本记录的第三方见证人,就不能防止同一串数字被同一个人多次使用,即存在对数字货币来说是致命的双花问题。可见,信任服务体系已成为制约数字货币技术实现的难题之一。

　　在前人工作的基础上,2008 年 10 月 31 日,中本聪(Satoshi Nakamoto)在其发表的论文《比特币:一种点对点的电子现金系统》(Bitcoin:A Peer-to-Peer Electronic Cash System)中,提出了一种基于无中介陌生人信任服务体系的分布式账本技术的数字加密货币系统方案,并将这种用于记录交易账本的数据结构取名为"区块链"。2009 年 1 月 3 日第一个序号为 0 的"创世区块"诞生,2009 年 1 月 9 日出现序号为 1 的区块,并与序号为 0 的"创世区块"相连接形成了链,标志着区块链的诞生。因此,目前普遍认为区块链技术最早起源于比特币(Bitcoin[①])开源项目。

　　比特币系统通过区块链在一个由陌生主体构成的开放网络中,生成和维护统一、可信的分布式账本的技术方案,用事实证明构建一个基于区块链的无中介开放信任服务体系,不仅在理论上可行,在实践上也是可行的。

　　基于区块链的信任服务模式与中心化网络第三方信任、实体第三方信任的对比如表1-2所示。

表 1-2　区块链信任与其他信任服务模式的对比

信任服务模式	信任依据	规模与范围	成本代价	影响因素
实体第三方信任	依据第三方中介的可信度	规模与范围较大	较高	受到少数人影响
中心化网络 第三方信任	依据中心化网络第 三方平台的可信度	规模与范围大	高	受到关键少数人影响
区块链信任	依据区块链的算法、共识机制	规模与范围大	很低	几乎不受人为因素的影响

1.2　区块链的基本概念

1.2.1　什么是区块链

　　在数据结构中,链是由多个节点(node)相互连接构成的一种最基本的数据结构。区块链从字面上理解就是由多个记录数据的区块构成的链式数据结构。目前,区块链技术仍处

---

　　① 　https:bitcoin.org/en/

于快速发展过程中,学术界、产业界从不同角度对区块链提出不同的定义和阐释。

从技术角度来看,区块链是一种基于 P2P 网络架构的分布式账本技术系统,以"块-链"式数据结构来验证与存储账本数据,由多方维护的分布式节点共识机制来生成无法篡改、无法抵赖的账本数据,使用密码学方法保证数据传输和访问的安全,可自动执行由高级语言或脚本语言编写的智能合约程序来查询或生成账本数据。

如图 1-1 所示,在一个区块链系统中,每过一段时间,各参与主体维护的分布式节点产生的交易数据会被打包成一个数据区块,数据区块按照时间顺序依次排列,形成数据区块的链条,各分布式节点中存放了一致的数据链条,且无法单方面篡改,并且只允许添加新的信息,无法删除或修改旧的信息,从而实现多主体间的信息共享和一致决策,确保各主体身份和主体间交易信息的不可篡改、公开透明。

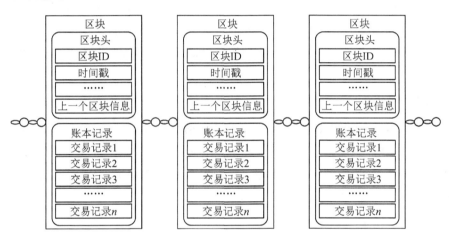

图 1-1　区块链"块-链"结构示意图

从应用角度来看,区块链面向由陌生主体构成的开放网络环境的价值创造、价值交换与价值记录过程,提供多方集体维护、不可篡改、可追溯、公开透明的分布式账本记账服务,大幅降低第三方信任服务的成本和风险,提高服务效率,是一种新型的无中介陌生人信任服务应用支撑平台系统。

1.2.2　区块链的特点

1.2.2.1　去/弱中心化

区块链不依赖中心化或第三方管理机构及硬件设施,去除或弱化中心管理,通过 P2P 网络构建分布式的结构体系和开源协议,让所有的节点都参与数据的记录和验证,再通过分布式传播发送给各个节点,即使部分节点受到攻击或者发生故障,也不会影响整个分布式账本数据的一致性和完整性,各个节点实现了信息自我验证、传递和管理。去/弱中心化是区块链最突出最本质的特点。

1.2.2.2　数据不可篡改

信息一旦经过验证并添加到区块链，就会被永久地存储起来，在系统任何节点上对数据的修改都是无效的，除非有人能同时控制超过半数以上的系统节点，但是区块链系统的节点是由多方公共维护的，要控制超过半数以上的节点，需要付出的代价可能远远大于篡改数据获得的收益。因此，区块链技术从根本上改变了中心化的信用创建方式，并通过数学算法与博弈论原理而非中心化信用机构来低成本地建立信用，比特币、以太坊等系统已充分证明了区块链的这一特点。

1.2.2.3　数字价值唯一性

在信息世界中，最基本单元是比特(bit)，数字比特序列是可复制的，但是数字价值不能被复制，数字价值必须是唯一的，这本身就是矛盾的。在区块链技术出现之前，要让一个文件在全世界范围内是唯一的，需要花费巨大的代价。区块链采用共识机制和密码学方法，以很小的代价实现数字化表达唯一性，真正使数字价值变得唯一，可以模拟真实世界中的实物唯一性。

1.2.2.4　智能合约

区块链通过可编程的智能合约，让机器系统自动执行双方所达成的契约或一些无法预见的交易模式，排除了传统交易过程中人为单方不完全履约或毁约等干扰因素，从制度上确保合约的全面执行，防止任何一方的抵赖。区块链有助于推动价值传递过程进入智能化状态，实现数字经济发展的质的飞跃。

1.2.2.5　开放性

区块链技术基础是开源的，除了对交易各方的私有信息进行加密外，区块链数据对所有人公开，任何人都能通过公开的接口，对区块链数据进行查询，并能开发相关应用，整个系统的信息高度透明。

1.2.2.6　去信任

传统的互联网应用系统是通过可信任的中央服务器节点或者第三方信任平台(如微信)进行信息的匹配验证和信任积累。区块链基于自身去/弱中心化、数据不可篡改、数字价值唯一性等特性，系统所有节点都能在去信任的环境中自由安全地交换数据，交易各方不用通过公开身份的方式让对方对自己产生信任，让对"人"的信任改变为对机器系统与公开算法的信任，更有利于由陌生主体构成的开放网络环境中信用的积累。

1.2.3　区块链的类型

根据区块链系统的节点归属、节点加入方式、共识范围、数据公开范围、应用范围等差别，可以将区块链分为公有链、联盟链与私有链3种不同类型，如表1-3所示。

表 1-3　区块链的类型

类型	节点归属	节点加入方式	共识范围	数据公开范围	应用范围
公有链	任意陌生主体	自由加入	所有节点	完全公开	公众
联盟链	联盟成员主体	联盟成员自由加入	联盟通道节点	联盟范围内	联盟范围内/公众
私有链	单一主体	受控加入	单一主体节点	不公开	单一主体内部

1.2.3.1　公有链

公有链(public blockchain)中的"公有"就是任何人都可以参与区块链数据的维护和读取,数据完全开放透明。公有链即区块链共识建立的范围是面向全社会,公共账本及软件代码完全公开,任何个体与组织均可在认同公有链相关共识机制的条件下,自由参与公有链网络的建设与运营,参与区块数据的产生、传播与维护,以及各类区块链应用的开发、部署与服务运营。公有链由于完全开放,参与主体众多,特别是对具有应用开发支持能力,即支持智能合约的区块链而言,就具备了围绕相关主题,构建自治、闭环生态系统的能力,这对打破垄断型的互联网生态系统而言,具有特别重大的意义。

目前全球最有影响力的公有链是比特币和以太坊系统。例如比特币系统,使用者只需下载相应的客户端,就可以创建钱包地址、转账交易、参与挖矿,这些都是免费开放的。比特币系统的成功充分验证了区块链技术的可行性和安全性。

公有链系统完全没有中心机构管理,依靠事先约定的规则来运作,并通过这些规则在不可信的网络环境中构建起可信的网络系统。通常来说,需要公众参与、需要最大限度保证数据公开透明的系统,都适合选用公有链。

公有链环境中,由于节点数量众多且不定,节点实际身份未知、在线与否也无法控制,仍然存在效率、隐私保护等问题。

(1)效率问题。由于在公有链中,区块的传递需要时间,为了保证系统的可靠性,大多数公有链系统通过提高一个区块的产生时间来保证产生的区块能够尽可能广泛地扩散到所有节点处,从而降低系统分叉(同一时间段内多个区块同时被产生,且被先后扩散到系统的不同区域)的可能性。因此,在公有链中,区块的高生成速度与整个系统的低分叉可能性是矛盾的,必须牺牲其中的一个方面来提高另一方面的性能。同时,由于潜在的分叉情况,可能会导致一些刚生成的区块回滚,因此在公有链中,每个区块都需要等待若干个基于它的后续区块的生成,才能够以可接受的概率认为该区块是安全的。例如,比特币中的区块在有 6 个基于它的后续区块生成后才能被认为是足够安全的,而这大概需要一个小时,对于大多数企业应用来说根本无法接受。

(2)隐私保护问题。目前公有链上传输和存储的数据都是公开可见的,仅通过"地址匿名"的方式对交易双方进行一定隐私保护,相关参与方完全可以通过对交易记录进行分析从而获取某些信息。这对于某些涉及大量商业机密和利益的业务场景来说也是不可接受的。另外在现实世界的业务中,很多交易业务(如银行交易)都有实名制的要求,因此在实名制的情况下当前公有链系统的隐私保护问题很难有效解决。

（3）激励合法性问题。为促使参与节点提供资源，自发维护网络，公有链一般会设计激励机制，以保证系统健康运行。但现有的大多数激励机制，需要发行类似于比特币、以太币等数字代币，有可能违反不同国家的法律规范，如 2020 年 10 月我国央行已在《中华人民共和国中国人民银行法（修订草案征求意见稿）》中明确任何单位和个人不得制作和发售数字代币。

1.2.3.2　联盟链

联盟链（consortium blockchain）以区块链共识建立的范围及公共账本的公开对象为有限主体，如行业联盟成员之间，联盟成员平等参与区块链网络构建、公共账本创建与维护。联盟链使参与主体的共识边界由原来主体私有范围扩展至整个联盟范围，由于共识边界扩大，联盟成员之间具有了共同的信任基础——联盟链公共账本，因而联盟链成员之间在无须第三方中介参与的条件下，就可提升相互的价值交换效率。

联盟链通常在多个互相已知身份的组织之间构建，如多个银行之间的支付结算、多个企业之间的物流供应链管理、政府部门之间的数据共享等。因此，联盟链系统一般都需要严格的身份认证和权限管理，节点的数量在一定时间段内也是确定的，适合处理组织间需要达成共识的业务。区块链典型的联盟链代表技术是开源的超级账本（hyperledger fabric）系统。与公有链相比，联盟链具有以下优点：

（1）效率较公有链有很大提升。联盟链参与方之间互相知道彼此在现实世界的身份，支持完整的成员服务管理机制，成员服务模块提供成员管理的框架，定义了参与者身份及验证管理规则；在一定的时间内参与方个数确定且节点数量远远小于公有链，对于要共同实现的业务在线下已经达成一致理解，因此联盟链共识算法较比特币 PoW 的共识算法约束更少，共识算法运行效率更高，如 PBFT、Raft 等，从而可以实现毫秒级确认，吞吐率有极大提升，每秒执行交易数（Transactions Per Second，TPS）可达到几万。

（2）更好的隐私保护。数据仅在联盟成员内开放，非联盟成员无法访问联盟链内的数据。即使在同一个联盟内，不同的业务之间的数据也进行一定的隔离。比如，超级账本 Fabric 系统的多通道机制将不同业务的区块链进行隔离，并支持对私有数据的加密保护。不同的联盟链厂商又做了大量的隐私保护增强，如对交易金额信息进行加密保护；通过零知识证明，对交易参与方身份进行保护等。

（3）无激励问题。联盟链中的参与方为了共同的业务收益而共同配合，因此有各自贡献算力、存储、网络的动力，一般不需要通过发行代币进行激励。

1.2.3.3　私有链

私有链（private blockchain）与公有链是相对的概念。所谓私有就是指不对外开放，仅仅在组织内部使用。私有链以区块链共识建立的范围及公共账本的公开对象为单一主体，单一主体对区块链的网络运行及数据处理、交换与存储具有全部权利。显然，除了利用区块链的技术特性来增强数据的安全性与网络运行的可靠性外,私有链应用与传统的中心化技术相较并无特别优势,反而由于区块链技术自身固有的一些性能弱点,如同步时延较大、高并发处理能力不强等,使私有链的应用场景受到限制。

私有链也可以看作是联盟链的一种特殊形态,即联盟中只有一个成员,如企业内部的票据管理、账务审计、供应链管理,或者政府部门内部管理系统等。私有链通常具备完善的权限管理体系,要求使用者提交身份认证。

在私有链环境中,参与方的数量和节点状态通常是确定的、可控的,且节点数目要远小于公有链和联盟链。私有链与联盟链相比,具有更好的处理性能和敏感数据的安全保护能力,在某些应用场景下甚至可以替代传统的数据库系统。

1.2.4　区块链分叉

区块链分叉是指由于某种原因,从区块链的某个区块开始,后续的区块构成了两条子链,如图1-2所示。造成区块链分叉的原因主要有两种。

1.2.4.1　区块链软件升级

区块链不管是开源还是闭源系统,系统软件本身都在不停地迭代开发,每过一段时间都会发布新的软件版本,区块链系统节点众多且由不同的主体维护,节点系统升级有先有后,不可能实现所有节点同时升级到最新版本。区块链系统的节点被划分为已升级的新节点和未升级的旧节点两大阵营,旧节点拒绝验证新节点产生的区块,然后新、旧节点各自延续自己认为正确的链,区块链发生永久性分歧,所以分成两条链。

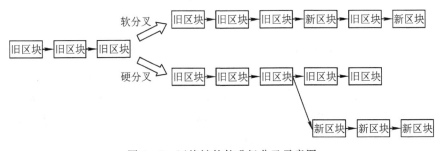

图1-2　区块链软件升级分叉示意图

由区块链软件升级造成的分叉又可以分为两种情况:第一种情况是如果旧节点可以继续接收新节点产生的区块,只是旧节点无法读取新节点产生区块中的部分扩展属性,则称为"软分叉";第二种情况是旧节点不能继续识别新节点产生的区块,则称为"硬分叉"。比特币、以太坊等区块链系统在运行过程中都发生过硬分叉,其中影响较大的硬分叉事件如2016年6月以太坊遭受黑客攻击,以太坊团队通过回滚的方式"追回"了被黑客盗取的资产,但一部分社区成员认为此举有违区块链不可回滚、不可篡改的基本精神仍旧坚持维护旧链,从此以太坊分裂为"以太坊ETH"和"以太经典ETC"两个独立的区块链系统;2017年8月,为解决比特币系统的性能问题,由于采用两种不同的升级方案,在位于比特币区块高度478558时,比特币系统分叉形成"BTC"与"比特币现金BCH"两个独立的区块链系统。

1.2.4.2　区块链出块冲突

区块链系统(如比特币、以太坊等公有链)在运行过程中,如果采用PoW工作量证明之类的需要节点竞争计算新区块出块权的共识机制,有可能出现两个独立的节点同时求解出满足要求的哈希值结果,其都生成了一个新区块,导致出块冲突,使区块链发生临时分叉(见图1-3)。

区块链系统处理上述临时分叉问题的方法十分简单,就是只承认分叉中最长的链,不是最长链的分叉中的区块将被抛弃成为孤立的区块(orphan block)。

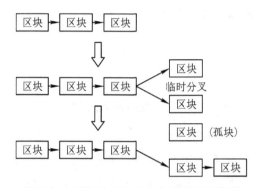

图1-3　区块链出块冲突临时分叉示意图

1.3　区块链技术发展历史

区块链经过十多年的发展,随着人们对区块链技术逐步深入的研究与应用,业界普遍认为区块链技术已经过三个阶段的演化:第一阶段称为区块链1.0阶段,以基于区块链地去中心化的加密货币技术实现为代表;第二阶段称为区块链2.0阶段,以基于区块链的去中心化的智能合约交易处理技术实现为代表;第三阶段称为区块链3.0阶段,以基于区块链分布式账本处理技术的广泛的区块链应用实现为代表。

区块链三个发展阶段对比如表1-4所示。

表1-4　区块链的发展历史阶段对比

阶段	核心功能	共识机制	区块链类型	性能	实现语言
区块链1.0	加密货币	PoW	公有链	低	简单脚本语言
区块链2.0	智能合约	PoW/PoS	公有链	一般	专用语言
区块链3.0	数字价值交换应用平台	PBFT/Raft 多种机制	公有链 联盟链 私有链	较高 可扩展	高级编程语言

1.3.1　比特币区块链系统的发展

区块链 1.0 阶段以基于区块链技术的加密货币系统为代表。在数量众多的加密货币系统当中,在全球最有影响力、应用范围最广的是比特币(Bitcoin)系统。比特币的概念最初由中本聪在 2008 年 11 月 1 日提出,并于 2009 年 1 月 3 日正式上线。比特币网络是世界上首个经过大规模、长时间检验的加密货币系统。

与人民币、美元、欧元、英镑、日元等法定货币相比,比特币没有一个集中的发行方,而是由区块链网络节点的计算生成,谁都有可能参与制造比特币,可以在任意一台接入互联网的电脑上买卖,不管身处何方,任何人都可以挖掘、购买、出售或收取比特币,并且在交易过程中外人无法辨认用户身份信息。

与法定货币相比,比特币具有如下特点:

(1)去中心化:意味着没有任何独立个体可以对网络中的交易进行破坏,任何交易请求都需要大多数参与者的共识。

(2)匿名性:比特币网络中账户地址是匿名的,无法从交易信息关联到具体的个体,但这也意味着很难进行审计。

(3)通胀预防:比特币的发行需要通过挖矿计算来进行,发行量每四年减半,总量上限为 2100 万枚,无法被超发。

1.3.2　以太坊区块链系统的发展

区块链 1.0 阶段,以比特币为代表的"加密货币"的成功应用,标志着由 P2P 网络、共识机制、加密算法等关键技术构成的区块链技术体系基本形成,但应用模式还比较单一。区块链 2.0 阶段,以太坊(Ethereum①)系统作为典型代表,在比特币区块链技术的基础上,引入新的智能合约机制,将区块链技术带向了更广阔的应用领域,使更多基于区块链的去中心化应用场景得以实现。

随着比特币借助互联网的快速扩散应用,比特币系统在设计上的一些先天缺陷也越来越明显。例如,PoW 工作量证明共识机制造成了巨大算力和能源的浪费,甚至造成环境污染,比特币系统的交易脚本机制十分简单,无法满足对于复杂应用场景的扩展支持等。俄罗斯人维塔利克(Vitalik Buterin)于 2013 年发布了以太坊系统技术白皮书,决定基于区块链技术研发一个全新的区块链平台,改进比特币的发行机制,使算力不再是决定"出块权"的唯一优势,同时引入智能合约机制,使广大开发者能够基于以太坊专用虚拟机提供的智能合约接口,构建各种用途的去中心化 DApp(Decentralized Application)应用。

以太坊项目于 2014 年 6 月开始,以 42 天预售活动的形式,对以太坊系统中的第一批以

---

① 　http://ethereum.org/en/

太币进行了分配,这次预售活动共交换出 60102216 个以太币,在当时,价值大概 1800 万美元。2015 年 7 月 30 日,以太坊正式发布,到 2016 年年初,以太坊的技术得到越来越多的开发者和用户认可。2018 年 5 月 17 日,赛迪研究院正式发布首期全球公有链技术评估指数及排名,以太坊位列评估榜单第一位。

与比特币系统相比,以太坊的区块链平台具备以下的主要技术特点:

(1)支持图灵完备的智能合约应用(比特币采用的交易脚本开发语言是非图灵完备),设计了编程语言 Solidity 和虚拟机 EVM。

(2)哈希计算选用了同时需要计算性能和内存容量的哈希函数(比特币的哈希计算只依赖算力)。

(3)引入叔块(Uncle Block)激励机制,缩短区块产生间隔到 15 秒左右,提升了交易处理性能(比特币需要 10 分钟左右)。

(4)引入账户系统和世界状态,更容易支持复杂的业务逻辑(比特币采用 UTXO 模型,没有账户的概念)。

(5)引入燃料(Gas)机制,限制智能合约代码执行指令数,即在以太坊平台运行应用要支付成本,有效避免循环执行攻击(比特币系统对每个网络节点发出交易的行为没有任何限制)。

(6)最初仍然采用 PoW 工作量证明共识机制,未来计划支持效率更高的权益证明(Proof of Stake,PoS)共识机制。

1.3.3　超级账本区块链系统的发展

目前区块链发展到 3.0 阶段,如果说区块链 1.0 阶段以去中心化的虚拟数字加密货币技术为标志,区块链 2.0 阶段以基于智能合约的去中心化 DApp 应用区块链平台技术为标志,那么区块链 3.0 阶段的标志就是区块链技术开始向社会经济各个领域应用延伸。人们逐渐意识到,区块链不仅是一种技术,更是一种代表公正透明、协作信任的模式,区块链思想与技术可以有效应用在政企管理、社会治理、供应链、物联网、权属管理、医疗健康等诸多领域,成为面向社会全行业的应用。

在区块链应用类型上,区块链 1.0 和 2.0 阶段主要以公有链为主,而区块链 3.0 阶段则是在公有链的基础上,联盟链和私有链得到更广泛的应用。区块链 3.0 阶段,超级账本项目作为典型代表,是区块链技术中第一个面向企业级应用场景的开源分布式账本平台,可以运行以标准通用编程语言编写的分布式应用程序,使更多基于区块链的联盟链、私有链应用得以实现。

超级账本(Hyperledger)是一个由 Linux 基金会牵头创立的开源分布式账本平台项目,超级账本项目于 2015 年 12 月被正式宣布启动,由多个顶级项目构成。与以太坊区块链平台不同,超级账本项目的主要目标是开发一个开源的分布式账本框架,构建强大的行业特定应用、平台和硬件系统,以支持商业级交易,但并不发行加密货币。

超级账本项目由技术委员会(technical steering committee)、管理董事会(governing board)和 Linux 基金会(Linux Foundation)"三驾马车"协同领导发展。技术委员会负责对技术相关的工作进行领导,下设多个技术工作组,具体对各个项目的发展进行指导。管理董事会负责整体社区的组织决策,其代表座位成员从超级账本会员中推选。Linux 基金会负责基金管理和大型活动组织,协助社区在 Linux 基金会的支持下健康发展。

如图 1-4 所示,超级账本项目已建立了 10 个子项目,其中包括 Burrow、Fabric、Indy、Iroha、Sawtooth 等 5 个框架平台类子项目,Caliper、Cello、Composer、Explorer、Quilt 等 5 个工具类子项目,开源代码规模已超过 360 万行。以上所有项目都遵守 Apache V2 许可,并约定共同遵守如下基本原则。

(1)重视模块化设计:包括交易、合同、一致性、身份、存储等技术场景。

(2)重视代码可读性:保障新功能和模块都可以很容易添加和扩展。

(3)可持续的演化路线:随着需求的深入和更多的应用场景,不断增加和演化新的项目。

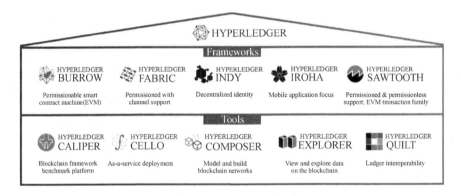

图 1-4　超级账本项目整体结构

Burrow 是最早由 Monax 开发的项目,它是一个通用的带有权限控制的智能合约执行引擎,同时也是超级账本项目大家庭里面第一个来源于以太坊框架的项目,智能合约引擎遵循 EVM 规范。

Indy 是一个着眼于解决去中心化身份认证问题的技术平台,该项目由 Sovrin 基金会牵头。Indy 可以为区块链系统或者其他分布式账本系统提供基础组件,用于构建数字身份系统,它可以实现跨多系统间的身份认证、交互等操作。

Iroha 可以简单方便地以模块的形式应用于任何分布式账本系统中,其设计理念之一便是项目中的很多组件可以为其他项目所引用,同时 Iroha 区别于其他超级账本项目的一大特点是主要面向于移动应用。

Sawtooth 是一个支持许可(permissioned)和非许可(permissionless)部署的区块链系统,是功能完整的区块链底层框架。它提出的共识算法——时间流逝证明(Proof of Elapsed Time,PoET),开创性地使用了可信执行环境(Trusted Execution Environment,TEE)来辅助共识达成。PoET 可以在容忍拜占庭攻击的前提下，降低系统计算开销，是较为高效且低功耗的共识算法。

Caliper 是一个区块链性能基准测试工具(benchmark tool)，开发者可以使用该工具内置的测试用例来测试区块链每秒执行交易数(TPS)、延迟(latency)等性能。

Cello 是一个区块链的模块工具包，主要用于管理区块链的生命周期，在各种物理机、虚拟机、Docker 等基础设施上提供有效的多租户链服务，可用于监控日志、状况分析等。

Composer 是一个开发工具框架，协助企业将现有业务和区块链系统集成。开发人员可以借助 Composer 快速创建智能合约及区块链应用。通过强大的区块链解决方案，推动区块链业务需求的一致性。

Explorer 是一个区块浏览器，提供一个简洁的可视化 Web 界面。用户可通过该工具，快速查询每个区块的内容。它包括区块头中区块号、哈希值等信息，也包含每笔交易的读写集等具体内容。

Quilt 通过实施跨账本协议(Interledger Protocol，ILP)提供分类账系统之间的互操作。ILP 主要是支付协议，旨在跨分布式分类账和非分布式分类账中传输价值。

在超级账本项目的众多子项目中，Fabric 是一个功能完善的支持多通道(多链)的主要面向企业应用的区块链系统，是超级账本项目中的基础核心平台项目，它致力于提供一个能够适用于各种应用场景的、内置共识协议可插拔的、可部分中心化(即进行权限管理)的分布式账本平台，是首个面向联盟链场景的开源项目。

1.4　区块链系统总体架构

1.4.1　软件系统架构

软件系统架构相关知识与方法在软件工程领域中已有广泛的应用，不同学者与技术标准化组织对软件系统架构提出的定义有：

(1)软件系统架构是软件设计过程中的一个层次，这一层次超越计算过程中的算法设计和数据结构设计。系统架构包括总体组织和全局控制、通信协议、同步、数据存取，为设计元素分配特定功能，设计元素的组织、规模和性能，在各设计方案间进行选择等(Mary Shaw 和 David Garlan)。

(2)软件系统架构是一个抽象的系统规范，主要包括用其行为来描述的功能构件和构件之间的相互连接、接口和关系(Hayes Roth)。

(3)软件系统架构是一个程序/系统各构件的结构、它们之间的相互关系以及进行设计的原则和随时间进化的指导方针（David Garlan 和 Dewne Perry）。

（4）一个程序或计算机系统的软件系统架构包括一个或一组软件构件、软件构件的外部的可见特性及其相互关系。其中，"软件外部的可见特性"是指软件构件提供的服务、性能、特性、错误处理、共享资源使用等（Bass、Ctements 和 Kazman）。

（5）在标准《ISO/IEC/IEEE 42010：2011 系统和软件工程——架构描述》（*Systems and Software Engineering Architecture Description*）中，系统架构的定义为：一个系统在其所处环境中所具备的各种基本概念和属性，具体体现为其所包含的各个元素、它们之间的关系以及架构的设计和演进原则。

本书认为软件总体系统架构至少应从系统体系结构与逻辑架构两个方面对软件系统高层结构进行描述：系统体系结构，描述系统的主要构件及它们之间的关系；系统逻辑架构，描述系统主要功能分解与层次结构。

1.4.1.1 系统体系结构

随着计算机体系结构的发展，软件体系结构也从最初的大型中央主机（Mainframe）结构和单机体系结构，逐步发展出 C/S 体系结构、B/S 体系结构、P2P 体系结构等多种体系结构。

（1）C/S（Client/Server）体系架构是一种典型的客户端-服务器端两层架构，采用 C/S 体系结构的软件系统一般以数据库服务器端为中心，客户端通过数据库连接访问服务器端的数据，如图 1-5 所示。

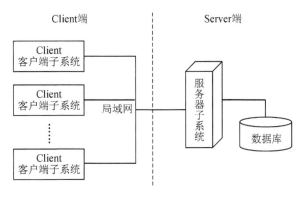

图 1-5 软件系统 C/S 体系结构示意图

（2）B/S（Browser/Server）体系结构，即浏览器端-服务器端结构。B/S 体系结构是随着互联网技术的快速发展，对 C/S 结构的一种变化或者改进的结构。在这种结构下，软件系统用户交互界面通过 Web 浏览器来实现，极少部分事务逻辑在浏览器端实现，主要事务逻辑在服务器端（Server）实现。基于 B/S 体系结构的软件，系统安装、修改和维护全在服务器端完成，用户在使用系统时，客户端仅需要浏览器就可运行系统全部的模块，真正实现了"零客户端"的效果。

如图 1-6 所示,B/S 体系结构一般可由 Browser 浏览器前端、Web 服务器中间层和数据库后端构成所谓的三层架构。采用 B/S 体系结构的软件系统,Web 浏览器前端负责显示交互逻辑,Web 服务器中间层负责事务处理逻辑,因为客户端需要处理的逻辑较少,因此也被称为"瘦客户端"。

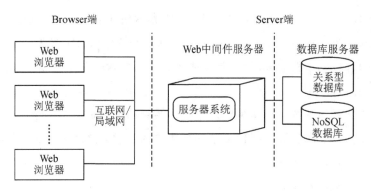

图 1-6　软件系统 B/S 体系结构示意图

(3)P2P(Peer to Peer)体系结构,即对等网络结构。在 P2P 体系结构中,取消了作为中心的服务器,系统内各个客户端节点都可以通过交换直接共享计算机资源和服务。在 P2P 体系结构中,计算机可对其他计算机的要求进行响应,请求响应范围和方式都根据具体应用程序不同而有不同的选择。与 C/S 体系结构相似,P2P 体系结构要求用户使用专门的软件系统客户端,如图 1-7 所示。

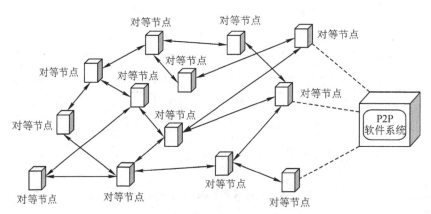

图 1-7　软件系统 P2P 体系结构示意图

1.4.1.2　系统逻辑架构

系统逻辑架构的目的是设计软件系统的逻辑层次结构,将系统功能和组件分成不同的功能层次,一般而言,最上层的组件和功能可以被系统外的使用者访问,相邻的层次之间能够直接相互调用。

系统逻辑架构常被划分为多个逻辑单元,称为"层"。每个层级都可包含多个功能组件,提供了一组高内聚的服务，并具有以下特点：

（1）每层都有特定的角色和职责。例如，展现层负责处理所有的用户界面。

（2）分层架构是一个技术性的分区架构，而非一个领域性的分区架构。

（3）分层架构中的每一层都可被标记为封闭或者开放。封闭层意味着请求必须按顺序通过每一层，不能跳过任何层。

OSI(Open System Internetwork)开放系统互连参考模型（如图1-8所示）具有最典型的分层逻辑架构，通过将开放系统的功能和组件划分成不同层次，通过层次之间定义清晰的接口，实现复杂的互操作性。

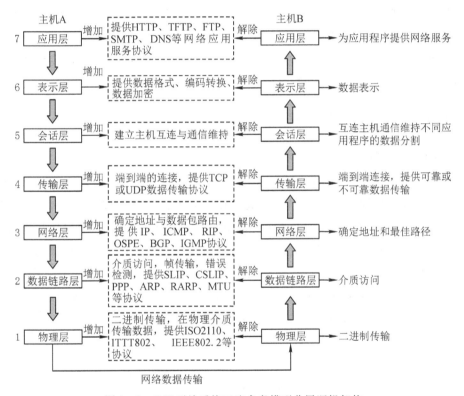

图1-8　OSI开放系统互连参考模型分层逻辑架构

以OSI开放系统互连参考模型为例，在其分层逻辑架构中，自上而下分为应用层、表示层、会话层、传输层、网络层、数据链路层、物理层，每一层实现各自的功能和协议，并完成与相邻层的接口通信。

（1）应用层是OSI参考模型中的最顶层，是为计算机用户提供应用接口，也为用户直接提供各种网络服务，如HTTP、HTTPS、FTP、POP3、SMTP等。

（2）表示层提供各种用于应用层数据的编码和转换功能，确保一个系统的应用层发送的数据能被另一个系统的应用层识别。数据压缩和加密也是表示层可提供的转换功能之一。

（3）会话层就是负责建立、管理和终止表示层实体之间的通信会话。该层的通信由不同设备中的应用程序之间的服务请求和响应组成。

（4）传输层负责建立主机端到端的链接，传输层的作用是为上层协议提供端到端的可靠和透明的数据传输服务，包括处理差错控制和流量控制等问题。该层向高层屏蔽了下层数据通信的细节，使高层用户看到的只是在两个传输实体间的一条主机到主机的、可由用户控制和设定的、可靠的数据通路。通常说的 TCP、UDP 协议就工作在传输层。

（5）网络层通过 IP 寻址来建立两个节点之间的连接，为源端的传输层送来的分组，选择合适的路由和交换节点，正确无误地按照地址传送给目的端的传输层。通常说的 IP 协议就工作在网络层。

（6）数据链路层将比特组合成字节，再将字节组合成帧，使用链路层地址（以太网使用 MAC 地址）来访问介质，并进行差错检测。

（7）物理层负责实现最终信号的传输，通过物理介质传输比特流。常用传输介质有集线器、中继器、调制解调器、网线、双绞线、同轴电缆。

1.4.2　区块链系统架构

1.4.2.1　区块链系统体系结构

区块链作为一种分布式计算软件系统，在体系结构上没有采用传统具有中心化服务器节点的 C/S 或 B/S 架构，而是采用无中心化节点的 P2P 体系结构，如图 1-9 所示。在区块链系统中，每个存储区块链与账本数据的网络节点都是对等关系，节点之间会共享区块链与账本数据，无论新区块从哪个节点生成，都会通过特定的 P2P 网络协议以广播的形式向其他节点进行传播，所有节点对区块进行验证后，新区块才能被添加到链上。尽管比特币、以太坊、超级账本等不同的区块链系统，在 P2P 体系结构的具体实现技术上并不完全相同，但是 P2P 体系结构是所有区块链系统必须具备的基本技术特征。

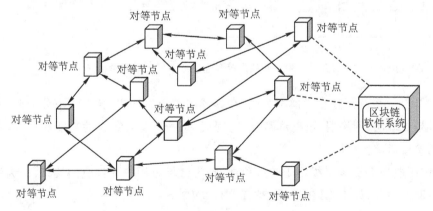

图 1-9　区块链 P2P 体系结构示意图

1.4.2.2 区块链系统逻辑架构

区块链技术经过比特币、以太坊、超级账本等几个阶段的发展,区块链系统的逻辑架构与功能层次已越来越完善和规范,从系统逻辑架构方面看,区块链系统自下而上可以分为存储层、数据层、网络层、共识层、激励层(可选)、合约层、接口层、应用层,每层又包含相应的功能组件,区块链系统参考逻辑架构如图 1-10 所示。

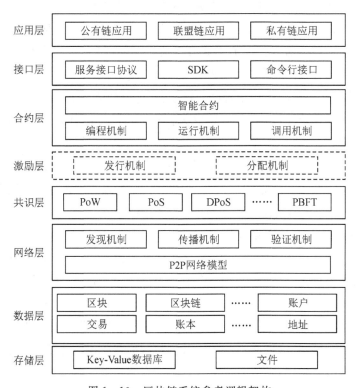

图 1-10 区块链系统参考逻辑架构

存储层为区块链系统相关的区块链、分布式账本、智能合约、X.509 数字证书、日志、配置文件等数据提供高效、可靠持久化存储服务。区块链系统一般采用的底层数据存储机制包括 Key-Value 数据库和文件系统。

数据层是区块链系统的核心功能层级之一,负责定义区块链系统相关的区块、区块链、交易、账本、账户、地址等关键数据结构,并基于底层的存储服务提供对区块链数据的安全读写访问管理。

网络层是区块链系统的核心功能层级之一,负责定义区块链系统相关的 P2P 网络模型与通信协议,为区块链系统各网络节点之间提供节点发现与安全连接通信机制,为交易、区块信息在区块链网络所有节点之间提供高效传播与有效性验证机制。

共识层是区块链系统的核心功能层级之一,为区块链系统提供一种或多种可选的公平、高效、安全、可靠的共识算法机制,让所有的区块链网络节点都认可每次计算产生的新区块,并且协调保证所有区块链网络节点数据记录一致性,使区块链系统的整体状态达成一致。

激励层是区块链系统可选的功能层级,以比特币、以太坊为代表的区块链系统,在共识层的功能基础上,提供了奖励加密货币的激励机制,对于加入区块链网络的节点,都有一定概率在区块链状态改变(如产生新区块、部署智能合约、智能合约被调用等)时被区块链系统增发奖励一定数量的加密货币。但是,以超级账本为代表的联盟链系统更多用于解决联盟内跨组织的信任服务问题,不需要类似奖励加密货币的激励机制。

合约层是区块链系统的核心功能层级之一,智能合约是将基于区块链的应用系统业务逻辑以可编程脚本或高级语言代码的形式开发后,由区块链系统的合约层负责对智能合约代码进行动态部署运行,并由系统根据既定规则的条件触发和自动执行,智能合约的源代码、调用过程与执行结果都会被记录到区块链上,杜绝合约篡改和抵赖。智能合约机制使区块链从最初单一的加密货币应用,延伸到政务服务、金融服务、征信管理、供应链管理、物联网等多个应用领域。

接口层定义了区块链系统对应用层和外部的服务 API 和管理接口。服务 API 对区块链系统的功能进行封装,采用如 RESTful、gRPC 等远程调用协议,为应用层或外部系统提供跨平台、便捷的区块链系统服务调用机制。区块链系统一般还提供命令行或 Web 服务接口,方便客户端或节点与区块链系统进行交互。

应用层包括基于区块链的各类应用,与区块链系统的类型密切相关。对于公有链来说,最普遍的应用就是比特币、以太币等加密货币与相关的支付、交易、结算、工具等应用,以及基于智能合约的去中心化 DApp 应用;对于联盟链来说,更多的应用是实现跨组织或组织与个人之间的对等信任服务与数字资产化,如跨行业联盟的征信管理、供应链上下游溯源管理、跨多个政府单位的政务协同等;对于私有链来说,更多的应用是实现政府、企业内部重要业务数据的不可篡改,降低内控监督成本。

1.5　区块链技术应用概况

1.5.1　区块链的价值

区块链面向由陌生主体构成的开放网络环境的价值创造、价值交换与价值记录过程,提供一种在不可信环境中,由多方集体维护、不可篡改、可追溯、公开透明的分布式账本记账服务,在大幅降低第三方信任服务的成本和风险的前提下,实现信息与价值传递交换,提高服务效率,是一种创新的服务网络,是发展数字经济、构建变革性的价值生态系统的重要基础设施,具有重大的应用价值,体现在以下几个方面:

(1)区块链作为新一代信息技术,已逐步从金融领域延伸到实体领域,包括政务数据共享、征信、医疗、教育、电子信息存证、版权管理和交易、产品溯源、数字资产交易、物联网、智能制造、供应链管理等领域,正在迅速成为驱动各行业技术产品创新和产业变革的重要力量。

(2)区块链作为一种新型的去中心化或多中心化的信任服务工具,可以减少中间环节,让传统的高成本的中间机构成为过去,具有安全准入控制机制的联盟链和私有链已逐步成为国内应用的主趋势。区块链将促进各行业传统业务模式的创新,加速企业资产数字化和数据资产化的发展。

(3)区块链将推进数据记录、数据传播和数据存储管理模式的转型升级。区块链更像是一种互联网底层的开源协议,有望在现有互联网底层之上,逐步构建一个新的中间层,把信任机制固化到互联网底层协议中,甚至取代现有的互联网底层的基础协议,这将会是一个很重大的创新。

(4)区块链正在与云计算相融合,通过云链融合,使区块链获得云资源的开放性和易获得性,利用云计算服务模式,让基于区块链的应用系统快速进入市场,获得先发优势。区块链与云计算的结合越发紧密,有望成为公共信用的基础设施。

(5)区块链将法律、经济、信息技术融为一体,有望促进社会的监管和治理模式的优化,社会治理组织形态也会因此发生一定的变化。区块链与集中化监管本质上并不存在冲突,区块链有望会成为构建基于合约的法治社会的有效工具之一。

1.5.2　区块链思维方式

在数字经济社会活动中,所有关系、交易关系、历史关系是三个重要关系,数字经济社会活动要良好、有效运行,其核心要素是这三个关系均要"可信",因此"可信"是这三大根本关系的关键要素。

(1)所有关系。所有关系是人类社会生产关系的根本关系。所有关系是人类个体、组织之间建立交互关系的前提与基础,也是区分个体、组织的根本属性。人与人之间、组织与组织之间的不同,就是所有关系的不同。个人与组织可通过历史继承与生产创造活动形成所有关系,并通过交易活动进行所有关系的变更。

(2)交易关系。在所有关系之上,人类活动中所发生的所有交互关系,不管是从事一项互通有无的买卖,还是一次简单的谈话沟通,均可称为一次交易关系。交易关系与人类生产创造活动一起构成了人类活动的基本内容,人类社会活动的本质就是交易活动。交易活动可以让所有关系发生变更。

(3)历史关系。在人类价值创造、交易变更等活动过程中,形成了按时间顺序且不可逆的活动过程记录,即为历史关系。历史关系对评价个人、组织活动过程价值,以及基于已有过程价值再创新、再利用具有重要意义。人们以历史数据为基础,对活动主体的价值给出客观评估,并基于这些历史经验进一步优化和创新未来主体的活动。

区块链作为一种新型的信任体系,以一种新的模式和机制解决人类数字经济发展中迫切需要的去中心化信任服务体系问题。区块链与云计算、大数据相似,不仅是一种新的技术模式,也是一种创新的思维方式,更重要的是我们在学习、研究、应用区块链技术过程中,要逐步建立区块链思维方式。基于区块链的思维方式体现在以下几个方面:

(1)去/弱/多中心化。中心化是第三方中介信任体系的特征,而区块链是一种去/弱/多中心化的信任体系。因此,去中心化是研究应用区块链技术首先要建立的一种思维方式。开展一项涉及信任构建的工作,首先要思考如果使用去中心化怎样来解决。不仅高价值数据资产及其相关计算能去中心化,普通 Web 数据访问存储也可以去/弱/多中心化。通过去/弱/多中心化思考,可能会获得中心化信任体系下难以获取的诸多新特性、新能力。

(2)透明开放。研究应用区块链技术,在所属的共识范围内,需要机制、规则、代码的完全透明、开放,透明、开放是让共识群体积极参与的前提和基础;黑箱运行、潜藏规则或独有专利,在区块链中难以获得更大范围的共识,并难以被更多参与者所拥护。

(3)协同合作。不要试图一个人或一个机构独自完成所有工作和享有所有回报,要习惯人与人之间、团队与团队之间的协同合作,共定游戏规则,共建生态,共同发展产业,共获回报。

1.5.3　区块链应用现状

目前,区块链技术的应用领域不断扩大,从最初单一的加密货币应用,逐步从金融领域延伸到实体领域,包括政务、征信、医疗、教育、电子存证、版权保护和交易、产品溯源、数字资产交易、物联网、智能制造、供应链管理等领域,正在迅速成为驱动数字经济社会各行业技术创新和优化变革的重要力量,区块链应用的实际效果愈发明显。

根据中国信通院的研究数据,截至 2019 年 8 月,由全球各国政府推动的区块链项目数量达 154 项,其中荷兰、韩国、美国、英国、澳大利亚等国的政府推动项目数排名前五。中国在探索区块链技术研发、应用落地和人才培养方面表现更加积极。

2017 年 10 月 13 日,《国务院办公厅关于积极推进供应链创新与应用的指导意见》中提到,"研究利用区块链、人工智能等新兴技术,建立基于供应链的信用评价机制"。这份指导意见具有里程碑式的意义。全国各地方政府也都开始重视区块链技术,例如,杭州市的区块链产业园正式启动,河北省雄安新区上线区块链租房应用平台,无锡市成立"物联网+区块链"联合实验室,成都市批准成立区块链专委会,青岛市发力建设中国"链湾"等。同时,国内各互联网企业也早已开始布局区块链技术。据"2017 年全球区块链企业专利排行榜(前 100名)"显示,前 100 名中国入榜的企业占比 49%,其次为美国,占比 33%。

2019 年 10 月 24 日下午,中共中央政治局就区块链技术发展现状和趋势进行第十八次集体学习。中共中央总书记习近平在主持学习时强调,区块链技术的集成应用在新的技术革新和产业变革中起着重要作用。我们要把区块链作为核心技术自主创新的重要突破口,明确主攻方向,加大投入力度,着力攻克一批关键核心技术,加快推动区块链技术和产业创新发展。

为了加快区块链专业技术应用人才的培养,2020 年 2 月 21 日,教育部发布的《关于公布

2019 年度普通高等学校本科专业备案和审批结果的通知(教高函〔2020〕2 号)》批准成都信息工程大学开设全国首个"区块链工程"本科专业。同时,已有包括清华大学、北京大学、浙江大学、同济大学、武汉大学、中央财经大学、北京邮电大学、西安交通大学、上海财经大学、上海交通大学、电子科技大学在内的几十所高校都在积极推进区块链人才培养工作,开设了区块链相关课程。

中国的区块链应用发展方向与欧美国家不同。在欧美国家,区块链项目以首次代币发行(Initial Coin Offering,ICO)为主,有大量的 ICO 项目涉嫌从事非法金融活动,严重扰乱了经济金融秩序。与欧美国家不同,在中国区块链的 ICO 项目被明令禁止,区块链技术向着落地应用方向发展。随着区块链应用的纷纷落地,中国区块链的底层技术研发也正在走向全球,中国将有巨大潜力推动全球区块链产业的发展。

本 章 小 结

通过对本章内容的学习,读者应该全面了解区块链技术产生的背景及其技术起源,掌握区块链的相关基本概念、特点和类型,了解区块链技术发展的三个阶段及每个阶段的典型代表性区块链系统,即比特币、以太坊和超级账本区块链系统;初步认识区块链系统的总体架构,包括区块链系统的体系结构、逻辑分层架构;同时,学会理解区块链的价值与思维方式,了解区块链技术国内外发展应用情况。

练 习 题

(一)填空题

1. 区块链是将分布式计算与存储、_____、智能合约 、_____、网络安全等多种计算机技术相互融合的应用技术创新。

2. 信任服务模式可以分为无中介熟人信任、第三方信任和_____等 3 种类型。

3. 区块链分为_____、_____与私有链 3 种不同类型。

4. _____区块链系统是世界上首个经过大规模、长时间检验的加密货币系统。

5. 比特币系统的发行量每四年减半,总量上限为_____ 万枚,无法被超发。

6. 在区块链系统逻辑架构中,自下而上可以分为存储层、_____、网络层、_____、激励层、_____、接口层、应用层。

7. 在区块链系统中,每个存储区块链与账本数据的网络节点都是_____ 关系,节点之间会共享_____数据。

8. 经教育部批准，_____大学开设国内首个"区块链工程"本科专业。

（二）选择题

1. 2008年10月31日，（　　）在其发表的比特币系统设计论文《比特币：一种点对点的电子现金系统》中，提出了一种基于无中介陌生人信任服务体系的分布式账本技术的数字加密货币系统方案，并对这种用于记录交易账本的数据结构取名为"区块链"。

A. 山本聪　　　　　B. 中本聪　　　　　C. 埃隆·马斯克　　　　D. 维塔利克

2. 以区块链技术为代表的无中介陌生人信任服务体系中，信任的主要依据是（　　）。

A. 熟人　　　　　B. 软件算法　　　　C. 可信第三方　　　　D. 网络节点

3. 区块链有多个特点，以下不属于区块链的特点的选项是（　　）。

A. 去中心化　　　B. 专用数据库　　　C. 数据不可篡改　　　D. 智能合约

4. 联盟链的共识范围是（　　）。

A. 所有节点　　　B. 同一联盟节点　　C. 同一通道节点　　　D. 所有联盟节点

5. 目前普遍认为区块链技术最早起源于（　　）系统。

A. 比特币　　　　B. 以太坊　　　　　C. EOS　　　　　　D. 超级账本

6. 区块链技术发展2.0阶段最具代表性的区块链系统是（　　）。

A. 比特币　　　　B. 以太坊　　　　　C. EOS　　　　　　D. 超级账本

7. 区块链系统的体系结构是（　　）。

A. C/S体系结构　B. B/S体系结构　C. P2P体系结构　　D. 主机体系结构

8. 区块链系统逻辑架构被划分为多个逻辑单元，称为（　　）。

A. 功能组件　　　B. 功能层　　　　C. 功能模块　　　　D. 功能域

（三）简答题

1. 什么是区块链？

2. 区块链的特点有哪些？

3. 区块链有哪些类型？不同类型的区块链之间有什么区别？

4. 区块链分叉是指由于某种原因，从区块链的某个区块开始，后续的区块构成了两条子链，请简述导致区块链分叉的主要原因。

5. 什么是软件系统架构？

6. 区块链系统逻辑架构包含哪些功能层级？

7. 什么是基于区块链的思维方式？

8. 区块链有什么价值？

第二章 比特币区块链系统

比特币网络系统的运营,对于区块链技术发展来说具有划时代的重要里程碑意义,到目前为止,比特币系统是世界上节点规模最大,经过最长时间运行验证的区块链加密货币系统。

比特币区块链网络通过随机散列(哈希计算)对全部交易加上时间戳,将它们合并入一个不断延伸的基于随机散列的 PoW 工作量证明的链条作为交易记录,除非重新完成全部的工作量证明,形成的交易记录将不可更改。最长的链条不仅将作为被观察到的事件序列的证明,而且被看作是来自 CPU 计算能力最大的池。只要没有占多数派的 CPU 计算能力打算合作起来对全网进行攻击,那么诚实的节点将会生成最长的、超过攻击者的链条。这个系统本身需要的基础设施非常少。信息尽最大努力在全网传播即可,节点可以随时退出和重新加入网络,并将最长的工作量证明链条作为在该节点离线期间发生的交易的证明。

比特币系统本质上是一种综合运用 P2P 网络、密码学算法、共识机制等技术构建的基于区块链的电子现金支付系统,主要提供去中心化、不可篡改、全程可追溯、集体维护、公开透明的分布式账本记账服务功能,并采用 PoW 工作量证明共识机制实现加密货币(比特币)的激励发行,为需要电子支付的业务应用提供面向开放网络环境的无中介信任基础设施运行与支撑服务。

本章将从比特币区块链系统架构入手,首先描述比特币区块链系统的总体系统架构,然后分别介绍比特币区块链系统逻辑架构中数据层、网络层、共识层、激励层、合约层等主要功能层级的核心机制与技术原理。

2.1 比特币区块链系统架构

2.1.1 比特币系统体系结构

比特币系统作为世界上第一个大规模成功运营的区块链系统,也建立了区块链系统体系结构的标准——P2P 体系结构,即对等网络结构。在比特币系统中,没有中心化服务器,系统各个节点都安装对等的比特币系统软件,每个节点都通过底层的 P2P 网络协议发现、连接其他区块链网络节点,并提供 P2P 网络的路由功能;每个节点可以通过 PoW 共识机制竞争计算新区块的出块权(俗称"挖矿");每个节点都可以存储完整的区块链与账本数据,每个节点都可以发起和监听比特币网络上的交易信息,验证每个交易和区块的合法性。

虽然每个系统节点上都安装了对等的比特币系统软件,但是每个节点可以自由选择启动比特币系统的不同功能,从而属于不同的节点类型,在区块链网络中扮演不同的角色。目前,比特币系统的节点总体上可以分为"全节点""轻节点"等两大类,其中发挥核心作用的是全节点。

全节点是比特币系统中功能最完整的节点,全节点一般要求保持一直在线,主要负责执行以下功能:

(1)参与区块记账权的竞争,通过 PoW 共识机制竞争下一个新区块的出块权,获得出块权的节点将获得系统激励,激励的方式就是奖励一定数量的比特币,也是比特币这种加密货币的唯一产生来源。

(2)存储完整的区块链与账本数据,每个全节点都保存了一个相同区块链与账本数据副本,自比特币系统上线运行至今,每个全节点的区块链与账本数据存储容量已超过 500GB。

(3)提供 P2P 网络路由与同步服务,监听系统网络上的交易、区块及事件信息,对接收到的交易和区块数据进行验证,并通过 Gossip 协议进行数据分发与同步。

轻节点主要负责提供交易和钱包功能,不参与出块权的竞争计算,不会存储完整的区块链,只需要保存每个区块的区块头信息,以及与节点自身相关的交易信息,可以发起简单支付验证(simplified payment verification,SPV)请求,向全节点请求数据来验证交易,也提供 P2P 网络的路由功能。

2.1.2　比特币系统逻辑架构

为了便于对比研究和理解,本书统一采用第 1.4.2 小节中描述的区块链系统参考逻辑架构模型(图 1-10)来定义比特币系统的逻辑架构。比特币系统是区块链 1.0 阶段具有开创性的区块链系统,其存储层、数据层、网络层、共识层、激励层、合约层、接口层、应用层的功能特点成为后续以太坊等公有区块链系统的架构设计参考对象,也为区块链标准化架构设计奠定了基础。比特币区块链系统分层逻辑架构如图 2-1 所示。

比特币系统的存储层主要采用文件系统和 LevelDB Key-Value 数据库,为比特币系统相关的区块链、分布式账本、X.509 数字证书、日志、配置文件等数据提供高效、可靠持久化存储服务。

比特币系统的数据层是系统核心功能层级之一,对比特币系统核心的区块、区块链、交易、账本、地址等关键数据结构进行定义和处理,负责将交易打包进区块,由区块组成区块链,同时将每个区块中包含的交易信息构建为默克尔树(Merkle Tree)结构,并将默克尔树

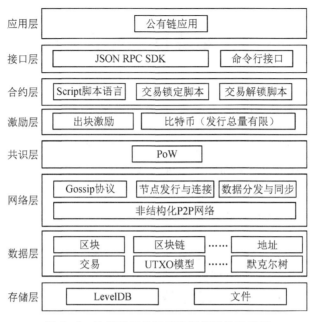

图 2-1 比特币区块链系统逻辑架构示意图

根哈希写入对应的区块头中,没有采用传统的账户/余额模型,而是采用特殊的 UTXO 模型构建账本数据,并基于底层的存储服务提供对比特币区块链数据的安全读写访问管理。

比特币系统的网络层是系统核心功能层级之一,主要采用非结构化 P2P 网络,基于 Gossip 数据分发协议,实现网络节点快速发现与连接,以及区块、交易数据的分发与同步,为比特币系统各网络节点之间提供节点发现与安全连接通信机制,为交易、区块信息在区块链网络所有节点之间提供高效传播与有效性验证机制。

比特币系统的共识层是系统核心功能层级之一,采用 PoW 工作量证明共识机制,让所有的比特币网络节点都认可每次计算产生的新区块,并且协调保证所有比特币网络节点数据记录一致性,使比特币系统的整体状态达成一致。

比特币系统的激励层在共识层的功能基础上,提供了总量有限的比特币发行和出块激励机制,对于加入比特币网络的节点,都能公平地通过参与 PoW 工作量证明竞争计算,都有一定概率被区块链系统增发奖励一定数量的比特币。

比特币系统的合约层没有提供真正意义的智能合约功能,而是基于一种非图灵完备的、基于逆波兰表示法的 Script 脚本语言开发技术,提供交易相关锁定脚本/解锁脚本的定制。

比特币系统的接口层提供了基于 JSON RPC 的 SDK 接口和命令行接口。

比特币系统的应用层基于接口层提供的 SDK 接口,可以基于比特币区块链实现面向电子支付等多种应用场景和业务逻辑的公有链应用。

2.2　比特币系统数据层

2.2.1　区块与区块链

在比特币系统中,区块(block)是区块链系统中最基本的数据单元,用于表示和记录区块链系统一段时间内发生的交易和状态结果的数据结构,是区块链系统各节点竞争完成一次共识计算的结果,多个区块采用链式结构链接在一起就构成了区块链(Blockchain)。每个区块又由区块头(Block Header)和区块体(Block Body)两部分组成,如图 2-2 所示。

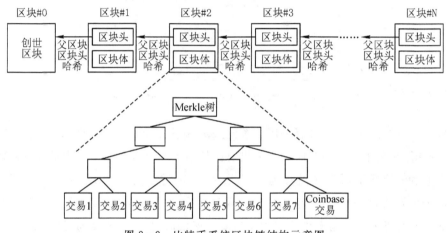

图 2-2　比特币系统区块链结构示意图

在区块链系统的所有区块中,第一个区块被称为"创世区块"。创世区块包含的数据一般可以任意设定,每个区块中存储了一定数量的交易数据,都由交易发起人的数字签名来保证其真实性和合法性。从第二个区块开始,每个区块都保存了前一个区块(父区块)的区块头的哈希值,区块之间首尾相互连接就构成链式结构,因而先前区块里的任何数据都不可被篡改。随着时间的变化,区块链中的数据不断增加,每次增加的数据就是一个区块,这些不同时间生成的区块,就以这种形式链接在一起。

比特币系统每个区块的大小不超过 1 MB,区块整体数据结构如表 2-1 所示,每个区块的区块头所包含信息的数据结构如表 2-2 所示。

表 2-1　比特币系统区块数据结构定义

字段	大小	描述
区块大小	4 字节	区块的大小,单位是字节
区块头	80 字节	区块头信息,见表 2-2

字段	大小	描述
交易计数	1～9 字节	区块中包含的交易数量
交易列表	可变大小	区块中包含的交易数据

表 2－2　比特币系统区块头数据结构定义

字段	大小	描述
当前区块的哈希(hash)	32 字节	当前区块的区块头的哈希值
区块链网络确认数(confirmations)	4 字节	当前区块的确认数
区块高度(height)	4 字节	区块链从第一个创世区块到当前区块的长度
版本(version)	4 字节	区块的版本,用于版本升级检查
前一个区块的哈希(previous block hash)	32 字节	前一个区块的区块头的哈希值
Merkle 树根的哈希(merkle root)	32 字节	对区块中包含的所有交易创建的一棵 Merkle 树,该 Merkle 树的根哈希值
区块的时间戳(time)	4 字节	区块创建的时间
区块的难度目标(bits)	4 字节	竞争计算该区块时的 PoW 工作量证明难度目标
随机数(nonce)	4 字节	32 位的任意随机数,竞争计算该区块时的 PoW 工作量证明问题求解答案
区块链上的总计工作量(chainwork)	4 字节	区块链上所有区块的计算工作量

比特币系统每个区块的区块体所包含的交易记录列表,实际上就是可以用于唯一标识与检索指定交易的交易哈希值列表,比特币交易数据结构将在 2.2.3 小节详细介绍。

2.2.2　账本数据

在一个传统的具有支付功能的系统中,每个用户都有一个资金账户,支付系统会对每个账户的余额进行单独记录和管理。当系统中有用户之间发生了支付的交易,系统会分别对参与交易的账户的余额信息进行检查和修改。例如,甲向乙转账 50 元,首先需要检查甲的账户中有 50 元的余额,再从甲的账户中扣除 50 元,并向乙的账户中添加 50 元。可以看到,为了保证整个系统的正确性,系统需要确保对应的支付前提条件,如甲的账户中至少有 50 元的余额,同时也需要保证整个支付交易过程的原子性、一致性、隔离性及持久性(Atomicity、Consistency、Isolation、Durability,ACID),即保证从甲账户扣减金额和向乙账户增加相同数量的金额这两个操作必须同时执行和完成,一旦受其他事件影响中断,甲和乙的账户必须恢复到交易前的状态。

2.2.2.1 账户地址

在比特币系统中没有直接的"账户"概念,而是用"账户地址"来代表用户的账户,相当于银行卡卡号,任何人都可以通过你的账户地址给你转账比特币。

比特币的账户地址就是用户的公钥经过哈希计算及 Base58 编码运算后生成的 160 位(20 字节)的字符串。账户地址计算生成流程如图 2-3 所示。

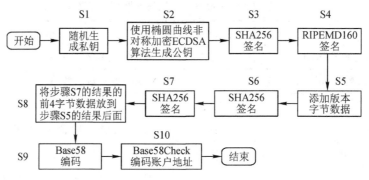

图 2-3　比特币账户地址计算流程

下面是比特币系统账户地址计算生成的示例,通过对用户公钥进行一系列的计算,最终计算生成的比特币系统的账户地址"15owxYraAxdfneQETb ovBVigZg8a5Cv5Ns"。

步骤 S1:随机选取一个 32 字节的十六进制数作为私钥,大小介于 1~0xFFFF FFFF FFFF FFFF FFFF FFFF FFFF FFFE BAAE DCE6 AF48 A03B BFD2 5E8C D036 4141 之间,如"6cad8e955967818e73a9ad1c8b0a4423910634e92a42b36820edc3a88606c7d0"。

步骤 S2:使用椭圆曲线加密算法(ECDSA-SECP256k1)计算私钥所对应的压缩格式公钥,得到"6cad8e955967818e73a9ad1c8b0a4423910634e92a42b36820edc3a88606c7d0",转换为非压缩格式公钥(共 65 字节,1 字节 0x04,32 字节为 x 坐标,32 字节为 y 坐标)为"04373f06458bc5ac5810d94a26b67963bef01fb52cb1c9ab7b0103fae27dbce6a30f71963b7f442c7a96ae7b6436f2ea92c917d2484fa0d1e7f988df22a8f35b2c"。

步骤 S3:使用压缩格式公钥计算 SHA-256 哈希值,得到"52c56b7b490e6f0455e94a3889bf585b27bb7b4e514a0225d79c0e646208fd93"。

步骤 S4:计算上一步哈希值的 RIPEMD-160 哈希值,得到"34c18387ebedacab545ced2027c461ce05077468",该结果也是交易脚本中"OP_HASH160"操作运算的值。

步骤 S5:在上一步结果之间加入地址版本号(如比特币主网版本号"0x00"),得到"0034c18387ebedacab545 ced2027c461ce05077468"。

步骤 S6:计算上一步结果的 SHA-256 哈希值,得到"dfd7a84d2936267cc81cc00028704f5d98c7545177526035923f85ee2fe1d851"。

步骤 S7:再次计算上一步结果的 SHA-256 哈希值,得到"c6754cbc7fee2f70418f6815aab85 008811a93c73546c5d4d4240b755d12a313"。

步骤 S8：取上一步结果的前 4 个字节（8 位十六进制数）"c6754cbc"，把这 4 个字节加在步骤 S5 结果的后面，作为校验，同时这也是账户地址的十六进制表示。

步骤 S9：用 Base58 编码变换一下十六进制的账户地址，得到 Base58Check 编码的账户地址，即"15owxYraAxdfneQETb ovBVigZg8a5Cv5Ns"。

2.2.2.2　账本数据模型

比特币系统账本没有采用传统的"账户/余额"模型，而是提出了一种独特的"未花费的交易输出"（Unspent Transaction Output，UTXO）模型，简称比特币 UTXO 模型。UTXO 是一个包含交易数据和对应的执行代码的数据结构，所有的 UTXO 条目构成了比特币系统的"账本"。

UTXO 模型的本质是通过交易记录来构成系统账本，而不是通过账户信息构成账本。在比特币的每一笔支付交易中，都有"交易输入"（标识资金来源）和"交易输出"（标识资金去向），且每个交易都可以有多个交易输入和多个交易输出，交易之间按照时间戳的先后顺序排列，且任何一个交易中的交易输入都是其前序的某个交易中产生的"交易输出"，而所有交易的最初的交易输入都来自比特币系统节点生成区块得到的激励。

下面举出一个例子来说明 UTXO 模型下的比特币系统的记账过程。假设节点 X 获得了 15 枚比特币的激励，此后，节点 X 进行了两笔交易：

T1：节点 X 将自己拥有的 5 枚比特币转账给了节点 Y；

T2：节点 X 与节点 Y 合资，各出 3 枚比特币付给节点 Z。

在比特币系统中，上述一系列操作可由三个前后依赖的交易完成，交易 A 见表 2-3，交易 B 见表 2-4，交易 C 见表 2-5。

表 2-3　交易 A 的信息

交易编号	交易输入/输出	来源/去向	数额	序号
A	交易输入	生成区块激励	15	
	交易输出	节点 X 的地址	15	A(1)

表 2-4　交易 B 的信息

交易编号	交易输入/输出	来源/去向	数额	序号
B	交易输入	A(1)	15	
	交易输出	节点 Y 的地址	5	B(1)
		节点 X 的地址	10	B(2)

表 2-3 中的交易 A 是这一系列交易的起始，该交易无交易输入，表示来源为节点生成区块的激励，且仅有一个交易输出，对应着接受该区块激励的节点 X 的地址。可以理解为节点 X 的地址有了相应数额的未消费交易输出储备 UTXO，此后，可以基于该 UTXO 进行进一步的交易。类似交易 A 这种交易称为"Coinbase 交易"，Coinbase 交易的特点是交易输入没有对应的"父交易"的交易输出，因为作为激励的比特币是直接由系统生成的。

表 2-5 交易 C 的信息

交易编号	交易输入/输出	来源/去向	数额	序号
C	交易输入	B(1)	5	
		B(2)	10	
	交易输出	节点 Z 的地址	6	C(1)
		节点 Y 的地址	2	C(2)
		节点 X 的地址	7	C(3)

表 2-4 中的交易 B 是交易中的第二个交易,在该交易中,交易来源引用了交易 A 的交易输出作为交易输入,且有两笔对应该交易输入的交易输出,序号分别为 B(1) 和 B(2),其中序号为 B(1) 的交易输出为节点 Y 的地址,表示节点 Y 的地址有了价值 5 个比特币的 UTXO,节点 Y 可以在后续交易过程中使用(相当于节点 X 转给节点 Y 5 个比特币)。序号为 B(2) 的交易的交易输出为节点 X 的地址,表示作为交易输入的交易 A(1) 还剩余的 10 个比特币继续存放在节点 X 的地址,节点 X 后续仍可以用价值 10 个比特币的 UTXO 作为交易输入。

表 2-5 中的交易 C 是交易过程的最后一步,即节点 X 与节点 Y 合资,各出 3 枚比特币付给节点 Z。在该交易中,交易输入引用了交易 B 中的两个 UTXO,分别是交易 B 中的(1)号交易输出和(2)号交易输出。而对应的交易输出则有三个,其中,序号为 C(1) 的交易输出流入了节点 Z 的地址,价值 6 个比特币,剩下的 C(2) 号和 C(3) 号交易相当于对节点 Y 和节点 X 的找零,分别对应着节点 Y 和节点 X 提供的交易输入在该交易中未使用完的部分。

从上面的例子可以直观看出,比特币系统的分布式账本使用 UTXO 模型并不是账户/余额系统,实际上不直接存在"账户"与"账户余额"概念,每个账户可以视为对应着某个地址,比特币区块链不会直接跟踪每个地址的比特币余额,比特币系统通过"交易池"跟踪区块链网络中所有 UTXO 的集合,而某个地址在某个时间点所具有的"余额",是通过检查、求和与该地址相关的所有 UTXO 来计算的。当使用 UTXO 时,它将从交易池中被删除,这将实时在计算余额时反映出来,如图 2-4 所示。

因此,UTXO 可以看作是一个离散的比特币单元,可以包含任意数量的比特币,例如 UTXO 可以代表 0.000001 比特币、1 比特币,甚至 10000 比特币。每个 UTXO 都是交易输出的结果,与特定的比特币地址相关联。要注意的是,UTXO 一旦被创造出来,即不可被拆分,一个 UTXO 只能在后续一次交易中作为一个整体被使用。通过交易,可以将一个 UTXO 转换为两个或更多个较小的 UTXO。

2.2.3 交易数据

比特币系统采用 UTXO 模型的本质是通过交易记录来构成系统账本,在比特币的每一笔交易数据中,都包含一个或多个"交易输入"(标识资金来源)、一个或多个"交易输出"(标

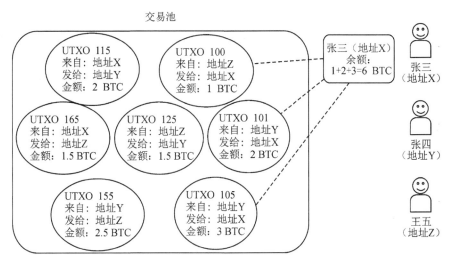

图 2-4 比特币地址对应余额计算关系

识资金去向)、交易时间戳等信息,交易之间按照时间戳的先后顺序排列,且任何一个交易中的交易输入都是其前序的某个交易中产生的"交易输出",而所有交易的最初的交易输入都来自比特币系统节点生成区块得到激励的交易(Coinbase 交易)。

比特币系统一条交易信息的数据结构如表 2-6 所示。

表 2-6　比特币系统交易数据结构定义

字段	大小	描述
版本	4 字节	当前交易的版本,用于版本升级检查,除非有重大升级的情况下,版本号基本无变化,是比较固定的一个值
交易哈希	32 字节	当前交易的哈希值,唯一标识和索引该交易
交易输入	可变大小	交易的输入有可能是一个或多个,见表 2-7
交易输出	可变大小	交易的输出有可能是一个或多个,见表 2-8
锁定时间	4 字节	当前交易被加到区块的最早时间,如果值为 0,表示需要立即被加入区块中;如果值大于 0 而小于 5 亿,表示区块高度;如果大于 5 亿就表示一个 Unix 时间戳

下面的 C++语言源代码用于定义交易类(CTransaction)的数据结构。

```
class CTransaction
{
public:
    static const int32_t CURRENT_VERSION=2;   // 定义默认的交易版本信息
```

```
    const std::vector<CTxIn> vin;                // 交易输入
    const std::vector<CTxOut> vout;              // 交易输出
    const int32_t nVersion;                      //交易的版本
    const uint32_t nLockTime;                    //交易的锁定时间

private:
    const uint256 hash;                          // 交易哈希
……
public:
    CTransaction();
……
};
```

比特币系统交易信息所包含的一个交易输入的数据结构如表 2-7 所示。

表 2-7　交易输入的数据结构定义

字段	大小	描述
前置交易哈希	32 字节	当前交易要使用的比特币金额来自之前交易的唯一标识
前置交易的输出序号	4 字节	当前交易要使用的比特币金额来自之前交易的输出的序号
解锁脚本	可变大小	解锁脚本用于求解或满足要使用的比特币金额对应的锁定脚本

比特币系统交易信息所包含的一个交易输出的数据结构如表 2-8 所示。

表 2-8　交易输出的数据结构定义

字段	大小	描述
输出金额	8 字节	当前交易输出的比特币金额,单位是 1 聪(SAT),1 比特币 = 1 亿聪
锁定脚本	可变大小	锁定脚本会附上一个加密难题,规定将来要在使用这笔比特币金额时需要满足的条件

在比特币系统中,出块奖励交易又称为 Coinbase 交易,下面是比特币系统中一笔 Coinbase 交易的示例,该交易没有输入,所以前置交易哈希为“0000…0000000”,前置交易的输出序号为“ffff”;该交易的输出为当时比特币系统的出块奖励金额 12.5 BTC,如表 2-9 所示。要注意的是,比特币交易表面上并不依赖地址,而是依赖于交易输出中的“锁定脚本”,脚本中的“<Public Key Hash>”就是交易输出的接收者张三的账户地址(Base58Check 编码或十六进制形式)。

表 2-9 张三的出块奖励 Coinbase 交易信息

交易哈希		c8bc7…970e15be64259b0135b0b6e37f1f9f088a719508cbd8bc			
交易输入				交易输出	
前置交易哈希	序号	解锁脚本	输出金额	锁定脚本	
0000…0000000	ffff		12.5	OP_DUP OP_HASH160 张三的 <Public Key Hash> OP_EQUAL OP_CHECKSIG	

过了一段时间,张三因购买商品,要向李四支付 1.5 BTC,张三使用交易哈希为"c8bc7…970e15be64259b0135b0b6e37f1f9f088a719508cbd8bc"的这笔交易中的输出 UTXO 作为新交易的输入,在输入的解锁脚本中使用张三的签名和公钥数据来解锁前置交易中的输出 UTXO;新交易中包含两个输出,一是向李四的账户地址转账 1.5 BTC,二是将剩余的 11 BTC 转回给张三的账户地址,如表 2-10 所示。

表 2-10 张三向李四支付商品费用的交易信息

交易哈希		a7195…b6e388a15be64259970e0135b0b719508cbd8bc7f1f9f0			
交易输入				交易输出	
前置交易哈希	序号	解锁脚本	输出金额	锁定脚本	
c8bc7…cbd8bc	0	张三的 <Signature> 张三的 <Public Key>	11	OP_DUP OP_HASH160 张三的 <Public Key Hash> OP_EQUAL OP_CHECKSIG	
c8bc7…cbd8bc	0	张三的 <Signature> 张三的 <Public Key>	1.5	OP_DUP OP_HASH160 李四的 <Public Key Hash> OP_EQUAL OP_CHECKSIG	

又经过一段时间,李四因支付货款,分别要向王五、赵六支付 0.25 BTC 和 1.25 BTC,李四使用交易哈希为"a7195…b6e388a15be64259970e0135b0b719508cbd8bc7f1f9f0"的这笔交易中的输出 UTXO 作为新交易的输入,在输入的解锁脚本中使用李四的签名和公钥数据来解锁前置交易中的输出 UTXO;新交易中包含两个输出,一是向王五的账户地址转账 0.25 BTC,二是向赵六的账户地址转账 1.25 BTC,如表 2-11 所示。

表 2-11 李四向王五、赵六支付货款的交易信息

交易哈希			5be64…1a7195259b6e388a970e013cbd8bc75b0b719508f1f9f0		
交易输入				交易输出	
前置交易哈希	序号	解锁脚本	输出金额	锁定脚本	
a7195…f1f9f0	1	李四的 <Signature> 李四的 <Public Key>	0.25	OP_DUP OP_HASH160 王五的 <Public Key Hash> OP_EQUAL OP_CHECKSIG	
a7195…f1f9f0	1	李四的 <Signature> 李四的 <Public Key>	1.25	OP_DUP OP_HASH160 赵六的 <Public Key Hash> OP_EQUAL OP_CHECKSIG	

在上面的交易信息示例中,通过交易哈希和交易输出的序号(从 0 开始),可以唯一确定一个可使用的交易输出 UTXO。这样,交易的每个交易输入都与某个前置交易的输出 UTXO 关联起来,如图 2-5 所示。

图 2-5 交易输入与前置交易输出 UXTO 关联示意图

2.2.4　状态数据

在比特币系统中,交易表示一次价值转移操作,会导致账本状态的一次改变,如增加了一条交易记录;区块表示记录一段时间内发生的交易和状态结果,是对当前账本状态的一次共识和确认;链是由一个个区块按照发生时间顺序串联而成,可以看作是整个区块链状态变化的日志记录。

在一个比特币区块的区块头中包含了 Merkle 树根的哈希值,在区块体中包含了所有经过验证的交易数据。如图 2-6 所示,区块体中所有交易数据的哈希值构成了一棵 Merkle 树,每个叶子节点是每个交易信息的哈希值,将该 Merkle 树的根节点的值,称根哈希(Root Hash)或主哈希(Master Hash),存入区块头。

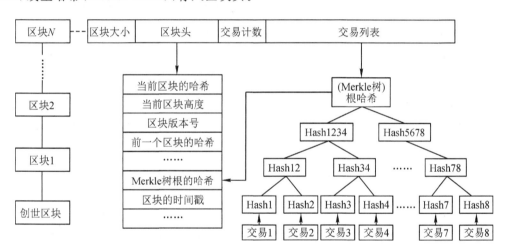

图 2-6　比特币区块中 Merkle 树结构示意图

比特币系统采用 Merkle 树,一方面能够高效、安全的确认交易的存在性和正确性,验证系统状态;另一方面便于将比特币网络节点分为全节点(Full Node)和轻节点(Light Node)两类,全节点存储所有的区块链数据(含区块头和区块体),轻节点只存储所有的区块头数据,仅占用全节点所需存储空间的几千分之一甚至更少,但仍可以基于区块头中的 Merkle 根哈希对交易进行验证。

例如,轻节点如果要对交易 3 进行验证,会通过向相邻节点查询包括从交易 3 哈希值沿 Merkle 树上溯至区块头根哈希处的哈希序列(即哈希节点 3、4、34、12、1234、5678、根哈希)来确认交易的存在性和正确性。

2.3　比特币系统网络层

2.3.1　P2P 网络结构与节点

比特币系统网络实质上是一个 P2P 网络,比特币系统采用的 P2P 网络属于非结构化 P2P 网络,不存在中心服务器,比特币网络中存在"全节点""轻节点"等不同类型的节点,不同类型的节点在网络中扮演的角色也有所不同,其中发挥核心作用的是全节点。

全节点要一直在线,是比特币 P2P 网络中功能最完整的节点,全节点要竞争计算新区块的出块权,会存储完整的区块链数据,要监听比特币网络上的交易信息,验证每个交易的合法性,并提供 P2P 网络的路由功能。

轻节点不需要一直在线,不参与出块权的竞争计算,不会存储完整的区块链,只需要保存每个区块的区块头信息,以及与自己相关的交易信息,可以发起简单支付验证请求,向全节点请求数据来验证交易,并提供 P2P 网络的路由功能。轻节点除了主要提供交易功能外,还常常提供钱包功能。

比特币系统的 P2P 网络基于 TCP 构建,默认 RPC 通信服务端口是 8332,默认数据同步端口是 8333,比特币系统的 P2P 网络主要采用了 Gossip 协议来实现节点发现、节点连接、区块广播、交易广播等功能。

2.3.2　节点发现管理

当一个新的比特币网络节点启动后,为了能加入比特币网络,它必须至少发现一个网络中的活动节点并与之建立连接。比特币系统采用的是非结构化 P2P 网络,因此新节点可以随机选择节点建立连接。在比特币网络中,一个新启动的节点可以通过两种方式发现其他网络节点。

(1)利用 DNS 种子节点。比特币系统的客户端会维护一个列表,列表中记录了长期稳定运行的节点,这些节点也被称为 DNS 种子节点(DNS-seed)。新节点可以连接到种子节点,快速发现网络中的其他节点。DNS 种子节点一般由比特币社区成员维护,种子节点通过自动扫描网络获取活跃节点的 IP 地址,如果某节点运行在默认的 8332 端口,将被添加到种子节点中。但是,DNS 种子节点查询结果是未被认证的,而且恶意节点操作者或网络中间人攻击者可以只返回被攻击者控制的节点的 IP 地址,在攻击者自己的网络中隔离程序,并且允许攻击者壮大它的交易和区块。因此,节点不应该依赖唯一的种子节点。

(2)节点引荐。新启动节点可以不使用种子节点,而是指定一个节点的 IP 地址,新节点将与指定的节点建立连接,并将指定的节点作为 DNS 种子节点,在引荐信息形成之后断开与该节点的连接,并与新发现的节点连接。

2.3.3 节点连接管理

在比特币系统中,节点通过发送 version 消息连接其他节点,该消息一般包含以下信息:

(1) PROTOCOL_VERSION:当前节点的比特币 P2P 协议的版本号。

(2)nLocalServices:节点支持的本地服务列表,目前仅支持 NODE_NETWORK。

(3)nTime:当前时间戳。

(4)addrYou:当前节点可见的远程节点的 IP 地址。

(5)addrMe:当前节点的本地 IP 地址。

(6)subver:当前节点运行的软件的子版本号。

(7)baseHeight:当前节点上的区块链的高度。

对等节点收到 version 消息后,会回应 verack 消息进行确认。然后,对等节点再响应 version 消息,节点收到对等节点返回的 version 消息后,再回应 verack 消息进行确认,从而完成连接的建立,如图 2-7 所示。

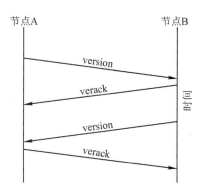

图 2-7 比特币网络节点之间建立连接的握手过程

(1)地址广播。

节点之间一旦连接,新节点将会发送一条包含自己 IP 地址的 addr 消息给对等节点,对等节点收到以后又会向与它连接的相邻节点发送 addr 消息,这样新节点的 IP 地址就会在 P2P 网络进行广播。此外,新节点还可以发送 getaddr 消息,要求对等节点把已知的节点的 IP 地址发送过来。通过这种方式,新节点可以找到需要连接的其他对等节点,如图 2-8 所示。

一个节点必须连接到若干不同的对等节点才能建立通向比特币网络的通信路径。由于节点可以随时加入和离开,通信路径是不可靠的。因此,节点必须持续进行两项工作:一是在失去已有连接时发现新节点,二是在其他节点启动时为其提供帮助。节点启动时只需要连接到一个对等节点,因为第一个对等节点可以将它引荐给它的对等节点,而这些节点又会进一步提供引荐。节点在启动完成后,会记住它最近成功连接的对等节点,当节点重新启动后,可以迅速与先前已知的对等节点重新建立连接,如果先前的对等节点对连接请求无响应,该节点可以再使用种子节点发现其他节点。

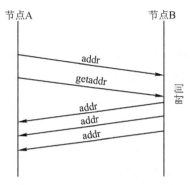

图 2-8　比特币网络节点之间进行地址广播的过程

如果已建立连接的节点之间没有数据通信,节点会定期发送信息以维持连接。如果节点持续某个连接超过较长时间(如 90 分钟)没有任何通信,就会被认为已经从网络中断开,将开始查找一个新的对等节点。

(2)节点初始化同步。

一个新的全节点在验证未确认交易和最新的区块之前,必须下载和验证从创世区块到最佳区块链的顶部的所有区块。这个过程称为初始化同步或初始化区块下载(Initial Block Download,IBD)。

节点初始化同步并不只是使用一次,例如,当节点离线很长一段时间的情况下,节点可以使用初始化同步方法下载最后在线时间到现在生产的所有的区块。

2.3.4　交易广播与交易池

在比特币系统中,节点为了向比特币系统发送一笔交易,需要向邻近的对等全节点发送 Inv 消息。如果接收到对等节点返回的 Getdata 消息,节点再使用 Tx 消息向对等节点发送交易信息。对等节点接收到交易信息后,将以同样的方式向其他邻近节点转发交易信息。节点之间进行交易广播的过程如图 2-9 所示。

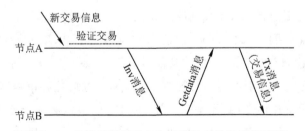

图 2-9　比特币网络节点之间进行交易广播的过程

比特币网络中每个节点都会维护一个未确认交易列表,称为"交易池"。节点使用交易池记录并跟踪等待被区块链系统确认的交易。例如,具有钱包功能的节点会使用交易池来记录那些已发送到网络但还未被确认的,只与该节点上的钱包相关的预支付交易信息。

　　某些节点还维护一个单独的"孤立交易池"。所谓"孤立交易",是指如果一个交易的输入与某未知的交易有关,如与缺失的父交易相关,该孤立交易就会被暂时存储在孤立交易池中直到父交易的信息到达。当一个交易被添加到交易池时,会同时检查孤立交易池,看是否有某个孤立交易引用了此交易的输出(子交易)。任何匹配的孤立交易会被进行验证。如果验证有效,它们会从孤立交易池中删除,并添加到交易池中。

　　交易池和孤立交易池都是节点启动后,在内存中动态建立和维护的,并不是存放在本地永久性存储设备里。节点启动时,两个池都是空闲的,随着网络中新交易不断被接收,两个池逐渐被加入交易信息。

2.3.5　区块广播与同步

　　当一个节点生成一个新区块时,使用以下方法把新区块广播给其他对等节点。

　　(1)出块节点发送一个带有新区块的区块消息给其他已知的全节点 A。

　　(2)节点 A 收到一个区块消息后,对其进行验证,验证完后,会向其邻近的节点广播发送 Inv 消息,Inv 消息中并不包含区块具体信息,而是只包含节点 A 验证过的区块的区块头等相关信息。

　　(3)节点 B 收到 Inv 消息后,如果它之前没有接收过这个区块,则向节点 A 发送一个 Getdata 消息,要求得到交易记录,以及区块的具体信息。

　　(4)节点 A 只有在收到 Getdata 消息后,才会把区块的具体信息发送给节点 B。

　　(5)由于节点 A 已经验证并确认了该区块是正确的,节点 A 将会在这个区块的基础上,寻找下一个区块。比特币网络节点之间进行区块广播的过程如图 2-10 所示。

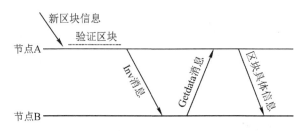

图 2-10　比特币网络节点之间进行区块广播的过程

　　新区块通过上述的方法传播到比特币系统的整个网络中。然而,需要注意的是,每一个节点生成新区块后,并不能同时向网络中的所有节点进行广播,而只能向其邻近的、已建立连接的节点进行广播。例如,如果节点 A 和节点 C 没有建立并维持连接,那么节点 A 生成新区块后,是不会直接广播到节点 C 的。比特币系统默认规定,每一个节点总是试图与至少 $P(P=8)$ 个其他节点维持连接,如果这个连接的数量低于 P,那么节点就会主动从已知的地址中随机选择地址并试图与其建立连接。如果连接的数量超过 P,后续来自其他节点的连接请求一般也并不会被拒绝。目前比特币系统的 P2P 网络中,平均每个节点有 32 个开放的连接,已大大超过比特币系统默认的连接数 P 值。

新区块要被比特币网络所接受,必须要被超过50%的节点验证并确认。对新区块的验证过程,就是其他节点对新区块中包含的4字节随机数,再次进行哈希计算,验证计算结果小于目标哈希值。要注意的是,只有当新区块加入父区块且在此基础上继续产生6个区块后,才能最终确认该新区块已被加入主链。

2.4　比特币系统共识层

2.4.1　PoW 工作量证明共识机制

在比特币系统中,采用了PoW工作量证明共识机制,比特币网络节点如果想生成一个新的区块并写入区块链,必须通过求解工作量证明难题来竞争分布式账本的记账权,在节点成功求解出难题后,会马上将新区块对全网进行广播,网络的其他节点收到广播后,会立刻对其进行验证。如果验证通过,则表明已经有节点求解出难题,获得当前区块的记账权,网络节点就选择接受这个新区块,记录到节点本地的账本中,然后进行下一个区块的竞争计算。比特币系统通过共识机制竞争计算生成新区块的过程,被称为"挖矿(Mine)",因此比特币网络节点又被称为"矿工(Miner)",后续如以太坊等其他区块链系统都沿用了这种说法。

如图2-11所示,比特币系统PoW工作量证明共识机制的工作流程如下:

(1)节点开始竞争下一个区块的出块权。

(2)创建Coinbase交易,作为第一条交易信息加入新区块的交易列表,Coinbase交易的作用是作为节点获得出块权的激励,由比特币系统向节点的地址支付一定量的比特币。

(3)从交易池中选择一定数量的交易信息加入新区块的交易列表。

(4)将交易列表中的所有交易信息构建默克尔树(Merkle Tree),计算默克尔树根的哈希值。

(5)获取前一个区块的哈希等相关信息,创建当前区块的区块头。

(6)将当前区块的区块头中的随机数Nonce初始化为1。

(7)使用双重SHA256哈希算法计算$R = SHA256(SHA256(区块头))$。

(8)将R与系统给定的目标值进行比较,如果$R \geqslant$目标值,则执行(9),否则执行(10)。

(9)区块头的随机数Nonce++,循环执行(7)。

(10)求解出小于目标值的R,判断是否有其他节点已先求出解,如果已有节点先求出解,则终止竞争当前区块的出块权,跳转到(1);如果没有其他节点先求出解,则获得当前区块的出块权,执行(11)。

(11)节点向比特币系统网络广播新区块。

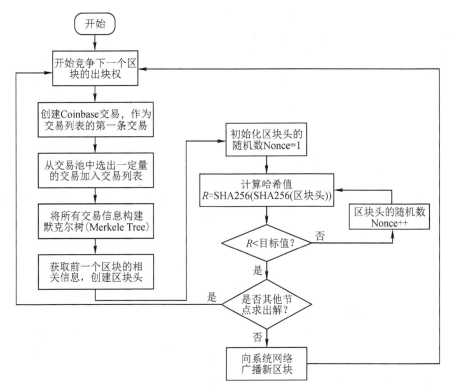

图 2-11　比特币 PoW 工作量证明共识机制工作流程图

2.4.2　PoW 共识机制的特点

比特币系统的 PoW 共识机制具有两大特点。

(1)比特币系统 PoW 共识机制采用的"难题"具有难以解答,但很容易验证答案的正确性的特点,同时求解难题的"难度",即比特币网络节点平均解出一个难题所消耗时间,是可以通过调整难题中的部分参数来进行控制的,因此比特币系统可以很好地控制链增长的速度。

(2)通过控制区块链的增长速度,保证了如果一个节点成功解出难题完成了新区块的创建,该区块能够以更快的速度在所有节点之间传播,并且得到其他节点的验证,再结合比特币系统所采取的"最长链有效"的评判机制,就能够在大多数(超过比特币网络 51% 算力)节点都是诚实的情况下,避免恶意节点对区块链的控制。因为,在诚实节点占据了比特币系统全网 51% 以上的算力比例时,当前最长链的下一个区块很大概率也是诚实节点生成的,并且该诚实节点一旦解出难题并生成了区块,就会在很快的时间内告知全网其他节点,而全网的其他节点在验证完毕该区块后,便会基于该区块继续解下一个难题以生成后续的区块,这样的话,恶意节点很难完全掌控区块的后续生成。

如有节点想作弊,生成恶意区块并进行广播,接收到广播的其他网络节点验证不通过,直接丢弃广播的恶意区块,这个区块就无法加入链中,作弊的节点只会白白耗费计算开销,使得比特币网络节点只能自觉遵守比特币系统的共识机制,确保了整个系统的安全运行。

虽然比特币系统采用的 PoW 共识机制被实践证明是可行的,但是该 PoW 共识机制给参与节点带来的计算开销,除了保证比特币系统的区块链不断增长外,无任何其他有用价值,却造成了全球巨大的能源白白耗费,并且该开销会随着参与的节点数目的上升而上升,因此,可以预见,PoW 共识机制必将被更高效、环保的其他共识机制取代。

2.4.3　竞争出块冲突

比特币系统的 PoW 共识机制在运行过程中,有可能出现两个或多个不同的节点不分先后求解出满足要求的哈希值结果,都认为自己获得了出块权,并向系统网络广播自己生成新区块,这将导致节点竞争出块冲突。

如图 2-12 所示,如果节点 A 和节点 B 同一时刻获得出块权,节点 A 生成区块 X,节点 B 生成区块 Y,此时面临两个相互竞争的区块。假设区块 X 是在区块 Y 之前 1 秒先产生出来的,区块 X 有机会能提前比区块 Y 传播到超过 50% 以上的节点。如果节点 C 接收到区块 X 并且验证成功,节点 C 将基于区块 X,继续计算下一个新区块;同时,先接收到区块 Y 的节点 D,在成功验证区块 Y 后,将会基于区块 Y,继续计算下一个新区块。这时候,比特币系统的区块链就出现了两条链:一条是沿着区块 X 的链,称为"链 X";另一条是沿着区块 Y 的链,称为"链 Y"。这种现象称为"分叉"。链 X 和链 Y 的长度是一样的,但是最后一个区块不同。

比特币系统区块链发生分叉后,将会出现一部分节点基于链 X 竞争计算下一个新区块,而另一部分节点基于链 Y 竞争计算下一个新区块。假设节点 E 是基于链 X 计算下一个新区块,而且比所有基于链 Y 的节点更快找到下一个新区块 Z,因此,原来的链 X 变成了"链 X+Z",这时链 X+Z 比链 Y 链更长,那些原来基于链 Y 的节点,就会放弃链 Y,并转向链 X+Z 这条链上继续计算下一个新区块,因此链 X+Z 就成为主链,而区块 Y 则成为没有加入主链的"孤块"。生成孤块 Y 的节点 B,其获得的比特币奖励将会失效,同时区块 Y 中包含的交易也不会被确认,将返回交易池中,等待下一个新区块的打包确认。

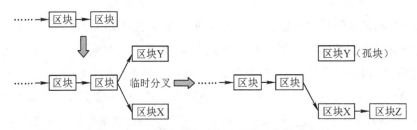

图 2-12　比特币系统出块冲突临时分叉示意图

比特币系统解决节点竞争出块冲突及临时分叉问题的方法十分简单,就是只承认分叉中最长的链,不是最长链的分叉中的区块将被抛弃成为孤块,生成孤块的节点获得的激励将被系统取消,孤块中包含的所有交易将被重新加入交易池。

2.5　比特币系统激励层

在比特币系统中,比特币网络约每10分钟生成一个不超过1MB大小的区块,用于记录这10分钟内发生的验证过的交易内容,并将区块串联到最长的链尾部,每个区块的成功提交者可以得到系统一定数量的比特币的奖励(该奖励将作为区块内的第一个Coinbase交易,并将在一定区块数后才能使用),以及用户附加到交易上的支付服务费用。因此,即使没有任何用户交易,比特币网络也可以自行产生合法的区块并生成奖励。每个区块的奖励最初是50个比特币,每隔21万个区块(约4年时间)自动减半,最终比特币总量稳定在2100万个。比特币系统的激励机制主要包括以下要点。

(1)加密货币总量固定:比特币总量不超过2100万个。

(2)出块激励:每当有节点获得一个区块的记账权,比特币系统就会发行出新的比特币作为对节点的奖励。一个区块产生的比特币数量都会按几何级数递减,每产出21万个区块,获得奖励的比特币数量就会减少50%。截至2022年,每个区块的奖励已降低为6.25个比特币,是比特币系统上线时的八分之一。

(3)交易激励:用户会在交易中包含交易费,作为处理交易的服务费支付给获得区块记账权的节点。

2.6　比特币系统合约层

比特币系统作为区块链技术的起源和第一代基于区块链的加密数字货币系统,并不提供真正意义上的智能合约机制,但是在比特币系统中已出现智能合约功能的雏形,对后续以太坊系统的智能合约功能设计具有重要的启发。

比特币系统没有账户机制,而采用了一种比较特别的UTXO交易模型,类似于财务会计记账方法,每一笔交易数据主要包括两部分:交易输入记录和交易输出记录。

交易输出记录中除了包含输出比特币金额外,还包含了称为"锁定脚本"的一段脚本代码。

交易输入记录中除了包含对前一个交易输出部分的引用外,还包含了称为"解锁脚本"的一段脚本代码。

假设甲向乙成功转账了1个比特币,那么在链上就存在一条历史交易记录"TX_A",TX_A的一条输出记录"TX_A_OUTPUT_1"中包含了数量为1的比特币以及一个只能由乙才能执行的锁定脚本,可以简单理解为只有乙才能"打开"的"锁X",也正是由于这把"锁"的存在,其他人才无法使用这个比特币。

如果乙想把甲给的这个比特币转给丙,那么需要构建一个新的交易记录"TX_B",TX_B

的输入记录"TX_B_INPUT_1"中包含了对 TX_A 交易的输出"TX_A_OUTPUT_1"的引用,以及一段由乙签名过的解锁脚本,可以简单理解为打开"锁 X"的"钥匙";同时,输出记录"TX_B_OUTPUT_1"中则包含 1 个比特币,以及一个由丙才能执行的锁定脚本,即只有接收人丙才能"开启"的"锁 Y"。

从上面甲向乙转账、乙向丙转账的过程可以看到,对于一个交易的输出记录中特定的锁定脚本,只有特定的解锁脚本与之连接后,打开前一个输出上的"锁"时,才能移动其中包含的比特币到新的输出。脚本代码发挥着类似于合约的作用,可以理解为交易参与方之间的一种约定:交易一方提供一定数量的比特币并且约定好条款,交易另一方只能在提供满足这些条款的证据时,才能花费被锁定的比特币。而且,必须由比特币网络节点来自动确认和执行。从这个意义上讲,比特币系统中已经出现了智能合约的萌芽,更重要的是,人们认识到比特币系统的底层区块链技术可以为智能合约提供可信的执行环境。

2.6.1　交易脚本执行机制

在比特币系统中,每笔交易都包含一定数量的输入和输出。交易输入是属于交易发送方的 UTXO,交易的输出是分配给接收方的新生成的 UTXO。为了保证只能由交易指定的接收方地址才能使用输出的 UTXO,每个 UTXO 都必须使用锁定脚本锁定。

比特币系统采用了一种非图灵完备的、基于逆波兰表示法的堆栈执行语言来编写"锁定脚本"与"解锁脚本",是一串由操作码(OPCode)组成的指令集合。下面是采用比特币脚本语言编写的程序例子,该程序要实现的逻辑是"判断 4+5 是否等于 9?",该程序的解释执行过程如图 2-13 所示。

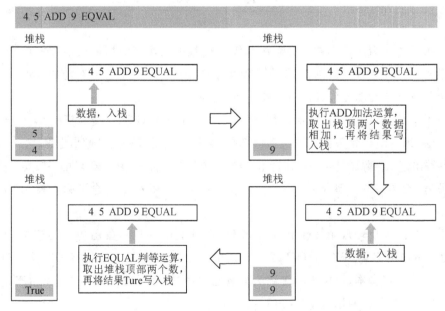

图 2-13　比特币交易脚本程序执行过程示意图

(1)非图灵完备语言。

1936 年,英国著名数学家、逻辑学家、密码学家和计算机科学家,被业界誉为"计算机科学和人工智能之父"的艾伦·麦席森·图灵(Alan Mathison Turing)发表了一篇题目为《论可计算数及其在判定性问题上的应用》(On Computable Numbers, with an Application to the Entscheidungsproblem)的论文。在这篇论文里,图灵首次提出了一种假设的计算装置,图灵称之为"A-Machine",这就是在计算机科学领域大名鼎鼎的图灵机(Turing Machine)。

1938 年,图灵在美国普林斯顿大学攻读博士学位期间,发表了一篇题目为《基于序数的逻辑系统》(Systems of Logic Based on Ordinals)的论文。在这篇论文里,图灵定义了可计算函数——"如果一个函数的值可以通过某种纯机械的过程找到,那么这个函数就可以有效地计算出来"。如果在作为特定计算模型的图灵机上产生的可计算函数,就被称为"图灵可计算函数"。如果一个计算系统可以计算每一个图灵可计算函数,那么这个系统就是图灵完备的。

图灵完备性也常用于描述计算机语言的计算能力,具有图灵完备性的计算机语言,就被称为"图灵完备语言"。C、FORTRAN、Pascal 、C++、Java、Go、Python、Prolog、SQL、XSLT 等绝大多数的计算机编程语言,都是图灵完备语言。但是,HTML、JSON、XML、YAML 标记语言或数据描述语言就不具备图灵完备性,被称为"非图灵完备语言"。比特币系统采用的交易脚本语言也是非图灵完备语言。

(2)逆波兰表示法。

逆波兰表示法又称为后缀表示法,是由波兰逻辑学家卢卡西维兹(Lukasiewicz)于 1929 年首先提出的一种表达式的表示方法。逆波兰表达式的形式特点是将运算操作数放在运算操作符之前,可以不用括号来标识操作符的优先级。例如,表达式(2+5)*6 采用逆波兰表示法将写成"2 5 + 6 *"。

逆波兰表达式非常适合于堆栈计算,解释执行过程一般是:①读取表达式下一个符号。②当读入的符号是运算操作数时,操作数入栈。③当读入的符号是运算操作符时,栈顶的操作数出栈,根据操作符求值,将结果再入栈。④检查表达式是否还有剩余未读的符号,如果有,则跳转到①;如果没有,栈顶就是表达式的值。

下面将以 2.2.3 小节中张三向王五支付购买商品的货款的交易数据为例(图 2-5),分析说明交易脚本的执行过程。已知该交易中,张三使用出块奖励 Coinbase 交易获得的 12.5 BTC 的 UTXO 向李四支付 1.5 BTC,交易数据如图 2-14 所示。

在前面的出块奖励 Coinbase 交易的输出锁定脚本中使用了 P2PKH(Pay-to-Public-Key-Hash)标准脚本:

OP_DUP　OP_HASH160 张三的<Public Key Hash>　OP_EQUAL　OP_CHECKSIG

交易输出脚本代码中"张三的<Public Key Hash>"部分实际指定为张三的账户地址,如"15owxYraAxdfneQETb ovBVigZg8a5Cv5Ns"。由 P2PKH 脚本锁定的输出 UTXO,接

交易哈希	c8bc7...970e15be64259b0135b0b6e37f1f9f088a719508cbd8bc				
交易输入			交易输出		
前置交易哈希	序号	解锁脚本	输出金额	锁定脚本	
0000...0000000	ffff		12.5	OP_DUP OP_HASH160 张三的<*Public Key Hash*> OP_EQUAL OP_CHECKSIG	

交易哈希	a7195...b6e388a15be64259970e0135b0b719508cbd8bc7f1f9f0				
交易输入			交易输出		
前置交易哈希	序号	解锁脚本	输出金额	锁定脚本	
c8bc7...cbd8bc	0	张三的<*Signature*> 张三的<*Public Key*>	11	OP_DUP OP_HASH160 张三的<*Public Key Hash*> OP_EQUAL OP_CHECKSIG	
c8bc7...cbd8bc	0	张三的<*Signature*> 张三的<*Public Key*>	1.5	OP_DUP OP_HASH160 李四的<*Public Key Hash*> OP_EQUAL OP_CHECKSIG	

图 2-14　张三向李四支付货款交易数据

收者要使用时必须提供完全匹配的接收者的数据签名和公钥才能够得以解锁,否则无法使用。因此,在向李四支付货款的交易输入的解锁脚本中指定了张三的数字签名和公钥:

张三的<Signature>　张三的<Public Key>

为了保证对交易输出 UTXO 使用合法性,系统会将交易输入的解锁脚本与前置交易输出的解锁脚本组合起来,构成脚本如下:

张三的<Signature>　张三的<Public Key>　OP_DUP　OP_HASH160　张三的<Public Key Hash>　OP_EQUAL　OP_CHECKSIG

对上面的组合脚本解释执行过程如图 2-15 所示,只有当解锁脚本中指定的签名和公钥与锁定脚本中指定的账户地址相匹配时,简单的理解就是使用者就是 UTXO 的拥有者,组合脚本最终的执行结果才为真(true)。而数字签名必须使用私钥,私钥通常只能由持有者个人唯一拥有,这就保证了只有指定的接受者账户地址才能使用交易相关的输出 UTXO。

2.6.2　交易标准脚本

比特币系统为了方便交易脚本的编制,提供了 P2PKH、P2PK、M-N 多重签名、P2SH 等多种标准脚本。

2.6.2.1　P2PKH 脚本

在当前的比特币区块链网络中,P2PKH 是应用最多的交易输出锁定脚本。P2PKH 脚本在解锁时需要进行两次验证,一是验证公钥是否能够转换成正确的账户地址,二是验证签名是否正确,即证明 UTXO 的使用者是否具有相同的账户地址。P2PKH 脚本的语句模板为:

OP_DUP　OP_HASH160<Public Key Hash>　OP_EQUAL　OP_CHECKSIG

其中,<Public Key Hash>为交易输出 UTXO 的接收者的账户地址。

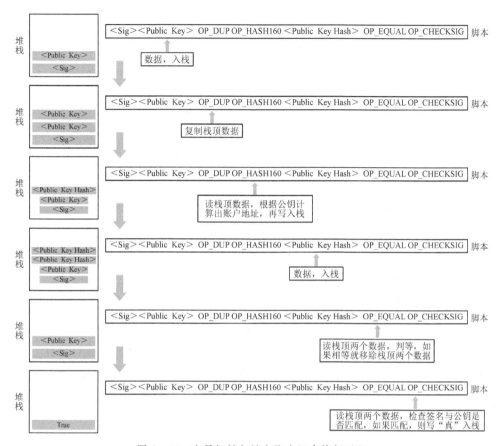

图 2-15　交易解锁与锁定脚本组合执行过程

P2PKH 脚本要求在后续关联交易输入的解锁脚本的语句模板为：

＜Signature＞　＜Public Key＞

其中，＜Signaure＞为前置交易输出 UTXO 的接收者的私钥签名，＜Public Key＞为前置交易输出 UTXO 的接收者的公钥。

2.6.2.2　P2PK 脚本

P2PK 脚本比 P2PKH 脚本更简单，在解锁时需要进行一次验证，即验证签名是否正确。P2PKH 脚本的语句模板为：

＜Public Key＞　OP_CHECKSIG

其中，＜Public Key＞为交易输出 UTXO 的接收者的公钥。

P2PK 脚本要求在后续关联交易输入的解锁脚本的语句模板为：

＜Signature＞

其中，＜Signaure＞为前置交易输出 UTXO 的接收者的私钥签名。

2.6.2.3　M-N 多重签名脚本

多重签名脚本比 P2PKH 脚本安全性更强,在解锁时需要对至少 M 个签名进行验证。多重脚本的语句模板为:

M <Public Key 1> <Public Key 2> ... <Public Key N> N OP_CHECKMULTI-SIG

其中,M 是要求激活交易的最少公钥数,N 是公钥总数,M≤N;<Public Key X>为交易输出 UTXO 的接收者的公钥。只有在 N 个公钥持有者中有 M 个同意的情况,才能使用这笔费用。

多重签名脚本要求在后续关联交易输入的解锁脚本的语句模板为:

OP_0　<Signature 1>　<Signature 2>...<Signature M>

其中,OP_0 为占位符,没有实际意义。<Signature X>为前置交易输出 N 个公钥列表中 M 个对应的私钥签名。

2.6.2.4　P2SH 脚本

P2SH 脚本是多重签名脚本的简化形式,假设 2-3 多重签名脚本的语句为:

2 <Public Key 1> <Public Key 2>　<Public Key 3> 3 OP_CHECKMULTISIG

P2SH 脚本首先要对上面的锁定脚本语句整体进行 SHA256 哈希计算,随后对其结果再进行 RIPEMD160 哈希计算,得到 20 字节的锁定脚本哈希,例如"fa81cf1d7a2fa204adf86 a2a4e17318ac16dc984"。P2SH 脚本语句模板为:

OP_HASH160<Script Hash> OP_EQUAL

其中,<Script Hash>就是对应多重签名锁定脚本哈希(20 字节)。

P2SH 脚本要求在后续关联交易输入的解锁脚本的语句为:

<Signature 1>　<Signature 2>　<2PublicKey1 PublicKey2 PublicKey3 3 OP_CHECKMULTISIG>

其中,<2 PublicKey1 PublicKey2 PublicKey3 3 OP_CHECKMULTISIG>就是对应输出的原来的多重签名脚本语句。

本章小结

通过对本章内容的学习,读者应该建立对比特币区块链系统的体系结构与逻辑分层架构的总体认识,深入理解比特币区块链系统的架构设计与实现原理,应重点掌握比特币区块链系统数据层相关的区块、区块链、账本、地址、交易等关键数据结构,网络层相关的 P2P 网络结构与工作原理,共识层相关的 PoW 工作量证明共识机制,激励层相关的出块奖励机制,合约层相关交易脚本编程技术原理与运行工作机制。

练习题

(一)填空题

1. 在比特币系统中,每个区块又由_____和_____两部分组成。

2. _____年__月,随着比特币区块链系统生成了第一个区块,标志着世界上第一个区块链系统的诞生。

3. 比特币的标准单位是_____,最小单位是_____,1个标准单位的比特币等于_____个最小单位的比特币。

4. 比特币系统的发行量每四年减半,总量上限为_____万枚,并且无法被超发。

5. 比特币网络中存在_____、_____等不同类型的节点,不同类型的节点在网络中扮演的角色也有所不同。

6. 比特币系统每个区块的区块体所包含的交易记录列表,实际上就是可以用于唯一标识与检索指定交易的交易哈希值列表,区块头中将存储由所有交易哈希值构造的_____树的根哈希值。

(二)选择题

1. 在区块链系统的所有区块中,第一个区块被称为(　　)。

A. 初始区块　　　　B. 创世区块　　　　C. 元区块　　　　D. 头区块

2. 在比特币系统区块链的每个区块的区块头中会保存多个哈希值,但没有保存(　　)。

A. 当前区块整体的哈希值　　　　　　B. 当前区块的区块头的哈希

C. 前一个区块的区块头的哈希值　　　D. 下一个区块的区块头的哈希值

3. 比特币系统采用(　　)模型,通过交易记录来构成系统账本。

A. UTXO　　　　B. 账户　　　　C. 数据库　　　　D. 会计

4. 比特币的账户地址就是(　　)经过一系列哈希计算及 Base58 编码运算后生成的160位(20字节)的字符串。

A. 用户私钥　　　　B. 用户公钥　　　　C. 随机数　　　　D. 节点 IP 地址

5. 在比特币系统中,每一笔交易数据中不包含的是(　　)。

A. 交易输入　　　　B. 交易输出　　　　C. 交易哈希　　　　D. 交易金额

6. 比特币系统的 P2P 网络主要采用了(　　)协议来实现节点发现、节点连接、区块广播、交易广播等功能。

A. HTTP　　　　B. Gossip　　　　C. gRPC　　　　D. Bittorent

7. 比特币系统采用了(　　)共识机制。

A. PoW　　　　B. PoS　　　　C. DPoS　　　　D. PBFT

8. 比特币系统采用的共识机制主要依赖节点的(　　)进行出块权的竞争计算。

A. 算力　　　　　　B. 内存容量　　　　　C. 算力＋内存容量　D. 网络带宽

(三)简答题

1. 比特币系统的区块链中各个区块是怎么链接的?

2. 比特币系统的"账户地址"是怎样计算生成的?

3. 请简单分析比特币系统 PoW 共识机制节点竞争计算生成新区块的过程。

4. 请简述比特币系统的出块激励规则。

5. 比特币系统如何处理竞争出块冲突和孤块?

第三章 以太坊区块链系统

比特币区块链系统向世界引入了两种革命性的新事物，第一种新事物是去中心化的加密数字货币——比特币，可以在没有任何资产担保、内在价值或者国家中央发行银行的情况下维持着价值。第二种新事物更加引起人们的关注和思考，就是为加密数字货币提供可信的去中心化保障的基于 PoW 工作量证明共识机制的区块链。从此，学术界和工业界的注意力开始迅速地聚焦区块链技术，推动区块链技术应用于加密数字货币与电子支付以外的领域。

尽管比特币区块链模型已被实践证明足够好用了，但是比特币区块链系统仍然存在多个有待改进的问题：

（1）交易性能差，平均每十分钟才将一批（2000～3000 笔）交易打包到新区块中，而且考虑到竞争出块冲突问题，一批交易需要在 6 个区块之后才能得到全网确认。

（2）PoW 工作量证明共识机制虽然简单容易实现，但会造成全球巨大的算力和能源浪费。

（3）交易脚本语言缺少图灵完备性，不能支持如循环语句等所有的计算逻辑，造成脚本效率低下。

（4）UTXO 模型存在价值盲（Value-blindness）、区块链盲（Blockchain-blindness）、缺少状态等局限性。UTXO 脚本不能为账户的取款额度提供精细的控制；UTXO 只有已花费或者未花费状态，无法支持需要其他内部状态的多阶段合约或者脚本；UTXO 脚本无法访问区块链及账本的数据，严重限制了 UTXO 脚本的功能扩展。

以太坊系统正是在比特币系统的基础上，针对比特币区块链系统存在的上述问题，在共识机制、账本模型、智能合约等多个维度进行改进创新，其目的是使得开发者能够创建任意的基于共识的、可扩展的、标准化的、特性完备的、易于开发和协同的区块链应用。以太坊通过建立终极的抽象的基础层，内置有图灵完备编程语言的区块链，使得任何人都能够创建智能合约和去中心化应用，并在其中设立自由定义的所有权规则、交易方式和状态转换函数。与比特币交易脚本相比，以太坊智能合约具有图灵完备性、价值感知、区块链感知和多状态等新增特性，可以基于以太坊区块链实现面向多种应用场景和业务逻辑的公有链或 DApp

去中心化应用。

　　本章将从以太坊区块链系统架构入手,首先描述以太坊区块链系统的总体系统架构,然后分别介绍以太坊区块链系统逻辑架构中数据层、网络层、共识层、激励层、合约层等主要功能层级的核心机制与技术原理。

3.1　以太坊区块链系统架构

3.1.1　以太坊系统体系结构

　　与比特币系统一样,以太坊区块链系统依然是 P2P 体系结构,即对等网络结构。在以太坊系统中,没有中心化服务器,系统各个节点都安装对等的以太坊系统软件,每个节点都通过底层的 P2P 网络协议发现、连接其他区块链网络节点,并提供 P2P 网络的路由功能;以太坊系统前期版本中每个节点都可以通过 PoW 工作量证明共识机制竞争计算新区块的出块权,后期版本中节点将通过 PoS 权益证明共识机制竞争出块权;每个节点都可以存储完整的区块链与账本数据,每个节点都可以发起和监听以太坊网络上的交易信息,验证每个交易和区块的合法性;每个节点都可以交易的形式发布智能合约,智能合约将存储于区块链中,加载到每个节点上的以太坊虚拟机 EVM 中执行。

　　以太坊区块链系统体系结构如图 3－1 所示。

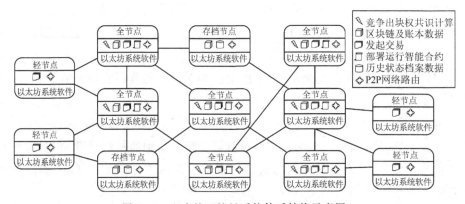

图 3－1　以太坊区块链系统体系结构示意图

　　与比特币系统类似,虽然每个以太坊系统节点上都安装了对等的以太坊系统软件,但是每个节点可以自由选择启动以太坊系统的不同功能,从而属于不同的节点类型,在区块链网络中扮演不同的角色。目前,以太坊系统的节点总体上可以分为“全节点”“轻节点”“存档节点”等类型,其中发挥核心作用的是全节点。

　　在以太坊系统网络中,全节点一般要求能一直在线,同时,全节点对 CPU 计算性能、内存容量、磁盘容量、运行稳定性都有较高要求。全节点的主要功能包括：

（1）将以太坊系统所有区块链与状态数据存储在节点本地，建立区块链与账本数据副本，可以根据请求为网络提供任何公开数据。自以太坊系统上线运行至今，每个全节点的数据存储大小已经超过360 GB，并且以每月约30 GB的速度持续增长中。

（2）接收并验证新区块数据，若新区块通过验证，就保存在本地的区块链中，并向其他邻近节点广播区块数据。

（3）接收并验证其他账户或去中心化应用DApp发出的交易数据，若新交易通过验证，就保存在本地的交易池中，并向其他邻近节点广播交易数据。

（4）通过求解指定的PoW工作量证明计算难题来竞争新区块的出块权，从而获得以太币激励，并把多条交易记录打包写入新区块。

（5）对存储在区块链中的智能合约进行部署与执行。

以太坊系统轻节点不参与竞争出块权的共识计算，不需储存和维护完整的区块链数据副本，只存储所有的区块头数据，可以通过检验区块头中包含的状态树根哈希，并按需向全节点请求相关区块链信息，从而验证数据的有效性。轻节点一般用于发送或传递交易信息，对节点的CPU计算性能、内存容量、磁盘容量、运行稳定性都要求较低。自以太坊系统上线运行至今，每个轻节点的数据存储大小约为5 GB。

存档节点存储了所有全节点保存的内容，同时创建了历史状态的档案，存档节点不参与竞争出块权的共识计算，一般只提供状态查询服务，例如，如果要查询一个账户在以太坊区块高度1000000时的以太币余额，就要查询一个存档节点。自以太坊系统上线运行至今，每个存档节点的数据存储大小已超过2 TB。

3.1.2 以太坊系统逻辑架构

为了便于对比研究和理解，本书统一采用第1.4.2小节中描述的区块链系统参考逻辑架构模型（图1-10）来定义以太坊系统的逻辑架构，但是以太坊区块链系统在存储层、数据层、网络层、共识层、激励层、合约层、接口层、应用层进行了多方面的技术创新，尤其是以太坊系统作为区块链2.0阶段具有代表性的区块链系统，扩展了比特币交易脚本机制，奠定了区块链可编程智能合约技术基础，智能合约功能也普遍视为区块链2.0阶段的标志性技术特征，以太坊区块链系统分层逻辑架构如图3-2所示。

以太坊系统的存储层主要采用文件系统和LevelDB Key-Value数据库，为以太坊系统相关的区块链、分布式账本、智能合约、X.509数字证书、日志、配置文件等数据提供高效、可靠持久化存储服务。

以太坊系统的数据层是系统核心功能层级之一，对以太坊系统核心的区块、区块链、交易、账本、账户、地址、状态树、交易树、收据树等关键数据结构进行定义和处理，负责将交易打包进区块，由区块组成区块链，并构建了状态树、交易树、收据树等数据结构。同时以太坊系统采用了传统的账户/余额模型构建账本数据，更加易于理解，并基于底层的存储服务提

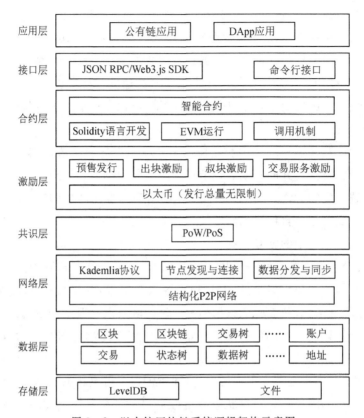

图 3-2　以太坊区块链系统逻辑架构示意图

供对以太坊区块链数据的安全读写访问管理。

　　以太坊系统的网络层是系统核心功能层级之一，主要采用结构化 P2P 网络，基于 Kademlia 分布式哈希表协议，实现网络节点快速发现与连接，以及区块、交易数据的分发与同步，为以太坊系统各网络节点之间提供节点发现与安全连接通信机制，为交易、区块信息在区块链网络所有节点之间提供高效传播与有效性验证机制。

　　以太坊系统的共识层是系统核心功能层级之一，系统前期版本采用与比特币系统类似的 PoW 工作量证明共识机制，但是对 PoW 共识算法进行了改进优化，没有采用比特币系统单纯依赖算力的双 SHA-256 哈希计算，而是使用了同时依赖于算力和内存容量的 Ethash 算法，系统后期版本计划支持算力无关的 PoS 权益证明共识机制。

　　以太坊系统的激励层在共识层的功能基础上，采用无总量限制的以太币发行机制，与比特币系统的激励机制不同，除了出块激励外，还增加了叔块激励和交易服务费等激励机制。

　　以太坊系统的合约层首次定义并提供了强大的智能合约功能，智能合约可以基于 Solidity 等多种图灵完备的编程语言开发实现，并提供了专用的以太坊虚拟机 EVM 作为智能合约的安全隔离运行环境。

　　以太坊系统的接口层提供了基于 JSON RPC、Web3.js 的 SDK 接口和命令行接口。

以太坊系统的应用层基于接口层提供的 SDK 接口,可以基于以太坊区块链实现面向多种应用场景和业务逻辑的公有链或 DApp 去中心化应用。

3.2 以太坊系统数据层

3.2.1 区块与区块链

与比特币区块相比,以太坊区块在结构上总体相似,也是由区块头与区块体两部分组成,但包含的信息更多,如图 3-3 所示,以太坊区块的区块体除了包含交易列表外,还包含一个特殊的叔区块(Uncle Block)头部分。

以太坊系统每个区块的整体数据结构如表 3-1 所示,每个区块的区块头所包含字段信息的数据结构如表 3-2 所示。

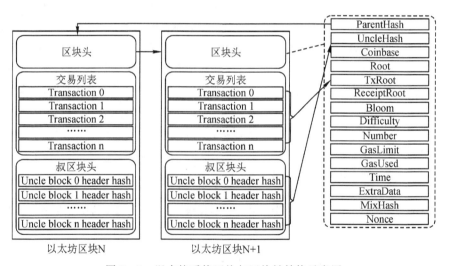

图 3-3 以太坊系统区块与区块链结构示意图

表 3-1 以太坊系统区块数据结构

字段	大小	描述
区块头	可变大小	区块头信息,具体结构见表 2-10
交易列表	可变大小	区块中包含的交易数量
叔块头列表	可变大小	区块中包含的叔块头数据

表 3 - 2　以太坊系统区块头数据结构

字段	大小	描述
父区块的哈希(ParentHash)	32 字节	前一个区块的哈希值
叔区块的哈希(UncleHash)	32 字节	当前区块包含的所有叔区块头列表的哈希值
节点地址(Coinbase)	20 字节	生成该区块的节点(矿工)地址,以太坊系统将向该地址支付出块奖励
状态树的根哈希(Root)	32 字节	当前区块包含的所有交易的 MPT 状态树的根哈希值
交易树的根哈希(TxHash)	32 字节	当前区块包含的所有交易的 MPT 交易树的根哈希值
收据树的根哈希(ReceiptHash)	32 字节	当前区块包含的所有交易的 MPT 收据树的根哈希值
Bloom 过滤器(Bloom)	可变大小	交易收据日志 Log 组成的 Bloom 过滤器,用来快速判断一个参数 Log 对象是否存在于一组已知的 Log 集合中
区块的难度(Difficulty)	可变大小	当前区块的难度,区块的难度由父区块的 Time 和 Difficulty 计算得出,并会动态调整。从创世节点开始到该区块可以累积计算一个总难度(Total Difficulty)值,在某个区块出现分叉的时候,以太坊会选择总难度值最大的那条链做为主链,不在该条链上的区块即为叔块
区块序号(Number)	可变大小	当前区块的序号,从创世区块 0 号开始每个后续区块递增 1
交易消耗的 Gas 上限(GasLimit)	8 字节	当前区块包含的所有交易可以使用的 Gas 上限,注意这个数值并不等于所有交易的 GasLimit 字段值之和
交易使用的 Gas 之和(GasUsed)	8 字节	当前区块包含的所有交易已使用的 Gas 之和
时间戳(Time)	可变大小	当前区块产生的 Unix 时间戳,一般是指打包区块的时间
区块的附加数据(Extra)	可变大小	区块的附加信息
混合摘要(MixDigest)	32 字节	与 Nonce 的组合用于 PoW 工作量计算的哈希值,用区块头(不含 Nonce、MixDigest 字段)的数据与 Nonce 进行哈希计算得到,一般用于验证区块
随机数(Nonce)	8 字节	区块产生时的随机数,竞争计算该区块时的 PoW 工作量证明问题求解答案

　　以太坊区块的区块体直接由交易列表和叔块头两部分构成。交易列表:区块的交易列表是被选出打包收入区块中的一系列交易信息。叔块头:叔块是以太坊系统引入的一种特殊区块,叔块头的结构与区块头完全一致。

为了避免或减少区块链分叉问题，比特币系统大约每 10 分钟出一个区块，即一次交易最快要 10 分钟才能被系统确认，在实际比特币系统中，一次交易的生效耗时可能更长。为了提高区块出块效率和交易性能，以太坊系统每十几秒钟生成一个新区块，导致区块分叉的概率增大，从而会出现大量由于没有加入主链而被抛弃的孤块的情况，为此以太坊引入叔块机制，这些被抛弃的孤块在后续新区块的生成过程中，有机会被再次加入区块的叔块头列表中，成为"叔块"，从字面意思理解就是当前区块的父区块的兄弟区块。同时，以太坊系统也会生成叔块的节点给予一定的以太币作为补偿奖励。

3.2.2　账本数据

以太坊的分布式账本采用了传统记账系统的账户模型，即每个用户对应一个直接记录余额的账户，交易中附带有参与交易的账户的信息。以太坊用账户来记录系统状态，包括每个账户存储余额信息、智能合约代码和内部数据存储等。相比于比特币的 UTXO 模型，以太坊所采用的传统账户/余额模型显然更易于理解和进行智能合约的编程。

以太坊的每一个账户都由公钥密码机制生成的一对公私钥进行定义，账户的地址为其公钥推导生成，以太坊通过地址来对账户进行唯一标识索引。每个账户都包含一对私钥和公钥。私钥是由一种伪随机数算法生成的 64 位十六进制字符（32 字节）。公钥是采用一种 ECDSA 椭圆曲线数字签名算法将私钥数据转换生成的 130 位十六进制字符（65 字节）。账户地址是采用一种 SHA - 3（Keccak - 256）哈希算法对公钥数据进行哈希计算的 32 字节结果的后 20 字节数据的 40 位十六进制字符表示。以太坊账户地址的计算过程如图 3 - 4 所示。

图 3 - 4　以太坊账户地址的计算过程

以太坊系统有两类账户：

（1）外部账户（Externally Owned Account，EOA）。外部账户是给以太币拥有者分配的账户，拥有该账户的用户可以通过账户对应的私钥创建和签署交易，发送消息至其他外部账户或合约账户。

（2）合约账户（Contract Account，COA）。合约账户是一种特殊用途的账户，用于存储执行的智能合约代码，只能被外部账户触发从而执行其对应的合约代码，从而执行各种预先定义好的操作。

与比特币系统不同，以太坊系统的账户都是具有状态的"实体账户"，例如，外部账户有余额，合约账户有余额和合约代码。

以太坊系统的账户对象主要包含的字段信息的数据结构如表 3 - 3 所示。

表 3 - 3　以太坊系统账户数据结构

字段	大小	描述
账户余额(Balance)	32 字节	当前账户中可用的以太币金额
序号(Nonce)	8 字节	如果账户是外部账户,表示该账户创建的交易序号;如果账户是合约账户,表示该账户创建的合约序号
代码哈希(codeHash)	可变大小	如果账户是合约账户,表示智能合约的 EVM 字节码数据;如果账户是外部账户,则为空
存储树根哈希(storageRoot)	32 字节	如果账户是合约账户,该账户必有一棵对应的存储树,表示该树根节点的哈希值;如果账户是外部账户,则为空

　　其中,代码哈希和存储树根哈希是针对合约账户才有意义的字段。合约账户的存储树采用了默克尔帕特里夏 MPT 树型数据结构构建,保存了所有智能合约的变量数据,智能合约编译时为其中的变量分配了地址,这些地址可以被转换成存储树中的一个 key 值,根据 key 值就可以从存储树中取出对应的 value 值,即合约的数据。合约账户的存储树根哈希值不是一成不变的,会根据系统中智能合约的变化而改变,因而作为合约账户的一种状态。

　　同时,以太坊系统的账户与传统中心化系统的账户具有以下不同之处:

　　(1)以太坊账户(包括私钥、密码、公钥和地址等账户信息)不会被记录到以太坊系统中,而传统的中心化系统的账户都是保存在系统的数据库中。

　　(2)以太坊账户创建后不需要告诉任何人,除非有人要给你转账,而传统的中心化系统的账户创建后至少有部分人(如系统管理员)已知道。

　　(3)以太坊账户可以离线创建,而传统的中心化系统的账户一般必须在线创建。

3.2.3　交易数据

　　在以太坊系统中,交易是指从一个账户到另一个账户的消息数据。以太坊系统一条交易信息的数据结构如表 3 - 4 所示。

表 3 - 4　以太坊系统交易数据结构

字段	大小	描述
交易接收方地址(Recipient)	20 字节	当前交易接收方的以太坊账户地址,如果是创建合约类型的交易,则值为 0x00
交易金额(Amount)	32 字节	要交易的以太币数量

字段	大小	描述
本次交易的 Gas 单价(Price)	32 字节	为执行交易支付的 Gas 单价
本次交易的 Gas 数量(GasLimit)	32 字节	本次交易最多消耗的 Gas 数量
交易的附加数据(Payload)	可变大小	与交易相关的数据,如创建合约类型的交易需要附加合约二进制字节码与初始化参数,调用合约方法类型的交易需要附加方法调用参数
交易签名(V/R/S)	可变大小	交易发送方的签名

下面的 Go 语言源代码可用于定义以太坊交易(Transaction)的数据结构。

```go
type Transaction struct {
    data txdata
    hash atomic. Value
    size atomic. Value
    from atomic. Value                  //交易发送方地址
}
type txdata struct {
    AccountNonce uint64                 //消息发送方的交易序数
    Price        * big. Int             //本次交易的 Gas 单价
    GasLimit     uint64                 //本次交易的 Gas 数量
    Recipient    * common. Address      //交易接收方地址
    Amount       * big. Int             //交易金额
    Payload      []byte                 //交易的附加数据
    V  * big. Int                       //交易签名
    R  * big. Int
    S  * big. Int
    ......
}
```

以太坊交易中 Price 和 GasLimit 字段具有特殊用途。为了防止合约代码中出现无限循环或递归调用,每一个交易都被要求为代码执行的计算步骤设置一个限制,这个限制就是 GasLimit,而 Price 是每次执行合约代码需支付给生成包含合约的区块的节点的费用。

以太坊系统将交易分为转账付款、创建智能合约、调用合约方法等类型,每种类型的交易所包含的交易接收方地址(Recipient)、交易金额(Amount)、交易的附加数据(Payload)、交易签名(V/R/S)等字段数据具有不同含义。

(1)转账付款类型的交易。该类交易消息的交易接收方地址(Recipient)、交易金额(Amount)、交易的附加数据(Payload)、交易签名(V/R/S)等字段数据内容如下：Recipient,收款账户地址；Amount,转账的以太币数量；Payload,空或留言信息；V/R/S,支付方账号的签名。

(2)创建智能合约类型的交易。该类交易消息的交易接收方地址(Recipient)、交易金额(Amount)、交易的附加数据(Payload)、交易签名(V/R/S)等字段数据内容如下：Recipient,空或 0x00；Amount 要预付给合约账户的存款,可以是零或任何数量的以太币；Payload,智能合约的二进制字节码；V/R/S,创建者的签名。

(3)调用合约方法类型的交易。该类交易消息的交易接收方地址(Recipient)、交易金额(Amount)、交易的附加数据(Payload)、交易签名(V/R/S)等字段数据内容如下：Recipient,要调用的合约账户地址；Amount,零或任意数量的以太币,如支付合约调用服务费用；Payload,要调用的合约的方法名称和参数；V/R/S,调用者的签名。

3.2.4　状态数据

在以太坊系统中,所有账户(外部账户与合约账户)的状态共同构成了以太坊系统的状态。以太坊系统用一棵采用默克尔帕特里夏 MPT 树型数据结构定义的"全局状态树"来保存每个区块产生时系统的状态,并在当时的区块中保存了状态树的根哈希。每个账户的状态可以使用键值对 <key, value> 来表示,其中 key 是 20 个字节账户地址,可以唯一标识账户,value 是对账户的字段四元组 <Balance, Nonce, CodeHash, StorageRoot> 的值进行 RLP 编码的结果。以太坊系统全局状态树示意图如图 3-5 所示。

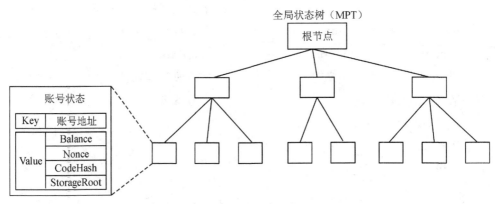

图 3-5　以太坊系统全局状态树示意图

状态树中的每个叶子节点都表示一个账户状态,当新区块被产生时,状态树的根哈希值将被写入区块中其间只会有小部分的账户状态会发生改变,状态树中只有部分节点状态会改变,为了节省存储空间,并不是每个区块都独立构建一棵状态树,而是共享状态树的节点数据,针对发生改变的节点状态,会新建一些分支,而不是更新原节点的状态数据,历史状态数据都将被保留,以太坊系统可以实现状态回滚。

3.3　以太坊系统网络层

以太坊系统网络层位于数据层之上、共识层之下,是系统的核心功能层次之一,主要提供以下网络管理功能:

(1)区块链 P2P 网络的组网管理。

(2)各网络节点的节点发现、连接与通信管理。

(3)新区块或交易数据广播管理。

(4)各网络节点之间区块链数据同步管理。

3.3.1　P2P 网络结构与节点

与比特币系统不同,以太坊系统采用的 P2P 网络是一种结构化 P2P 网络。以太坊网络中存在"全节点""轻节点""存档节点"等不同类型的节点,不同类型的节点在网络中扮演的角色也有所不同,在以太坊网络中每一个全节点的地位、功能都是对等的。以太坊区块链系统网络结构示意图如图 3 - 6 所示。

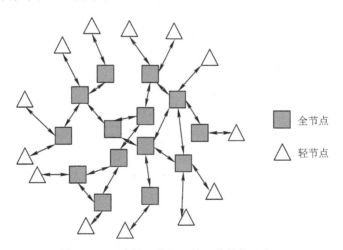

图 3 - 6　以太坊区块链系统网络结构示意图

以太坊系统的 P2P 网络的传输层基于 TCP/UDP 协议,默认通信端口是 30303。TCP 协议主要用于节点连接和节点之间的区块链数据的处理,包括接收其他节点的连接与主动连接其他节点。UDP 协议主要用于 P2P 网络中节点发现。

以太坊系统的 P2P 网络主要采用了 Kademlia 分布式哈希表算法来实现节点发现、节点连接、区块广播、交易广播等功能。

3.3.2　节点发现管理

以太坊系统基于 UDP 协议和 Kademlia 算法实现节点发现。每个以太坊网络节点的编号 ID 是通过 SHA3 哈希算法生成的 256 位的哈希值。每个以太坊网络节点维护了一个邻居节点路由表 NodeTable，NodeTable 总共有 256 项，每一项为一个节点桶（NodeBucket），每个桶中最多存放 16 个节点，列表的第 i 项表示离当前节点距离为 $i+1$ 的可用网络节点集合。根据 Kademlia 算法，节点桶就是以太坊网络节点的 k 桶。以太坊 k 桶中记录了节点编号 ID、距离、IP 地址等信息，以太坊 k 桶按照与当前节点距离进行排序，NodeTable 中总共有 256 个 k 桶，每个 k 桶包含 16 个节点信息。

下面描述以太坊基于 Kademlia 算法的 P2P 网络节点发现方法。每个节点在查找以太坊网络其他节点过程中，可以发出以下几条消息：

（1）FindNode 消息：节点向目标节点查询其邻近节点列表。

（2）Neighbours 消息：当某节点接收到其他节点发来的 FindNode 消息时，会响应 Neighbours 消息，其中将包含此节点的邻近节点。

（3）PingNode 消息：PingNode 消息用来检测指定节点是否存活。

（4）Pong 消息：当某节点接收到其他节点发来的 PingNode 消息时，会响应 Pong 消息，表示该节点是活着的。

如图 3-7 所示，以太坊区块链系统 P2P 网络节点发现流程如下：

（1）节点首次启动，随机生成节点编号 ID（NodeID），并记为 LocalID，NodeID 生成后将固定不变。

（2）节点向已知的公共节点发送 PingNode 消息，公共节点收到 PingNode 消息后，向节点回复 Pong 消息，完成 Ping-Pong 握手后，节点将活动的公共节点写入 NodeTable 中对应的 k 桶。

（3）节点每隔 7200ms 刷新一次 k 桶。k 桶刷新过程如下：

①随机生成目标节点 ID，记为 TargetID，从 1 开始记录发现次数和刷新时间。

②计算 TargetID 与 LocalID 的距离，记为 δ。

③将 k 桶中节点的 NodeID 记为 KadID，计算 KadID 与 TargetID 的距离，记为 ω。

④找出 k 桶中 δ 小于 ω 的节点，记为 k 桶节点，向 k 桶节点发送 FindNode 消息，在 FindNode 消息中指定目标节点 TargetID。

⑤k 桶节点收到 FindNode 消息后，同样执行②～④的过程，将从 k 桶中找到的节点包含在 Neighbours 消息中响应给发送 FindNode 消息的节点。

⑥节点收到 Neighbours 消息后，对接收到的节点发送 PingNode 消息，如果接收到 Pong 消息响应，证明这些节点存活，并加入节点 k 桶中。

⑦若搜索次数不超过 8 次，刷新时间不超过 600 ms，则返回到②步骤循环执行。

要注意的是，步骤①中随机生成的目标节点 ID 对应的节点可能并不存在，而是生成一个虚拟节点 ID；与传统 Kademlia 算法不同，以太坊网络节点在发现邻居节点的 8 次循环中，所查找的节点均在距离上向随机生成的目标节点 ID 收敛，而传统 Kademlia 算法发现节点时，在距离上向节点本身收敛。

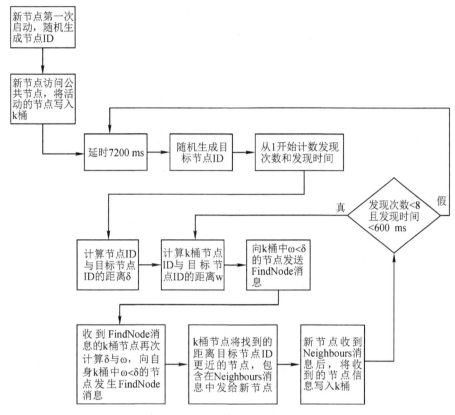

图 3-7　以太坊区块链系统 P2P 网络节点发现流程

3.3.3　节点连接管理

以太坊系统的 Peer 节点管理功能在底层节点发现的基础上，基于 TCP 协议实现节点连接，具体包括主动连接其他节点和接收其他节点的连接。以太坊网络的节点连接涉及 Peer（对等节点）、Session（会话）、Capability（能力）等基本概念。

Peer：在以太坊系统的 P2P 网络中，Peer 与节点（Node）是不同层次的对象，节点更底层，在 NodeTable 中进行管理，Peer 是建立 TCP 连接会话的对象。

Session：在以太坊系统的 P2P 网络中，Session 是节点连接管理中最重要的结构，Session 表示 Peer 之间真正建立了连接后的逻辑关系。

Capability：指节点能支持的功能，表示以太坊系统在 P2P 网络通信层之上的业务能力，P2P 网络只提供节点之间的连接通道，具体要传输什么数据，由节点支持的 Capability 决定，此外，由于以太坊系统经过多次升级，不同节点上安装运行的以太坊系统版本可能不同，为了实现系统向后兼容，节点连接时需要确定都可以支持的 Capability 集合。

如图 3 - 8 所示，以太坊系统 P2P 网络节点连接流程如下：

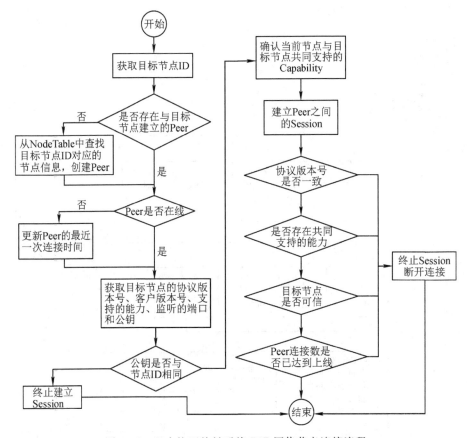

图 3 - 8　以太坊区块链系统 P2P 网络节点连接流程

（1）当前节点获取一个目标节点 ID，检查是否已存在与该目标节点建立的 Peer，如果不存在就从 NodeTable 表中查找目标节点 ID 的节点信息，并创建对应的 Peer，然后执行下一步；如果目标节点对应的 Peer 存在，则直接执行下一步。

（2）当前节点检查目标节点对应的 Peer 是否在线，如果 Peer 不在线，就更新 Peer 的最近一次连接时间，然后执行下一步；如果 Peer 在线，则直接执行下一步。

（3）当前节点获取目标节点的协议版本号、客户版本号、支持的能力、监听的端口和公钥等信息。

（4）当前节点检查目标节点的公钥是否与目标节点 ID 相同，如果不相同，则终止建立连接 Session，结束连接操作；如果公钥与目标节点 ID 相同，则执行下一步。

（5）当前节点确认与目标节点共同支持的能力范围。

（6）当前节点与目标节点尝试建立 Peer 之间的 Session。

（7）在 Peer 之间的 Session 建立过程中，检查协议版本号是否相同，如果不相同，则终止

Session,断开连接;如果协议版本号相同,则执行下一步。

(8)在 Peer 之间的 Session 建立过程中,检查是否存在共同支持的能力,如果不存在,则终止 Session,断开连接;如果存在共同支持的能力,则执行下一步。

(9)在 Peer 之间的 Session 建立过程中,检查目标节点是否可信,如果不可信,则终止 Session,断开连接;如果目标节点可信,则执行下一步。

(10)在 Peer 之间的 Session 建立过程中,检查 Peer 连接数是否已达到上限,如果超上限,则终止 Session,断开连接;如果 Peer 连接数未达上限,则建立 Peer 之间的 Session,节点连接完成。

3.3.4　交易广播与交易池

以太坊系统的节点启动后,通过协议管理器(ProtocolManager)启动两个与交易广播相关的服务:一是交易广播服务,该服务会在接收端持续等待,一旦接收到与新交易相关的事件,会立即广播给那些尚无该交易对象的邻近节点;二是交易同步服务,该服务会把新出现的交易均衡的同步给邻近节点。

在以太坊系统的 P2P 网络中,交易的广播过程如下:

(1)每个节点会针对每个邻近节点维护一个待发送交易列表 TxsA 和已知交易列表 TxsB。

(2)当节点接收到一个新交易 Tx 时,会先查询哪些邻近节点没有该交易信息,并将交易 Tx 加入邻近节点对应的待发送交易列表 TxsA 中。

(3)节点向每个待发送交易列表 TxsA 不为空的节点异步发送交易。

(4)交易发送成功后,会将被发出的交易加入对应邻近节点的已知交易列表 TxsB。

同时,以太坊系统也有交易池机制,交易池中的交易信息来源主要包括:

(1)本地提交:通过第三方应用调用以太坊网络节点本地的 RPC 服务提交的交易。

(2)广播同步:通过交易广播与同步,将其他节点的交易数据同步到该节点交易池。

当节点在竞争计算出块权时,会从交易池中获取并验证数条交易信息打包到区块中,如果节点成功获得出块权,新区块会被广播,此时新区块中包含的交易信息不会马上从交易池中删除,直到新区块被以太坊系统区块链确认,新区块中包含的交易才会从交易池中删除。如果以太坊系统的区块链发生了分叉,写进分叉的区块中包含的交易也不会从交易池中删除,而是继续在交易池中等待重新打包。

3.3.5　区块广播与同步

在以太坊系统中,每个网络节点会通过协议管理器(ProtocolManager)启动两个与区块广播相关的服务:

(1)区块广播服务:该服务会在接收端持续等待本节点的新挖掘出区块事件,然后立即广播给邻近节点。

(2)节点定期同步服务:该服务定时与邻近节点进行区块全链数据的同步,并处理网络节点的相关通知。该服务默认会定时(10 s)持续向相邻节点列表中"最优"的那个节点作一次区块全链同步。这里所说的"最优"是指某节点中所维护区块链的总难度(TotalDifficulty)值最高,简称为"TD",由于 TD 是全链从创世块到最新区块的难度值总和,所以 TD 值最高就表示该节点维护的区块链数据最新,与这样节点进行区块全链同步,数据变化量最小,因此称之为"最优"。

在以太坊系统的 P2P 网络中,新区块的广播传输过程如图 3-9 所示。

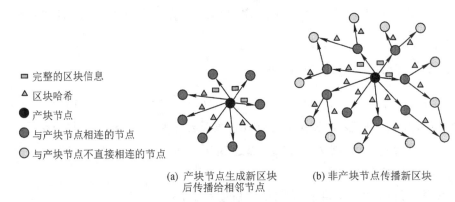

圆圈标注：

■ 完整的区块信息
△ 区块哈希
● 产块节点
⬤ 与产块节点相连的节点
○ 与产块节点不直接相连的节点

(a) 产块节点生成新区块　　　　(b) 非产块节点传播新区块
　　后传播给相邻节点

图 3-9　以太坊区块链系统 P2P 网络新区块广播过程示意图

如图 3-10 所示,以太坊网络节点 A 生成一个新区块后,会向其连接的相邻节点进行传播,主要步骤如下:

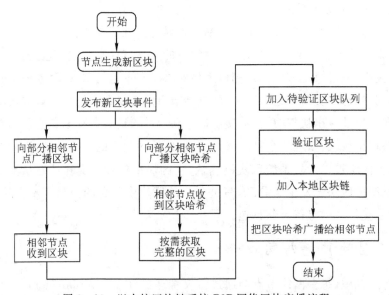

图 3-10　以太坊区块链系统 P2P 网络区块广播流程

(1)节点 A 假如连接了 n 个节点,从相邻节点中选出 $\sqrt{n}$ 个节点广播包含完整区块信息的消息,向剩余的 $(n-\sqrt{n})$ 个节点只广播区块哈希的消息。

（2）收到到节点 A 广播的完整区块信息的节点,会将收到的区块加入等待验证的区块队列。

（3）收到节点 A 广播的区块哈希的节点,根据需要可以从发送给它消息的节点 A 那里获取对应的完整区块,获取区块后再加入到等待验证的区块队列。

（4）等待验证的区块队列中的区块经过验证确认后,最终插入节点本地区块链,节点再将新区块哈希广播给与它相连但还不知道该新区块的节点。

3.4　以太坊系统共识层

以太坊系统在前三个版本（Frontier、Homestead、Metropolis）采用了与比特币相似的 PoW 工作量证明共识机制。与比特币系统类似,以太坊网络节点也是通过竞争计算一个数值小于一个给定的数。先计算出答案的以太坊网络节点,就获得新区块的记账权。同时,以太坊系统计划在第四个版本 Serenity 引入 PoS 权益证明共识机制。

3.4.1　PoW 共识机制

为了克服比特币的 PoW 共识机制中选用的 SHA - 256 算法单纯依赖于算力的问题,以太坊采用了 Ethash 算法作为其工作量证明算法。Ethash 算法具有与算力大小和内存容量均相关的特性,Ethash 算法的主要计算过程如图 3 - 11 所示。

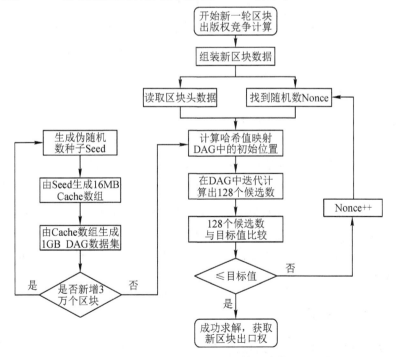

图 3 - 11　以太坊区块链系统 Ethash 算法计算过程示意图

（1）最初根据相关区块头的内容计算出一个伪随机数种子 seed，再根据 seed 生成新的伪随机数数组 cache。cache 的初始大小为 16 M，每隔 3 万个区块重新生成 seed（新 seed 是对原来的 seed 求哈希值）时增大初始大小的 1/128，即 128 K。cache 数组中第 N＋1 元素的值是第 N 个元素哈希计算的结果。以太坊网络中的全节点和轻节点都需要保存 cache 数组。

（2）使用（1）中的 cache 数组生成较大规模的数据集 DAG，初始大小是 1G，也是每隔 3 万个区块更新，同时增大初始大小的 1/128，即 8M；DAG 中的元素是通过 cache 推导计算得出的，cache 中通过伪随机序数先找到一个元素 A 的值，再通过 A 哈希计算得到元素 B 的值，循环迭代 256 次后得到了 DAG 中的第一个元素，依次类推得到全部的 DAG 元素。以太坊网络中的全节点要同时维护 cache 和 DAG，轻节点不需要保存 DAG。

（3）以太坊网络节点竞争计算的过程就是寻找一个随机数 Nonce，在 DAG 中的数据集合中，通过当前区块头与随机数 Nonce 计算出一个初始的哈希值映射到 DAG 的初始位置 M_1，然后读取 M_1 位置元素和与 M_1 相邻的后一个位置 M_1' 的元素，再通过 M_1 和 M_1' 计算出位置 M_2 和 M_2'，然后再通过 M_2 和 M_2' 计算出位置 M_3 和 M_3'，迭代 64 次后，一共可以从 DAG 中读取 128 个数，最后计算这 128 个数的哈希值与当前求解目标值比较，若满足小于或等于目标值，则找到问题的解，获得出块权；否则重新尝试寻找下一个随机数 Nonce。因此，竞争计算过程需要节点保存 DAG 的全部信息，同时计算过程中需要频繁地从 DAG 中读取数据到内存进行计算，因此，以太坊的 Ethash 算法与节点 CPU 计算性能和内存容量均相关，而不像比特币系统那样只单纯进行 SHA－256 哈希计算。

在以太坊系统中，PoW 工作量证明难题的求解难度是动态调整的，每个区块的难度系数都会根据上一区块的生成时间、上一区块的难度系数以及区块高度等因素，由指定计算公式计算得出，并写在相应的区块头中。

以太坊系统的出块难度 D 的计算公式：

$$D_2 = D_1 + D_1 // 2048 \times \text{Max}(1 - (T_2 - T_1) // 10, -99) + \text{int}(2^{(n//10000-2)})$$

其中，D_1 为上一个区块的难度系数，T_2 与 T_1 分别为该区块及上一区块产生的时间戳，n 为当前区块的序号。"//" 为整数除法运算符，a//b，即先计算 a/b，然后取不大于 a/b 的最大整数。以太坊调整难度的目的，是为了使出区块的时间保持在 10～19 秒内，如果低于 10 秒则增大挖矿难度，如果大于 19 秒将减小难度。公式中的第三部分会随着每 10000 个区块的生成而翻倍，在以太坊运行后期会逐渐影响以太坊的出块速度。

由于以太坊系统本身也在不断发展过程中，以上出块难度的计算公式也可能会随着以太坊系统的进化而调整。

3.4.2　PoS 共识机制

比特币、以太坊系统目前正在采用的 PoW 共识机制需要消耗全球巨量的算力和能源，且容易遭受网络攻击，其局限性越发突出，学术界与产业界急切需要一种相对更加公平、更加节能的共识机制来改进代替 PoW 共识机制。

PoS 共识机制在 2011 年的比特币论坛上被首先提出,本质上是采用权益证明来改进 PoW 算法单纯的算力证明,每一轮记账权由当时具有最高权益值的节点获得,最高权益值的计算并不仅仅依赖于节点算力的高低。

以太坊系统在前期采用 PoW 共识机制来构建一个相对稳定的系统,计划通过前沿(Froniter)、家园(Homestead)、大都会(Metropolis)和宁静(Serenity)四个版本的升级,逐渐从工作量证明＋权益证明的混合共识协议,逐渐过渡到 PoS 共识机制。

3.5 以太坊系统激励层

以太坊系统的激励机制与在比特币系统不同,在比特币系统中所有比特币最初都来自出块奖励,而以太坊系统中,最初的以太币来自预售和以太坊系统官方的分配。

在 2014 年 7 月 24 日,以太坊启动了为期 42 天的众筹,一共售出 6000 多万枚以太币。除了预售的以太币,还有以太坊系统官方的两笔其他分配,一笔分配给了参与以太坊早期开发的贡献者,另外一笔则分配给了长期的以太坊相关研究项目。这两笔以太币的数量均为预售以太币数量的 9.9%。因此,在以太坊正式上线时,在创世区块中一共发行了 7200 多万个以太币。

以太坊系统的激励机制主要包括以下几个方面。

(1)加密货币总量无限制。以太坊系统并没有规定以太币的供应上限。

(2)出块激励。以太坊系统没有出块奖励减半机制,以太坊系统上线之初每个新区块的出块奖励为 5 个以太币。在以太坊系统第三个阶段(大都会阶段),出块奖励调整过两次:2017 年 10 月的拜占庭升级,出块奖励由 5 个以太币降为 3 个;2019 年 3 月的君士坦丁堡升级,出块奖励由 3 个以太币降为 2 个;未来以太坊的出块奖励可能还会继续调整。

(3)叔块激励。为了提高系统的交易性能,以太坊系统把出块时间缩短到平均 10 秒左右,更短的出块时间意味着在同一时刻,可能出现多个节点都求解出难题获得了新区块的记账权,但是在这些新区块中,只有一个将成为最长链上的区块,而其他区块,如果能被后续区块引用,将被称为叔块。

在以太坊系统中,每 100 个区块,大约有 8 个叔块产生,叔块也能得到相应的奖励,奖励规则如下:

①叔块必须是区块的前 1 层至前 6 层"祖先"的直接子块;

②每个区块最多引用两个叔块;

③被引用过的叔块不能被重复引用;

④被引用的叔块获得奖励的数量,和该叔块与引用区块之间的间隔层数相关,间隔层数越少,奖励越多;

⑤引用叔块的区块可额外获得出块奖励,每引用一个区块,可以获得出块奖励的1/32;

⑥交易费不会分配给叔块。

(4)交易激励。在以太坊系统中,每一次交易的执行都需要消耗一定的费用,这个费用被命名为"燃料(Gas)",Gas 的值并不直接使用以太币 ETH 表示,而是使用 GWei 作为单位,其中"Wei"是 ETH 的最小单位,$1\ ETH = 109\ GWei = 1018\ Wei$。例如:8 GWei = 0.000000008 ETH⑨。

在以太坊系统的交易数据中有 Gas 的单价(Price)与需要消耗的 Gas 数量(GasLimit)属性,交易费用的计算公式如下:

$$交易费 = Gas\ 的单价 \times 消耗的\ Gas\ 数量$$

以太坊的交易激励机制比较巧妙,汽车去加油站添加燃料,燃料的价格在一段时间是固定不变的,但是在以太坊系统中,交易的 Gas 的单价是可以按需设置的,而且会影响这笔交易被打包进区块的速度,可简单理解为交易成交(如甲用户向乙用户转账 10 ETH)所等待的时间,也就是说,某交易的 Gas 的单价越高,以太坊网络节点为了获取更多的交易费,会争先把该交易打包进新区块。

在以太坊系统中,交易可分为转账类型与智能合约相关类型,每一笔转账类型的交易,无论转账数额大小,系统规定最少消耗 21000 个 Gas 数量,如果要在交易中额外添加备注信息,需要消耗额外的 Gas 数量。

此外,为了防止恶意或有程序逻辑错误的智能合约消耗无限的燃料,导致交易方的以太币余额全部消耗。例如,智能合约程序中存在 bug,导致合约执行陷入一个死循环。在以太坊系统中,还可以为每笔交易设置一个消耗的 Gas 数量上限(GasLimit),如给储蓄卡/信用卡设置每次支付的限额。但是,如果把交易的 GasLimit 设置过低,如把转账类型交易的GasLimit 设置为小于 21000,会导致交易失败。

3.6　以太坊系统合约层

3.6.1　智能合约机制

以太坊系统是区块链与智能合约技术融合的重要里程碑,从以太坊系统技术白皮书的题目《以太坊:下一代智能合约和去中心化应用平台》(Ethereum:A Next Generation Smart Contract and Decentralized Application Platform)就可以清晰看出"智能合约(smart contract)"在以太坊系统中具有重要地位,以太坊系统目前已成为公有链中最具影响力的智能合约运行平台。

以太坊系统首次提出了基于区块链的智能合约模型,以太坊智能合约是一种采用 Solidity 语言开发的程序,经过编译的合约程序,只能通过以太坊合约账户以交易的形式发布到区块链上,交易信息中将附带合约程序的全部二进制字节码数据,并被打包保存到区块中,因此利用区块链的特性,智能合约一旦发布,合约的签订方就不可能被篡改或抵赖。下面是一个使用 Solidity 语言编写的智能合约"HelloWorld"的源代码示例。

```
pragma solidity ^0.4.21；


contract HelloWorld {
    string hello = "Hello World!";
    event say(string _value);

    function sayHello() public {
        emit say(hello);
    }
}
```

3.6.2 智能合约生命周期管理

以太坊系统合约层提供对智能合约的全生命周期管理,包括合约的创建、合约的部署运行、合约的调用执行、合约的作废,如图 3-12 所示。

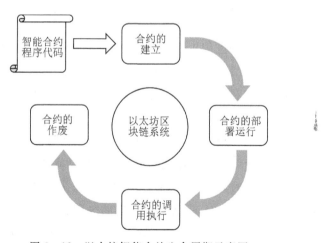

图 3-12 以太坊智能合约生命周期示意图

3.6.2.1 合约的创建

在以太坊系统中,合约的创建是由外部账户发起一次创建合约类型的交易来完成。交易消息的字段包括接收方地址(Recipient)、交易金额(Amount)、交易的附加数据(Payload)等,主要字段内容举例如下:

(1)Recipient:空或 0x00。

(2)Amount:要预付给合约账户的存款,与合约的功能相关,可以是零或任何数量的以太币,一般以 Wei 作为单位,如 300000Wei。

(3)Payload:经过编译的合约字节码,以十六进制字符串形式表示。

外部账户作为创建合约交易的发起者,需要从外部账户的余额中支付至少两笔费用,一是交易金额(Amount)中指定的以太币金额,如果为零则不用支付;二是向打包该交易的区块记账节点支付一笔可变数量的以太币作为交易服务费,如果希望该交易能更快被新区块打包生效,可以选择支付更多的以太币,是该交易获得优先被打包进新区块的机会。

当包含创建合约交易的区块被以太坊区块链系统确认,系统将生成该合约相关的合约账户及地址。创建合约交易中的交易金额将转入合约账户,合约账户余额就是智能合约拓管的资金,只有当合约被调用执行且满足设定的条件时,合约账户中的资金才能被转账支付。合约账户的状态除了合约账户余额外,还包括在智能合约中设定的所有状态变量的值,合约账户状态的每次改变都将被保存进区块链系统中,可以追溯改变合约账户状态的每次交易过程和改变前后合约账户状态的数据,同时由区块链系统确保数据不可篡改。

3.6.2.2 合约的部署运行

在以太坊系统中,智能合约被创建之后,会通过区块广播与同步机制,部署到区块链网络的所有全节点上。为了提高智能合约运行的跨平台性与安全性,智能合约程序必须加载到以太坊虚拟机 EVM 中运行,EVM 的功能与 Java 语言的 JVM 虚拟机类似,用于解释执行经过编译生成的智能合约二进制字节码文件。

以太坊虚拟机 EVM 具有以下的特性:

(1)EVM 是一种基于栈的虚拟机,其对栈的大小不做限制,但限制栈调用深度为1024;使用 256 比特的机器码,用于智能合约字节码的执行;同时,以太坊区分为临时存储和永久存储,其临时存储(Memory)存在于 EVM 的每个实例中,而其永久存储(Storage)则存在于区块链中。

(2)EVM 是图灵完备的,EVM 通过引入燃料(Gas)机制,有效限制某些恶意节点可能上传无限循环执行的智能合约代码从而达到消耗以太坊计算资源的目的。以太坊网络节点在创建和部署智能合约代码时,需要支付一定量的 Gas 作为交易费用,"购买"执行智能合约所需的算力。当 EVM 执行交易时,也将按照一定的规则逐渐被消耗 Gas,执行完后剩余的 Gas 会返还至支付节点。若在执行合约代码的过程中 Gas 被消耗殆尽,则 EVM 会触发异常,将当前已执行的相关合约代码已进行的状态回滚,但不会将已消耗的 Gas 回退给支付节点。

(3)安全隔离:EVM 在节点上是一个隔离的环境,EVM 确保在其中执行的所有智能合约代码均不能影响以太坊网络节点中与以太坊无关的状态(如修改节点底层操作系统的账号口令),从而保证了运行 EVM 的以太坊节点的安全性。

3.6.2.3 合约的调用执行

在以太坊系统中,合约的调用执行是由外部账户发起一次调用合约方法类型的交易来完成。交易消息的字段包括接收方地址(Recipient)、交易金额(Amount)、交易的附加数据(Payload)等,主要字段内容举例如下:

(1)Recipient:要调用的合约账户地址。

(2)Amount:零或任意数量的以太币,如支付合约调用服务费用,一般以 Wei 作为单位,如 100000 Wei。

(3)Payload:要调用的合约的方法名称和参数。

在调用智能合约之前,必须要首先知道准备调用的合约的地址以及合约 ABI 接口描述文件。合约 ABI 接口描述文件是 Solidity 智能合约源程序经过编译后生成的输出文件之一。通过以太坊客户端(如 Geth)或 SDK,就可以对已知地址的合约中的指定方法进行调用执行,一般通过合约调用实现以下业务逻辑:①读取状态变量的值;②修改状态变量的值;③读取系统全局变量的值;④执行基于状态变量的逻辑;⑤执行与状态变量无关的逻辑;⑥向其他账户地址发送以太币资金;⑦发出事件;⑧调用合约中的其他函数;⑨创建其他合约;⑩合约自毁。

3.6.2.4　合约的作废

在以太坊系统中,智能合约被部署到区块链系统后,就不能被删除,如果要作废一个已部署运行的合约,需要在合约中提供一个具有自毁功能的函数,同时可以限定能够调用该函数的条件。例如,只允许合约创建账户调用该合约自毁函数,实现对合约的作废处理。

如果外部账户对一个已作废的合约进行调用,以太坊区块链系统将视为无效或非法调用。

本章小结

通过对本章内容的学习,读者应该建立对以太坊区块链系统的体系结构与逻辑分层架构的总体认识,深入理解以太坊区块链系统的架构设计与实现原理,应重点掌握以太坊区块链系统数据层相关的区块、区块链、账本、账户、地址、交易、状态树、交易树、收据树等关键数据结构,网络层相关的 P2P 网络结构与工作原理,共识层相关的 PoW 工作量证明共识机制,激励层相关的出块、叔块和交易 Gas 服务费奖励机制,合约层相关智能合约编程技术原理与运行工作机制。

练习题

(一)填空题

1. 在以太坊系统中,每个区块由_____、_____和_____三部分组成。

2. 以太币的标准单位是_____，最小单位是_____，1个标准单位的以太币等于_____个最小单位的以太币。

3. 以太坊网络中存在_____、_____、_____等不同类型的节点，其中_____节点所需的存储空间最大。

4. 在以太坊系统中，账户分为_____和_____两类。

5. 在以太坊系统中，创建智能合约类型交易的交易接收方地址值为_____。

6. 以太坊智能合约的全生命周期包括_____、_____、_____和合约的作废。

(二)选择题

1. 在以太坊系统区块链的每个区块中不包含(　　)的哈希值。

A. 父区块　　　　B. 交易树　　　　C. 子区块　　　　D. 收据树

2. 以太坊系统采用(　　)模型构建分布式账本，即每个用户都有直接的余额信息。

A. UTXO　　　　B. 账户　　　　C. 数据库　　　　D. 会计

3. 以太坊系统是使用(　　)作为账户的唯一索引标识。

A. 地址　　　　B. 伪随机数　　　　C. 账户编号　　　　D. 随机数

4. 在以太坊系统中，用于保存用户拥有的以太币余额的账户是(　　)。

A. 合约账户　　　　B. 外部账户　　　　C. 普通账户　　　　D. 交易账户

5. 关于以太坊系统的账户与传统中心化系统的账户的不同之处描述错误的是(　　)。

A. 以太坊系统账户信息不会被记录到以太坊系统中，而传统的中心化系统的账户都是保存在系统的数据库中

B. 以太坊系统账户创建后不需要告诉任何人，而传统中心化系统的账户创建后至少有部分人(如系统管理员)已知道

C. 以太坊系统的外部账户与传统中心化支付系统的账户功能相似，主要用于管理余额

D. 以太坊系统账户与传统中心化系统的账户类似，都可以在线创建或离线创建

6. 在以太坊系统中，交易可以分为多种类型，下面不属于以太坊交易类型的是(　　)。

A. 转账支付　　　　B. 创建合约　　　　C. 创建账户　　　　D. 调用合约

7. 以太坊系统采用的共识机制主要依赖节点的(　　)进行出块权的竞争计算。

A. 算力　　　　B. 内存容量　　　　C. 算力＋内存容量　　　　D. 网络带宽

8. 以太坊系统智能合约采用的系统默认开发语言是(　　)。

A. Java　　　　B. Go　　　　C. Solidity　　　　D. JavaScript

9. 在以太坊系统中，一个创建合约类型的交易的接收方地址(Recipient)字段值应为(　　)。

A. 节点地址　　　　B. 空　　　　C. 外部账户地址　　　　D. 合约账户地址

10. 以太坊系统除了正在使用的 PoW 共识机制外，计划在后续版本中支持(　　)共识

机制。

A. Paxos　　　　B. PoS　　　　C. DPoS　　　　D. PBFT

(三)简答题

1. 请简述以太坊系统的区块链中各个区块是怎么链接的。

2. 请简述以太坊系统的账户地址是怎样生成的。

3. 请简单分析以太坊系统 PoW 共识机制节点竞争计算生成新区块的过程。

4. 请简述为什么以太坊系统要引入叔区块(Uncle Block)机制。

5. 请简单分析以太坊系统的账户与传统的中心化系统的账户具有的不同之处。

6. 请简述以太坊系统 PoW 共识机制采用的 Ethash 算法的主要计算过程。

第四章　超级账本区块链系统

超级账本(Hyperledger)是一个由 Linux 基金会牵头创立的开源分布式账本平台项目。在超级账本项目的众多子项目中,超级账本 Fabric 是一个功能完善的主要面向企业级联盟链应用场景的区块链系统,也是超级账本项目中的基础核心平台项目。超级账本 Fabric 区块链系统是一种综合运用 P2P 网络、非对称加密算法、共识机制等技术构建的软件系统,主要提供多中心化、跨组织、多通道、不可篡改、全程可追溯、集体维护、公开透明的分布式账本记账服务功能,并为智能合约、跨组织协同业务应用提供面向开放网络环境的联盟链信任基础设施运行与支撑服务。超级账本 Fabric 致力于提供一个能够适用于各种应用场景的、内置共识协议可插拔的、可多中心化与授权管理的分布式账本平台。

本章将从超级账本 Fabric 区块链系统架构入手,首先描述超级账本 Fabric 区块链系统的总体系统架构,然后分别介绍超级账本 Fabric 区块链系统逻辑架构中数据层、网络层、共识层、激励层、合约层等主要功能层级的核心机制与技术原理。

4.1　超级账本 Fabric 系统架构

4.1.1　超级账本 Fabric 系统体系结构

与比特币、以太坊区块链系统不同,超级账本 Fabric 区块链系统虽然总体上依然是 P2P 体系结构,但是并没有采用单纯的 P2P 体系结构,而是引入了部分中心化服务节点。比特币、以太坊等区块链系统都是单链结构,即整个系统只有唯一的区块链与账本,所有的节点都属于这条区块链。为了满足联盟链跨组织多业务协同的需求,超级账本 Fabric 区块链系统提供了多通道机制,可以同时建立多个逻辑上独立、相互隔离的区块链,每个通道对应唯一的区块链与账本。同时,由于超级账本 Fabric 区块链系统不支持加密数字货币发行功能,为了更好地支持多链结构和提高交易性能,超级账本 Fabric 区块链系统没有采用 PoW、PoS 等分布式共识机制,而是提供中心化的 Orderer 排序服务节点,统一提供新区块的创建出块服务,然后在指定的通道内通过 P2P 网络协议在 Peer 对等节点之间实现区块数据的分发与同步,系统的交易性能可以达到数万 TPS。

　　超级账本 Fabric 区块链系统提供了链码(Chaincode)机制,实现比以太坊智能合约更灵活、强大的智能合约功能,每个节点都可以部署运行链码,链码将存储于区块链中,加载到每个 Peer 节点上的轻量化 Docker 容器中执行。

　　超级账本 Fabric 区块链系统体系结构如图 4-1 所示。

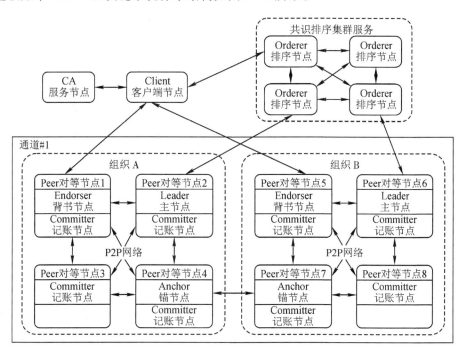

图 4-1　超级账本 Fabric 区块链系统体系结构示意图

　　与比特币、以太坊等区块链系统采用单纯的 P2P 体系结构不同,超级账本 Fabric 系统的 Peer 对等节点基于 P2P 体系结构,每个 Peer 节点上安装对等的 Fabric 系统软件。Peer 对等节点是构成超级账本 Fabric 区块链网络的主要节点,Peer 对等节点一般隶属于不同的联盟组织,如图 4-1 所示,Peer 节点 1 至 4 属于组织 A,Peer 节点 5 至 8 属于组织 B。Orderer 排序节点为组织 A 与组织 B 建立了一个通道,该通道对应的区块链与账本数据将保存通道内的所有 Peer 节中。Peer 对等节点可以担任记账(committer)节点、背书(endorser)节点、主节点(leader)、锚节点(anchor)等不同的功能角色。

　　(1)记账节点角色:每个 Peer 节点一定具有记账功能角色,即 Peer 节点都可以对区块链与账本进行写入操作,当 Peer 节点接收到 Orderer 节点的新区块广播时,会对区块数据进行校验后写入本地区块链和账本中。

　　(2)背书节点角色:Peer 节点作为背书节点主要负责接收从 Client 客户端节点提交的新交易提案,模拟执行智能合约(链码)生成读写操作集,然后进行背书签名,最后向 Client 客户端节点返回背书结果。

（3）主节点角色：Peer 节点作为主节点主要负责与 Orderer 排序节点进行通信，接收从 Orderer 排序节点发出的区块广播，对区块进行验证后再广播给所属组织同一通道中的其他 Peer 节点，同时，主节点为所属组织的其他 Peer 节点提供节点发现与路由信息。

（4）锚节点角色：Peer 节点作为锚节点主要负责实现同一通道中所属不同组织的 Peer 节点之间的相互路由通信。

Orderer 排序节点提供中心化的共识排序服务，主要负责实现共识管理。Client 客户端节点发起的所有交易，经过 Peer 节点背书后，将统一发送给 Orderer 节点。Orderer 节点负责接收属于不同通道的交易请求，按通道对接收到交易进行排序，再将交易信息打包进新的区块中，然后将新区块信息广播给对应通道的 Peer 节点。

CA 证书服务节点提供中心化的数字证书签发与认证服务，主要负责颁发 X.509 数字证书和认证，CA 节点接收 Client 客户端节点的注册申请，以便获取身份证书，在超级账本 Fabric 系统网络上所有的操作都需要使用证书验证用户的身份。

Client 客户端节点必须连接到一个 Peer 节点，该节点可以对区块链系统进行访问互动，例如向区块链系统发出交易，部署智能合约，等等。

4.1.2　超级账本 Fabric 系统逻辑架构

为了便于对比研究和理解，本书统一采用第 1.4.2 小节中描述的区块链系统参考逻辑架构模型（图 1-10）来定义超级账本 Fabric 系统的逻辑架构，但是由于超级账本 Fabric 系统不提供加密数字货币功能，因此没有激励层，同时在存储层、数据层、网络层、共识层、合约层、接口层、应用层进行了多方面的技术改进，尤其是超级账本 Fabric 系统作为区块链 3.0 阶段具有代表性的联盟区块链系统，创新性地实现了多通道机制，同时扩展了以太坊智能合约的功能，奠定了企业级区块链服务应用开发技术基础，超级账本 Fabric 区块链系统分层逻辑架构如图 4-2 所示。

超级账本 Fabric 系统系统的存储层主要采用文件系统、LevelDB 或可选的 CouchDB Key-Value 数据库，为超级账本 Fabric 系统相关的区块链、分布式账本、智能合约、X.509 数字证书、日志、配置文件等数据提供高效、可靠持久化存储服务。

超级账本 Fabric 系统的数据层是系统核心功能层级之一，对超级账本 Fabric 系统核心的区块、区块链、交易、账本、地址、世界状态等关键数据结构进行定义和处理，负责将交易打包进区块，由区块组成区块链，并构建了世界状态、区块索引、键历史索引等数据结构，并基于底层的存储服务提供对超级账本 Fabric 区块链数据的安全读写访问管理。

超级账本 Fabric 系统的网络层是系统核心功能层级之一，主要采用非结构化 P2P 网络，基于 Gossip P2P 网络协议，实现网络节点快速发现与连接，以及区块、交易数据的分发与同步，为超级账本 Fabric 系统各网络节点之间提供节点发现与安全连接通信机制，为交易、区块信息在区块链网络所有节点之间提供高效传播与有效性验证机制。

图 4-2　超级账本 Fabric 区块链系统逻辑架构示意图

超级账本 Fabric 系统的共识层是系统核心功能层级之一，由于超级账本 Fabric 系统不提供加密货币发行和激励机制，因此共识层不需要采用类似比特币、以太坊等系统的 PoW 竞争计算共识机制，系统默认提供 Solo/Kafka 等多种可选的共识排序服务，并提供对共识机制进行扩展的接口，允许自定义扩展共识服务插件。

超级账本 Fabric 系统的合约层采用链码实现智能合约功能，链码支持 Go、Java、Node.js 等多种开发技术，提供了比以太坊系统更丰富的链码开发 API 接口，可在链码中实现对区块链和账本更复杂的业务操作逻辑，同时采用更轻量和开发的 Docker 容器技术实现链码的安全、高效运行。

超级账本 Fabric 系统的接口层提供了基于 JSON RPC、Web3.js 的 SDK 接口和命令行接口。

超级账本 Fabric 系统的应用层基于接口层提供的灵活多样的 SDK 接口，可以实现面向各种应用场景和业务逻辑的企业级联盟链或私有链应用。

4.2　超级账本 Fabric 系统数据层

4.2.1　区块与区块链

在超级账本 Fabric 系统中，第一个创世区块不包含任何交易数据，从第二个区块开始，每个区块由区块头(Block Header)、区块数据(Block Data)、区块元数据(Block Metadata)等部分组成,将所有不可改变的、有序的交易记录存放在区块数据中,每个区块由区块数据的哈希值唯一标识,每个区块都保存了前一个区块的区块哈希值,所有区块链接在一起构成区块链,如图4-3所示。

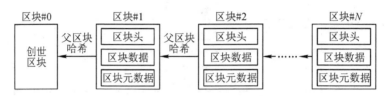

图4-3　超级账本 Fabric 区块链结构示意图

每个区块的区块头包含区块序号(BlockNumber)、当前区块哈希(CurrentBlockHash)、父区块哈希(PreviousBlockHash)等3个字段,如图4-4所示。

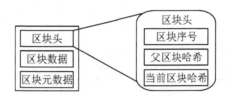

图4-4　超级账本 Fabric 区块头结构示意图

超级账本 Fabric 系统每个区块的区块头所包含字段信息的数据结构如表4-1所示。

表4-1　超级账本 Fabric 系统区块头数据结构

字段	大小	描述
区块序号(BlockNumber)	8 字节	当前区块的序号,可以用来标识每个区块
当前区块哈希(CurrentBlockHash)	32 字节	当前区块的区块数据域的哈希值,不包含区块元数据域
父区块哈希(PreviousBlockHash)	32 字节	父(前一个)区块的区块头中的区块哈希

每个区块的区块数据域包含记录到该区块中的多条交易数据,如图4-5所示。区块数据域中所有交易数据的哈希计算结果将作为当前区块哈希保存到区块头中。每个区块的元数据域包含了区块的创建时间、区块创建节点的证书及公钥、区块创建节点的数字签名等信息。

4.2.2　账本数据

超级账本 Fabric 系统区块链每个通道都会拥有一个独立的分布式账本,每个账本由区块链(Blockchain)、状态数据库(State Database)、区块索引库(Block Index Database)、键历史索引库(Key History Index Database)等要素构成。其中,区块链和状态数据库是两个最重要的组成部分,如图4-6所示。

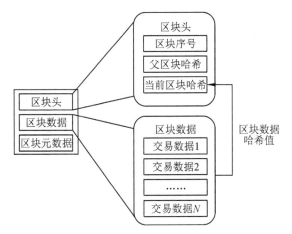

图 4 - 5　超级账本 Fabric 区块数据域结构示意图

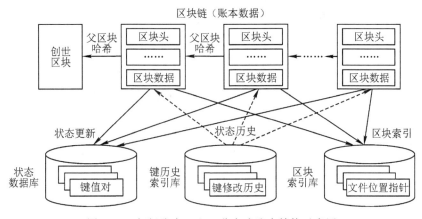

图 4 - 6　超级账本 Fabric 分布式账本结构示意图

(1)区块链。区块链保存的就是实际的账本数据,也可以视为"交易日志"。以"blockfile_"为前缀,6 位数字为后缀的二进制文件的形式存储,后缀必须是从小到大连续的数字,中间不能有缺失。默认的区块文件大小上限是 64 MB,一个账本能保存最大数据量大概是 61 TB。每个通道的区块链(账本数据)存储在不同的目录下。

(2)状态数据库。状态数据库又称为"世界状态(World State)",状态数据库实际上存储的是所有曾经在交易中出现的写操作相关的键值对的最新值。超级账本 Fabric 系统采用 CouchDB 或 LevelDB 数据库来构建状态数据库。

(3)区块索引库。区块索引库提供了对区块进行快读定位查找的索引信息(区块存储文件位置指针),可以通过区块序号、区块哈希、交易 ID、区块序号+交易序号等查询条件快速查找区块,类似于关系型数据库中的索引表。超级账本 Fabric 系统采用 LevelDB 数据库来构建区块索引库。

(4)键历史索引库。键历史索引库记录引起区块链系统状态改变的键值对<key, value>

数据的历史信息,可用于查询某个 key 的历史修改记录,但是并不存储 key 具体的值,而只记录在哪个区块的哪个交易里,对 key 的值进行了修改。超级账本 Fabric 系统采用 LevelDB 数据库来构建键历史索引库。

4.2.3　交易数据

在超级账本 Fabric 系统中,交易是指所有对区块链系统状态与账本数据进行成功或不成功改变的各个操作。每个区块的区块数据部分包含按一定顺序排列的多条交易信息,每条交易信息由交易头(Header)、交易签名(Signature)、交易提案(Proposal)、交易响应(Response)、背书列表(Endorsement)等字段数据,如图 4-7 所示。

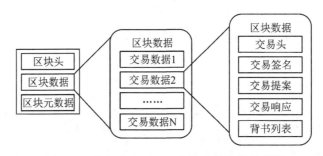

图 4-7　超级账本 Fabric 交易数据结构示意图

(1)交易头。交易头包含与交易相关的必不可少的元数据,包括交易 ID、交易类型、交易发出时间、通道 ID、链码名称及其版本等字段。

(2)交易签名。交易签名字段包含交易创建者客户端应用程序的公钥与数字签名,用于检查交易内容是否被篡改。

(3)交易提案。交易提案字段是客户端应用程序发出的创建交易提案的参数编码后的结果,包含要调用的链码(超级账本的智能合约)的方法名称、调用方法所需的输入参数,链码根据交易提案的输入参数对区块链系统状态和账本数据进行更新。

(4)交易响应。交易响应是链码被调用后返回给发起交易的客户端的输出结果,即区块链系统状态(世界状态)改变前、后的键值对<key,value>数据,具体分为读集合(ReadSet)与写集合值(WriteSet)。

(5)背书列表。背书列表包括达到背书策略规定的足够多的背书节点的公钥与数字签名,用于检查哪些组织对该交易进行背书,防止抵赖。

4.2.4　状态数据

超级账本 Fabric 系统的账本数据包含两个最重要的组成部分——区块链和状态数据库。每个交易实质上都是通过调用智能合约(即链码),提交一系列与交易相关的键值对<key,value>数据的读、写(增、删、改)操作,可分为对键值对<key,value>数据的读集合和写集合,其中读操作不会改变区块链系统状态和账本数据,而写操作会改变区块链系统的状态和账本数据。状态数据库实际上存储的是曾经在交易中出现的某个通道上所有写操作相关的键值对的最新值。状态数据库中存储的所有键值对数据共同构成了区块链系统状态,任一键值对数据的改变都表示区块链系统状态的改变。

如图 4-8 所示,在状态数据库中,数据的读写采用键值对的形式,每组数据包含键(key)、值(value)以及版本号(version)信息,每次修改相同键(key)对应的值时,版本号都会增加。查询数据时,直接通过状态数据库就可以快速地获取区块链系统和账本的最新状态信息。在状态数据库中包含三组键值对数据,分别表示某趟高铁在途经的成都(CD)、西安(XA)、北京(BJ)等站可销售的剩余票数,初始版本号为 0,当一次购票交易发生后,状态数据库中相关的键(key)的值会被修改,版本号也随之递增。例如,在上图状态数据库中,三组键值对数据的键(key)对应站名,值(value)是一条 JSON 表达式,表示一等座(C1)和二等座(C2)对应的剩余可售票数。

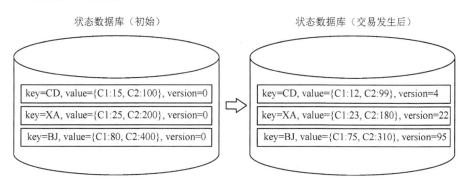

图 4-8　超级账本 Fabric 状态数据改变过程示意图

4.3　超级账本 Fabric 系统网络层

超级账本 Fabric 系统网络层位于数据层之上、共识层之下,是系统的核心功能层次,主要提供以下网络管理功能:

(1)区块链 P2P 网络的组网与通道管理。

(2)各网络节点的节点发现、安全连接与通信管理。

(3)新区块或交易数据广播与验证管理。

(4)各网络节点之间区块链及账本数据同步管理。

4.3.1　P2P 网络结构与节点

与比特币、以太坊等区块链系统采用的 P2P 网络结构不同,超级账本 Fabric 系统大部分网络结构属于非结构化 P2P 网络,但是仍保留了部分中心化功能节点(如 Orderer 排序节点）。Fabric 网络中存在"Client 客户端节点""Peer 对等节点""Orderer 排序节点""CA 证书服务节点"等不同类型的节点，其中，Orderer 节点、CA 节点等在 Fabric 网络中扮演的是中心化功能节点角色，如图 4-9 所示。

超级账本 Fabric 系统的 P2P 网络与比特币、以太坊等系统还有一个明显的差别，就是可以创建多个通道（Channel），类似于将在不同组织的 Peer 节点划分为多个相互隔离的分组，每个通道都会拥有一个独立的区块链和账本，Orderer 节点可以对多个通道进行共识管理，所属同一个通道中的 Peer 节点之间共享对应的区块链和账本数据。

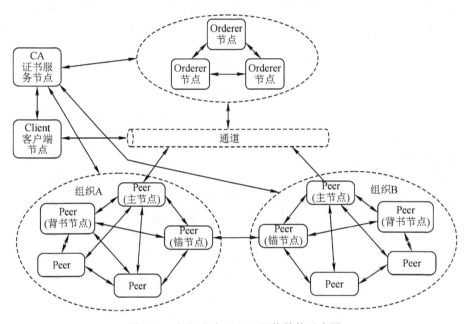

图 4-9　超级账本 Fabric 网络结构示意图

4.3.1.1　Peer 对等节点

超级账本 Fabric 系统的 Peer 节点是组建 P2P 网络的真正意义上的对等节点，Peer 节点可以担任记账（Committer）节点、背书（Endorser）节点、主节点（Leader）、锚节点（Anchor）等不同的功能角色。其中每个 Peer 节点一定具有记账功能角色，即 Peer 节点都可以对区块链与账本进行写入操作，当 Peer 节点接收到 Orderer 节点的新区块广播时，会对区块数据进行校验后写入本地区块链和账本中。

背书节点是 Peer 节点可选的功能角色，可以在系统配置信息中指定，具有背书功能角色的 Peer 节点可以接收从 Client 客户端节点提交的新交易提案，模拟执行智能合约（链码）生成读写操作集，然后进行背书签名，最后向 Client 客户端节点返回背书结果。

Peer 节点可以被人工设置或自动选举为主节点，主节点具有多种功能：一是负责与 Orderer 节点进行通信，接收从 Orderer 节点发出的区块广播，对区块进行验证后再广播给所属组织同一通道中的其他 Peer 节点;二是为所属组织的其他 Peer 节点提供节点发现与路由信息。

Peer 节点可以被人工设置为锚节点,锚节点的主要功能实现同一通道中所属不同组织的 Peer 节点之间的相互通信。

在超级账本 Fabric 系统中,Peer 节点默认的网络服务端口如下:

(1)Peer 节点 P2P 连接服务端口 7051。

(2)Peer 节点链码连接请求监听端口 7052。

(3)Peer 节点事件服务监听端口 7053。

(4)Peer 节点 CouchDB 数据库服务端口 5984。

4.3.1.2　Orderer 排序节点

超级账本 Fabric 系统的 Orderer 节点的主要功能是实现共识管理。Client 客户端节点发起的所有交易,经过 Peer 节点背书后,将统一发送给 Orderer 节点。Orderer 节点负责接收属于不同通道的交易请求,按通道对接收到交易进行排序,再将交易信息打包进新的区块中,然后将新区块信息广播给对应通道的 Peer 节点。与比特币、以太坊等区块链系统不同,超级账本 Fabric 系统的共识机制不需要节点之间的竞争计算争夺出块权,因此系统具有更佳的交易请求处理性能,每秒钟可以达到几千以上的 TPS。

在超级账本 Fabric 系统中,Orderer 节点默认的排序服务端口是 7050。

4.3.1.3　Client 客户端节点

超级账本 Fabric 系统的 Client 客户端节点一般表示用户或基于区块链的应用系统,作为实际交易的发起者,必须连接到一个 Peer 节点,实现对区块链系统的访问互动。Client 客户端节点可以向多个具有背书功能角色的 Peer 节点提交新的交易提案,当收集到 Peer 节点回复的足够的背书后,就可以向 Orderer 排序节点发送交易,等待交易被写入新区块中。

在超级账本 Fabric 系统中,Client 客户端节点默认的链码回调服务端口是 7052。

4.3.1.4　CA 证书服务节点

超级账本 Fabric 系统的 CA 节点是 X.509 数字证书颁发机构,CA 节点接收 Client 客户端节点的注册申请,以便获取身份证书,在超级账本 Fabric 系统网络上所有的操作都需要使用证书验证用户的身份。

在超级账本 Fabric 系统中,CA 节点默认的证书服务端口是 7054。

4.3.2　多链与多通道

与比特币和以太坊系统的单链不同,超级账本 Fabric 系统区块链引入了多通道(Channel)机制,每个通道对应一条逻辑链和一个分布式账本,区块链网络的每个节点可以属于一个或多个通道,因此超级账本 Fabric 系统支持多链。

与比特币、以太坊等公有链不同,超级账本 Fabric 系统主要用于构建联盟区块链,所谓联盟一般是由多个组织构成,网络中的 Orderer 节点、CA 节点通常是由联盟链的发起与权威可信管理机构提供,网络中的 Peer 节点、Client 客户端节点由联盟中的不同组织提供。如果联盟中包含一个组织,则构建的区块链就可以视为私有链。

超级账本 Fabric 系统主要用于构建跨多个组织的联盟链,基于区块链实现联盟内不同组织之间的可信业务协同,而不同组织之间可能需要同时开展多个相互隔离的业务协同工作,如果采用单链的区块链系统来保存所有业务协同工作过程中产生的交易数据,则会产生隐私保护、敏感数据隔离等一系列安全风险。因此,超级账本 Fabric 系统提供了多通道机制,如图 4-10 所示,区块链网络节点由组织 A、组织 B、组织 C 等不同的联盟成员提供,有 3 个需要基于区块链的业务协同工作 Work1、Work2、Work3,Work1 涉及组织 A 的部门 A1、组织 B 的部门 B1、组织 C 的部门 C1,Work2 涉及组织 A 的部门 A2、组织 B 的部门 B2,Work3 涉及组织 B 的部门 B3、组织 C 的部门 C3。通过多通道机制,可以建立通道 1、通道 2、通道 3 分别用于支撑 Work1、Work2、Work3 等业务协同工作。每条通道内包含一条区块链和一个分布式账本,独立保存 Work1、Work2、Work3 产生的所有交易,相互隔离且不受影响。

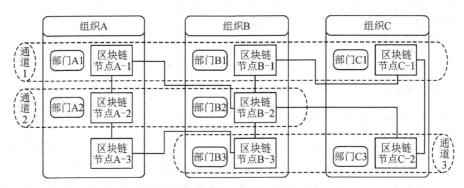

图 4-10　超级账本 Fabric 区块链多通道机制示意图

如果是单一组织构建的私有链,那么通道也可用于实现该组织内不同部门或子机构之间协同交易的隔离性。例如,审计部门和财务部门都可能涉及与其他业务部门或子机构的业务协同,但是从管理上应用相互隔离。

4.3.3　节点发现管理

与比特币、以太坊等公有链不同,超级账本 Fabric 系统主要用于构建联盟链网络,所谓联盟一般是由多个组织构成,网络中的 Orderer 节点、Peer 节点、CA 节点通常是由联盟链的发起与权威可信管理机构提供,网络中的客户端节点由不同的组织提供。针对不同组织应用之间建立跨组织的可信交易需求,超级账本 Fabric 系统提供了通道机制,其实质是由 Orderer 节点划分和管理的专用原子广播通道,目的是对通道的信息进行隔离,使得通道外无法访问通道内的信息,从而实现交易的隐私性。可以简单地理解为,一个通道对应一条链和一个账本,一个通道中可以包含不同组织的多个 Peer 节点,每个组织的多个 Peer 节点中至少有一个主节点和锚节点。

当 Peer 节点被指定为主节点时,主要用于在通道内接收 Orderer 节点的区块广播,并将验证后的区块通过 Gossip 协议传播给通道内所属组织的其他 Peer 节点进行记账。

当 Peer 节点被指定为锚节点时,主要用于在组织内及通道内跨组织的节点发现,一个组织在通道内的 Peer 节点可以通过其他组织的锚节点发现其他组织在该通道内的所有 Peer 节点。

超级账本 Fabric 系统网络中所有组织、通道、节点的信息都需要在系统核心配置文件 congfigtx. yaml 中明确,因此节点可以从配置文件中获取其他节点的主机名、域名、服务端口号等信息。

下面是一个 congfigtx. yaml 示例配置文件的内容片段。

```
……
Organizations：   # 配置联盟链网络中的组织
  -Name：OrdererOrg   # 排序节点组织
    ID：OrdererMSP
    MSPDir：crypto-config/ordererOrganizations/example.com/msp
  -Name：Org1    # Peer 节点组织 1
    ID：Org1MSP
    MSPDir：crypto-config/peerOrganizations/org1. example. com/msp
    AnchorPeers：   # 设定组织 1 中的锚节点主机名、域名、服务端口号
  -Host：peer0. org1. example. com
    Port：7051
  -Name：Org2    # Peer 节点组织 2
    ID：Org2MSP
    MSPDir：crypto-config/peerOrganizations/org2. example. com/msp
    AnchorPeers：   # 设定组织 2 中的锚节点主机名、域名、服务端口号
      -Host：peer0. org2. example. com
        Port：7051
……
Orderer：   # 配置 Orderer 节点类型、域名、服务端口号
  OrdererType：solo
  Addresses：
    -orderer. example. com：7050
  BatchTimeout：2s
  BatchSize：
```

MaxMessageCount：10

AbsoluteMaxBytes：99 MB

PreferredMaxBytes：512 KB

Kafka：

Brokers：

－127.0.0.1：9092

Organizations：

......

　　尽管可以从配置文件中获取 Orderer、Peer 等节点的主机名、域名、服务端口号等信息，但是在区块链系统运行过程中，必然会由于各种原因导致部分节点故障或处于不可用的状态。超级账本 Fabric 系统提供了发现服务（Discovery Service），可以通过一个组织的锚节点实时动态查询通道上属于该组织的所有其他可用节点。

　　如图 4－11 所示，客户端节点使用发现服务，在锚点节点支持下，查询网络中的活动节点的工作流程如下：

　　(1)网络中的 Peer 节点通过 Gossip 协议定期与属于同一组织的锚节点保持同步。

　　(2)组织 Org1 的锚节点（Org1-Peer2）使用 Gossip 协议定期将 Org1 中的所属同一通道中的活动 Peer 节点列表更新到组织 Org2 的锚节点（Org2-Peer2）。

　　(3)组织 Org2 的锚节点（Org2-Peer2）通过 Gossip 协议定期将 Org2 的所属同一通道中的活动 Peer 节点列表更新到 Org1 的锚节点（Org1-Peer2）。

　　(4)客户端使用 Fabric 系统 SDK 中的发现服务 API 发出查询请求，发现服务将查询请求发送给通道中组织 Org1 的锚节点（Org1-Peer2）。

　　(5)组织 Org1 的锚节点（Org1-Peer2）接收到查询请求后，向客户端节点响应当前已知的组织 Org1 和 Org2 所有的活动节点列表。

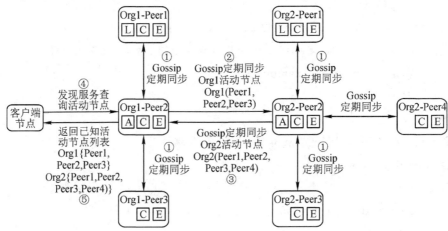

图 4－11　超级账本 Fabric 节点发现流程示意图

4.3.4　节点连接管理

在超级账本 Fabric 系统的 P2P 网络中,任何 Peer 节点都属于某个组织,一个组织至少包含两个以上的 Peer 节点,不存在无组织的 Peer 节点。同一组织的 Peer 节点之间,可以相互作为"Gossip 启动引导节点"。一个 Peer 节点启动后,首先会去连接 Gossip 启动引导节点,该启动引导节点地址信息可在 Peer 节点相关的配置文件 core. yaml 中设定,也可通过该 Peer 节点相关的环境变量 CORE_PEER_GOSSIP_BOOTSTRAP 的值设定,Peer 节点与对应的 Gossip 启动引导节点必须属于同一组织,否则连接将被拒绝。Peer 节点与 Gossip 启动引导节点建立连接后,Peer 节点会 Gossip 启动引导节点向广播自己并查询其他可用节点信息,并建立所属组织中可用节点的视图。

当 Peer 节点被加入通道,如果 Peer 节点被选举为所属组织在通道中的主节点,则会与 Orderer 节点建立连接,接收从 Orderer 节点发出的区块广播,再将接收到的区块分发给组织在通道中的其他 Peer 节点;如果 Peer 节点被设置为所属组织在通道中的锚节点,则会与通道中所有组织的主节点建立连接,查询该通道所有组织的可用节点信息;如果 Peer 节点既不是主节点,也不是锚节点,则会与主节点和锚节点建立连接,向主节点广播自己并接收区块广播,从锚节点查询该通道所有组织的可用节点信息。

每个网络节点都会周期性的广播消息来表示自身的健康状态并且已接入网络。每个节点都会维护一个清单来记录和更新网络上的所有相连节点的状态("活着"或"死亡")。当节点 A 收到来自节点 B 的"活着"消息,它就会将节点 B 的状态标记为"活着"。对于节点 A 来说,节点 B 就是网络中的一个可连接的节点;如果过了一段时间,节点 A 收不到来自节点 B 的"活着"消息,它就会将节点 B 的状态标记为"死亡"。对于节点 A 来说,节点 B 就不再是网络中可连接的节点。

4.3.5　交易广播与验证

与比特币、以太坊等公有链 P2P 网络交易广播机制不同,在超级账本 Fabric 系统网络中,客户端节点负责构造并提交交易提案(TxProposal)请求,交易提案一般包含以下信息:

(1)ChannelID:交易所属的通道编号。

(2)ChaincodeID:交易需要调用的链码(智能合约)。

(3)Timestamp:交易的时间戳。

(4)Sign:客户端签名。

(5)TxPayload:交易所包含的事务,具体包括要调用的链码的函数及相关参数(Operation)、调用的相关属性(Metadata)等。

客户端节点会向已知的多个具有背书功能角色的 Peer 节点提交交易提案,Peer 节点对接收到的交易提案请求进行验证,具体验证内容包括:①验证交易提案的格式是否正确;②验证交易是否重复提交;③验证交易提案中的客户端签名是否有效;④验证交易提案的发送方在相关通道中是否具有对应的执行权限。

Peer 节点对交易提案验证通过后,将调用交易提案中相关的链码进行模拟执行,生成包含响应值、读/写集的事务结果,对结果进行背书并向客户端节点回复交易提案响应(ProposalResponse)消息。

当客户端节点收集到经过 Peer 节点背书的交易提案响应满足认可策略后,便基于收集到的经过背书的提案响应构建交易请求,并向 Orderer 节点广播交易请求。Orderer 节点接收到交易请求后,根据不同的通道,按时间顺序对它们进行排序,并组装新区块,之后将新区块广播给同一通道内的不同组织中的 Leader 节点(即在组织中被选举出来与 Orderer 节点进行通信的 Peer 节点)。

4.3.6　区块广播与同步

在超级账本 Fabric 系统中,新交易会被提交给 Orderer 排序节点,排序节点会将新产生的交易按时间排序并打包成新的区块,再通过 Gossip 协议将新区块分发给区块相关通道的 Peer 节点。同一通道中不同组织的 Peer 节点之间利用 Gossip 协议来完成区块广播及状态同步的过程。

要注意的是,Orderer 节点不会关注交易细节和交易消息的具体内容,只是将从网络中接收到的来自不同通道的交易,分通道按时间顺序排序,并按照系统 configtx.yaml 配置文件中规定的交易出块规则将排好序的交易信息打包进新区块。在 configtx.yaml 配置文件中与区块出块规则相关的配置项如下:

(1)BatchTimeout:新区块创建的超时时间,决定多久产生一个新区块,默认值是 2 秒。如果 BatchTimeout 的值过小,就可能会产生很多不包含交易的空区块。在真实系统中 BatchTimeout 的值可设置为 15~30 s。

(2)BatchSize:指定新区块的大小,具有又包含最大交易数(MaxMessageCount)、最大字节数(AbsoluteMaxBytes)等配置子项。MaxMessageCount:新区块中允许的交易数的最大值,默认值是 10。如果 MaxMessageCount 的值过小,Orderer 节点就会创建更多的区块,既会加重 Orderer 节点的计算负载,又会因为 Orderer 在相同时间内广播更多的区块给 Peer 节点,增加网络负载,可能造成网络拥堵。在真实系统中 MaxMessageCount 的值可设置为 100~200。AbsoluteMaxBytes:新区块中允许的交易数据的最大字节容量,默认值是 10 MB。在真实系统中可根据区块中包含交易信息的实际需要进行设置。

Orderer 节点将根据区块所属的通道 ID,将新区块广播到同一通道中的 Peer 节点,Peer 节点接收到新区块后,会先对区块进行验证,具体包括:①验证区块中的交易是否满足背书策略;②验证区块的数据是否正确;③验证区块中的每个交易,确保交易中的读/写集与状态数据库的数据一致。

通过 Peer 节点的上述验证后,新区块中的交易会被打上合法或非法交易的标签,然后将区块添加到通道对应的区块链上,同时把所有合法交易的读/写集中的"写"集合保存到状态数据库。此后,一个区块事件产生并发送到客户端节点,通知客户端节点所提交的交易已被添加到区块链上,且不可再更改,同时也告知客户端交易最终是合法还是非法的。

每个 Peer 节点都通过 Gossip 协议不断地接收来自多个节点已完成一致性的区块数据。为了保证安全和通道隔离性,每条传输的 Gossip 消息都有发送节点的签名,一方面杜绝恶意节点发出伪造消息,另一方面可以防止将消息分发给不在同一通道中的其他 Peer 节点。

新区块的传播过程如下:

(1)某个 Peer 节点接收到一个需要传播给其他节点的新区块消息。

(2)该 Peer 节点将消息发送给随机选择的预定数量的其他相连节点。

(3)收到消息的 Peer 节点再将消息发送给(随机选择的)预定数量的其他相连节点(不包括发送消息的节点)。

(4)如此不断反复,直到每个 Peer 节点都收到消息。

除了新区块数据外,Peer 节点之间还定期相互交换 Peer 节点列表和账本数据。在这种机制下,Peer 节点即使因为故障或其他原因错过了接收新区块的广播或因为其他原因产生了缺失区块,但在加入网络之后仍然可以与其他 Peer 节点交换信息以保持数据同步。

为了降低区块广播过程中,Orderer 节点与 Peer 节点的通信开销,当一个组织在一个通道中有多个 Peer 节点时,可以在 Peer 节点中通过静态或动态方式选举出 Leader 节点(主节点),Orderer 节点只会向 Leader 节点进行区块广播,Leader 节点接收并验证区块数据后,再通过 Gossip 协议向组织内属于同一通道的其他 Peer 节点分发区块数据。如果采用静态选举方式,为了避免 Leader 节点发生单点故障,则需要将超过 2 个 Peer 节点选举为 Leader 节点。如果采用动态选举方式,只有一个 Peer 节点被选举为 Leader 节点,当 Leader 节点发生故障失效时,其他 Peer 节点会自动重新选举出新的 Leader 节点。

4.4　超级账本 Fabric 系统共识层

超级账本 Fabric 系统由于本身没有发行加密货币和激励机制,因而其共识机制与比特币、以太坊等区块链系统不同。要理解超级账本 Fabric 系统的共识机制,首先要认识在超级账本 Fabric 系统中一次交易从客户端节点发起到被打包进区块,最终被写入区块链的全过程。

4.4.1　交易过程

超级账本 Fabric 系统没有与加密货币转账支付相关的交易,所有的交易都是通过合约层对指定链码(即智能合约)的调用执行,对区块链系统状态进行查询或修改,实现联盟中多个组织之间的互信交易。

超级账本 Fabric 系统的交易过程总体上可以分为三个阶段:背书阶段、排序阶段和验证阶段。

(1)背书阶段。背书阶段客户端应用程序将交易请求打包成为交易提案后,根据背书策略发送给指定的背书Peer节点。背书Peer节点接收到交易提案后调用链码(智能合约)执行,但此执行过程是模拟执行,并不会将数据记录到账本中。执行完成后调用交易背书系统链码(ESCC)对执行结果进行签名,然后响应给客户端应用程序。

(2)排序阶段。排序阶段是通过Orderer排序节点提供的服务接口接收已经背书的交易,排序服务根据共识算法配置策略(如时间限制或指定允许的交易数量),确定交易的顺序和交易数量。然后将交易打包到区块中进行广播。

(3)验证阶段。新区块相关通道中的Peer节点接收到广播的区块后,将进行最终检查验证,验证通过后将该区块保存在区块链中。区块中的事务根据相应的背书策略和事务的可串行性进行顺序验证。事务的可串行性通过检查其读集的有效性(读集信息是否是最新)来测试。如果事务读取的键在读取时版本与最新版本不一致或更早,则事务被标记为无效。

如图4-12所示,超级账本Fabric系统中一次交易的具体执行过程包含以下步骤:

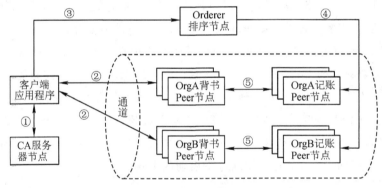

图4-12　超级账本Fabric交易执行过程示意图

(1)交易发起者通过客户端应用程序调用PKI CA证书服务进行注册和登记,并获取身份证书。

(2)交易发起者通过客户端应用程序向超级账本Fabric系统区块链网络发起一个交易提案,交易提案包含本次交易要调用的链码名称、链码方法和参数信息以及交易签名等信息,并根据背书策略将交易提案发送给指定通道中的不同组织的背书Peer节点。背书Peer节点对接收到的交易提案请求进行验证,验证通过后调用交易提案中相关链码进行模拟执行,得到交易响应结果,对结果进行背书后返回给客户端,注意此时区块链系统状态与账本数据并没有被真正修改。客户端应用程序收到背书Peer节点返回的交易响应结果后,判断是否收到满足背书策略的足够多的背书结果,如果收到足够的背书,就将交易提案、交易响应和背书列表等信息打包组成一个交易并签名,然后发送给Orderer排序节点,否则交易失败,中止处理,该交易将被舍弃。

(3)Orderer排序节点负责从区块链系统所有通道接收交易请求,分通道对"交易"按时间排序并打包成区块,然后将新区块广播给对应通道不同组织的 Peer 主节点。

(4)Peer 主节点收到新区块后,会对区块中的区块数据部分包含的每笔交易进行验证,检查交易依赖的输入输出是否符合当前区块链的状态,验证背书策略是否满足,验证完成后将新区块追加到本地的区块链,更新账本,并修改世界状态。

(5)各组织的同一通道的 Peer 节点之间会通过 P2P 网络协议相互同步区块链与账本数据,确保所有 Peer 节点本地的区块链与账本副本保持数据一致。

4.4.2　共识排序

在超级账本 Fabric 系统中,所有交易在发送到区块链网络相关通道以后,都要经由 Orderer 排序节点对交易顺序进行共识排序,然后将交易按排好的顺序打包进区块,保证了任意一笔交易在区块链中的位置,以及在整个区块链网络中各节点的一致性和唯一确定性。

在超级账本 Fabric 系统 1.0 版本以前,共识机制并未分离成独立的功能模块。超级账本 Fabric 系统 1.0 版本以后,实现了共识机制的模块化,共识机制被抽象成了单独的功能模块,可以独立对外提供共识服务,Fabric 系统的共识服务由 Orderer 排序节点完成,并且允许多种共识算法以插件的形式应用于排序节点,系统默认提供 Solo 单节点共识、Kafka 分布式队列共识等共识机制。

(1)Solo 单节点共识,如图 4-13 所示。Solo 单节点共识提供单节点的排序功能,当超级账本 Fabric 系统采用该共识机制时,区块链网络只允许运行一个 Orderer 排序节点,主要为了测试使用,不能进行扩展,也不支持容错,不建议在生产环境下使用。

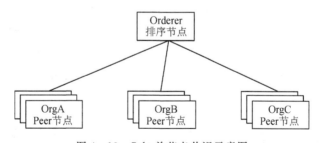

图 4-13　Solo 单节点共识示意图

(2)Kafka 分布式队列共识,如图 4-14 所示。Kafka 是一个开源的分布式高可用消息队列系统,可以有序地管理消息并在多个冗余副本节点间保证数据一致性。当超级账本 Fabric 系统采用该共识机制时,会基于 Kafka 构建由多个 Orderer 排序节点组成的集群,提供基于 Kafka 集群的排序功能,支持 CFT(Crash Fault tolerence)容错(无恶意节点情况下的容错)和持久化,也可以进行扩展。在只考虑非拜占庭容错类共识的情况下,超级账本 Fabric 系统推荐在生产环境下使用的 Kafka 共识机制。

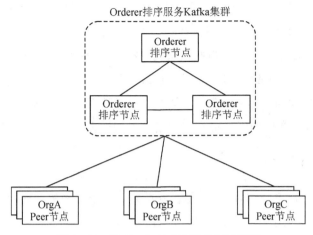

图 4 - 14　Kafka 分布式队列共识示意图

与比特币、以太坊等系统不同,超级账本 Fabric 系统提供了共识服务的扩展插件接口,以供区块链系统建设者可以按需扩展更多的共识算法(如 Raft 算法、PBFT 算法等)来实现定制化的共识机制。

4.5　超级账本 Fabric 系统激励层

超级账本 Fabric 系统的设计初衷是用于构建联盟链,解决联盟中多组织之间的信任协作问题,区块链网络节点一般是由联盟主管机构或联盟中的多个组织提供和维护,超级账本 Fabric 系统内部不提供任何加密货币相关的发行和支付功能,因此,超级账本 Fabric 系统不提供与比特币、以太坊等系统的激励层功能。但是,在互联网环境中可以将超级账本 Fabric 系统与外部加密货币系统或第三方支付系统结合来实现类似的激励功能。

4.6　超级账本 Fabric 系统合约层

在超级账本 Fabric 系统中,智能合约称为链码,链码是一种遵循相关开发和部署规范的执行特定合约业务功能的可运行程序,系统合约层提供了对链码的全生命周期管理,涉及链码从开发到部署运行的整个过程。

链码通过区块存储于区块链网络,能够独立运行在所属通道的 Peer 节点上的 Docker 容器中,以 gRPC 协议与相应的 Peer 节点进行通信,是对区块链系统与分布式账本中的数据进行增、删、改、查等操作的服务接口,可以根据不同的智能合约需求实现不同的复杂应用。

4.6.1 链码的分类

超级账本 Fabric 系统的链码分为两类:系统链码和用户链码。

4.6.1.1 系统链码

系统链码一般由超级账本 Fabric 开源项目社区开发与维护,只能采用 Go 语言开发,主要提供超级账本 Fabric 系统级功能,在区块链网络节点启动时会自动完成注册和部署。系统链码主要包括配置管理链码(CSCC)、生命周期管理链码(LSCC)、查询管理链码(QSCC)、交易背书链码(ESCC)和交易验证链码(VSCC)等 5 类。

(1)配置管理链码:负责处理网络 Peer 节点端的通道配置,包括加入新的通道和查询给定通道的对应配置等功能。

(2)生命周期管理链码:负责对用户链码的生命周期进行管理,管理在背书节点上的链码部署,主要包括链码的安装、实例化、升级等功能。

(3)查询管理链码:提供账本查询 API,如获取区块链、区块、交易等信息。其提供的 API 接口包括根据交易号查询交易、根据区块号获取区块、根据区块哈希获取区块、根据交易号获取区块和根据通道名称获取最新区块链信息等。

(4)交易背书管理链码:负责背书(签名)过程,并支持对背书策略进行管理。对提交的交易提案的模拟运行结果进行签名,之后创建响应消息返回给客户端。

(5)交易验证链码:负责在记账前提供区块及交易的验证功能。

4.6.1.2 用户链码

用户链码与系统链码定位不同,系统链码实现超级账本 Fabric 系统的内置功能,而用户链码一般是由基于区块链的应用系统开发人员根据智能合约实际应用场景设计开发的链码,支持使用 Go 语言、Java 语言、JavaScript 语言来开发,在基于超级账本区块链的应用系统中具有重要地位和作用,用户链码对外为应用系统提供智能合约服务接口,对内可以对整个区块链系统与账本进行数据读写操作,如果一个应用系统没有通过用户链码与超级账本 Fabric 系统进行交互,这个应用系统就不是一个真正意义上的基于区块链的应用系统。

4.6.2 链码生命周期管理

在超级账本 Fabric 系统中,链码生命周期管理主要涉及用户链码的开发、安装、实例化、运行、升级等阶段,超级账本 Fabric 系统 1.4 版本和 2.0 版本在部分阶段略有不同,如图 4-15所示。

(1)开发阶段:用户根据智能合约应用需求,使用 Go 语言、Java 语言等设计开发链码程序,在链码程序中使用系统 SDK 接口操作区块链系统及账本,实现智能合约功能需求,代码开发,形成的 Go 语言、Java 语言等编写的链码文件。

(2)安装阶段:管理员指定链码的名称和版本号,将链码文件打包发送给网络 Peer 节点

（背书节点），节点将链码包以链码名称和版本号的组合形式存储在本地特定的目录下。

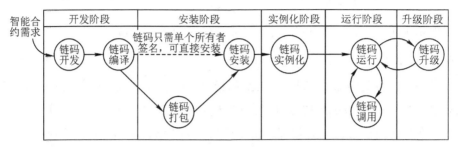

图 4-15　链码生命周期管理过程示意图

（3）实例化阶段：管理员指定通道、链码名称、版本号、背书策略和链码初始化函数，向已安装链码的 Peer 节点发起实例化请求，Peer 节点从本地链码包获取链码文件。根据不同的链码语言，Peer 节点使用对应语言的编译器编译链码文件，进而生成可执行文件，并将可执行文件打包生成一个 Docker 容器镜像，然后使用该镜像创建一个运行对应链码的容器，容器启动后链码与 Peer 节点之间通过 gRPC 进行通信。

（4）运行阶段：在运行过程中，链码主要接收并处理客户端发起的交易操作。应用系统或用户通过客户端向 Peer 节点发起对应链码的调用请求，Peer 节点将请求转发给链码。链码执行智能合约逻辑，对区块链系统及账本状态进行增、删、改、查等操作，并将执行结果返回给调用方。

在超级账本 Fabric 系统中，链码部署运行在 Docker 容器中，保证链码的执行过程安全隔离。链码的部署运行模式与以太坊智能合约类似，只是以太坊系统采用的是专用 EVM 以太坊虚拟机，而超级账本 Fabric 采用的是更轻量的 Docker 容器。

（5）升级阶段：根据智能合约应用需求的变化，链码的功能也随之需要扩展升级，该阶段主要是使用新的链码文件上传到 Peer 节点，然后生成新的链码镜像和容器。链码在升级过程中，链码名称必须要保持一致，链码版本号必须不同。

4.6.3　链码的运行环境

超级账本 Fabric 系统借鉴了以太坊智能合约的设计思想，但是采用了更加开放、普适的 Docker 容器系统来运行智能合约链码程序。

超级账本 Fabric 系统使用的 Docker 容器技术是近年来快速发展的一种基于 Linux 操作系统内核的轻量 LXC 容器虚拟化技术，通过抽象"用户空间"来提供操作系统级别的虚拟化。Docker 容器类似于以太坊的 EVM 虚拟机，单个主机上可以同时运行多个容器，每个容器可视为执行特定应用进程的私有空间，在容器中可以使用 root 权限执行命令，具有专有的网络接口和 IP 地址，允许自定义路由规则，可以挂载文件系统等。在同一主机上运行的不同容器之间相互隔离，看起来就像不同的虚拟机，同一主机上的不同容器之间共享主机 Linux 操作系统的内核。

4.6.4　链码远程调用协议

前面已经介绍过,Peer 节点与用户链码通过 gRPC 实现功能调用。gRPC 是超级账本 Fabric 系统主要采用的 RPC 远程调用框架,实现分布式系统内外部服务调用。gRPC 是由美国谷歌(Google)公司基于 HTTP/2 协议标准设计实现的一个高性能、通用的开源 RPC 框架。要理解超级账本 Fabric 系统采用的 gRPC 远程机制,首先要了解 RPC 协议。

4.6.4.1　RPC 协议

RPC(Remote Procedure Call)协议即远程调用协议,是由互联网工程任务组(IETF)发布的 RFC(Request For Comments)文件集定义的协议,RPC 协议在 RFC 文件集中文件编号为 1831,文件在线访问地址为 https://datatracker.ietf.org/doc/rfc1831/。

RPC 协议是一种通过网络从远程请求访问计算机上的应用程序服务,而不需要了解底层网络技术的协议。简单地说,通过 RPC 协议允许网络中一台主机程序远程调用另一台主机程序,而无需对这个交互过程进行编程。

RPC 一般采用 C/S 模式,在客户端运行服务请求程序,在服务器端运行服务提供程序。首先,客户端服务请求程序进程发送一个有进程参数的调用信息到服务器端服务提供程序进程,然后等待应答信息。在服务器端,服务提供程序进程保持睡眠状态直到客户端调用信息的到达为止。当一个客户端调用信息到达,服务提供程序获得请求参数,计算结果,发送答复信息,然后等待下一个调用信息,最后,客户端服务请求程序接收答复信息,获得服务器端服务提供程序计算结果,然后调用执行继续进行。在一个典型 RPC 系统的应用场景中,包含了服务发现、负载、容错、网络传输、序列化等组件,如图 4-16 所示。

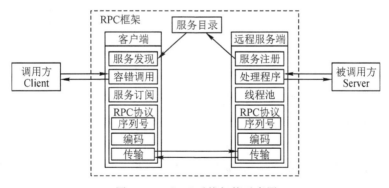

图 4-16　RPC 系统架构示意图

RPC 是一种高层协议,底层可以基于 TCP 协议,也可以基于 HTTP 协议。从广义上讲,只要是满足网络中进行通信调用都统称为 RPC,例如 RMI、Socket、SOAP(HTTP XML)、REST(HTTP JSON)等协议,甚至 HTTP 协议也可以说是 RPC 的具体实现。

4.6.4.2　gRPC

gRPC 是一种应用级的 RPC 框架,基于 HTTP/2 标准设计,具备如双向流、流控、头部压缩、单 TCP 连接上的多复用请求等特性,非常适用于移动应用开发,且提供 C、Java、Go 等编程语言的实现版本 grpc、grpc-java、grpc-go,其中 C 语言实现版本 grpc 可支持 C/C++、Node.js、Python、Ruby、Objective-C、PHP、C#等。

　　gRPC 协议的工作机制是定义一个服务,指定其能够被远程调用的方法(包含参数和返回类型)。在服务端实现这个接口,并运行一个“gRPC 服务端应用”来处理客户端调用。同时,在客户端提供一个 gRPC 存根(Stub)程序,该存根具有与服务端应用一样的方法。通过该存根程序,客户端应用可以像调用本地方法一样直接调用另一台不同的计算机上的“gRPC 服务端应用”的方法,从而能更容易地构建分布式应用和服务。

　　gRPC 默认使用谷歌(Google)公司开源的一套的结构数据序列化协议缓存(protocol buffers)机制,协议缓存机制与 JSON 类似,可实现语言无关性,因此 gRPC 的客户端和服务端可以完全采用不同的语言开发,例如在图 4-17 中,采用 C++语言开发 gRPC 服务端,同时采用 Ruby 与 Android-Java 开发 gRPC 客户端。

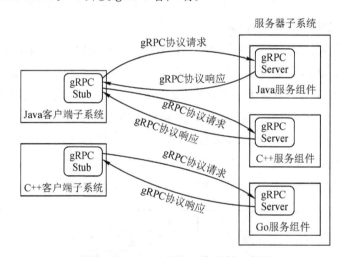

图 4-17　gRPC 协议工作机制示意图

　　gRPC 协议可以支持 4 种远程调用模式:

　　(1)一元 RPC(Unary RPCs)模式:最简单的调用模式,客户端发送一个请求,服务端返回一个结果。

　　(2)服务器流 RPC(Server streaming RPCs)模式:客户端发送一个请求,服务端返回一个流给客户端,客户从流中读取一系列消息,直到读取所有消息。

　　(3)客户端流 RPC(Client streaming RPCs)模式:客户端通过流向服务端发送一系列消息,然后等待服务端读取完数据并返回处理结果。

　　(4)双向流 RPC(Bidirectional streaming RPCs)模式:客户端和服务端都可以独立向对方发送或接受一系列的消息。客户端和服务端读写的顺序是任意。

本 章 小 结

通过对本章内容的学习,读者应该建立对超级账本 Fabric 区块链系统的体系结构与逻辑分层架构的总体认识,深入理解超级账本 Fabric 区块链系统的架构设计与实现原理,应重点掌握超级账本 Fabric 区块链系统数据层相关的区块、区块链、账本、地址、交易、世界状态等关键数据结构,网络层相关的 P2P 网络结构与工作原理,共识层相关的基于 Orderer 节点排序服务的共识机制,合约层相关链码智能合约编程技术原理与运行工作机制。

练 习 题

(一)填空题

1. 在超级账本 Fabric 系统中,每个区块由区块头、_____ 和 _____ 三部分组成。

2. 超级账本 Fabric 区块链系统的 Peer 对等节点一定具有 _____ 节点功能角色。

3. 在超级账本 Fabric 区块链系统中,当 Peer 对等节点具有 _____ 节点功能角色时,可以为通道中属于不同组织的 Peer 节点之间提供通信路由。

4. 在超级账本 Fabric 区块链系统中,当 Peer 对等节点具有 _____ 节点功能角色时,主要负责与 Orderer 排序节点进行通信,接收从 Orderer 排序节点发出的区块广播。

5. 超级账本 Fabric 系统的分布式账本由 _____、_____、区块索引库、键历史索引库等要素构成。

6. 在超级账本 Fabric 系统中,每个区块头由区块序号、_____ 和 _____ 三部分组成。

7. 在超级账本 Fabric 区块链系统中,区块文件大小上限是 _____MB,一个账本能保存最大数据量约为 _____TB。

8. 超级账本 Fabric 系统的交易过程总体上可以分为三个阶段: _____ 阶段、_____ 阶段和验证阶段。

(二)选择题

1. 超级账本 Fabric 系统的区块链中,每个区块的区块头包含多个字段信息,但不包含( )。

A. 区块序号　　　　B. 父区块哈希　　　　C. 当前区块哈希　　　　D. 子区块哈希

2. 超级账本 Fabric 系统的区块链中,每个区块的区块头包含的当前区块哈希值是（　　）。

  A．当前区块整体的哈希值　　　　　　B．当前区块的区块头的哈希值

  C．当前区块的区块数据的哈希值　　　D．当前区块的区块元数据的哈希值

  3．超级账本 Fabric 系统的区块链中，每条交易信息由多个字段数据，下面不属于交易信息所包含的字段的选项是（　　）。

  A．交易头　　　　　B．交易签名　　　　　C．交易提案　　　　　D．交易金额

  4．下面关于超级账本 Fabric 系统的状态数据库，描述不正确的是（　　）

  A．状态数据库存储的就是区块链的数据，因此状态数据库中任一键值对数据的改变都表示区块链系统状态的改变

  B．状态数据库存储的是曾在交易中出现的某个通道上所有写操作相关的键值对的最新值

  C．状态数据库中存储的所有键值对数据共同构成了区块链系统状态

  D．超级账本 Fabric 系统的区块链中，状态数据库就是"世界状态"

  5．下面关于超级账本 Fabric 系统的多通道机制描述不正确是（　　）

  A．一个超级账本 Fabric 系统可以创建多个通道

  B．每个通道都会拥有一个独立的区块链和账本

  C．Orderer 排序节点可以对多个通道进行共识管理，Peer 节点只能属于一个通道

  D．同一个通道中的 Peer 节点之间共享对应的区块链和账本数据

  6．超级账本 Fabric 系统的 Peer 节点可以提供不同的功能角色，下面选项中不是 Peer 节点可能的功能角色是（　　）

  A．记账节点＋主节点　　　　　　　　B．记账节点＋锚节点

  C．记账节点＋背书节点＋主节点　　　D．记账节点＋主节点＋锚节点

  7．下面关于超级账本 Fabric 系统的 Peer 节点描述不正确是（　　）

  A．在超级账本 Fabric 系统的 P2P 网络中，一个组织至少包含两个以上的 Peer 节点

  B．Peer 节点可以属于某个组织，不存在无组织的 Peer 节点

  C．同一组织的 Peer 节点之间，可以相互作为"Gossip 启动引导节点"

  D．Peer 节点之间共享对应的区块链和账本数据

  8．下面关于超级账本 Fabric 系统的 Orderer 排序节点描述不正确是（　　）

  A．Orderer 排序节点负责从区块链系统所有通道接收交易请求

  B．Orderer 排序节点分通道对交易进行验证后，按时间排序并打包成区块

  C．Orderer 排序节点将新区块广播给对应通道不同组织的 Peer 主节点，由 Peer 主节点再将区块分发同步给同一通道内的其他 Peer 节点

  D．Peer 主节点收到新区块后，会对区块中的区块数据部分包含的每笔交易进行验证

（三）简答题

1．请简述超级账本 Fabric 系统的多通道机制有什么作用。

2. 请简述超级账本 Fabric 系统的世界状态数据库有什么作用。

3. 请简述超级账本 Fabric 系统中一次交易的执行过程。

4. 请简要分析超级账本 Fabric 系统链码的生命周期包含哪些阶段。

5. 请简述超级账本 Fabric 系统有哪些类型的系统链码及其主要功能。

第五章 区块链信息安全技术

区块链系统为了提供去中心化的信任服务,综合运用了密码学、身份认证、PKI公钥基础设施等多种信息安全技术,支撑了区块链最核心的公平、可信的共识机制,从而实现了可追溯、防篡改的链式数据结构与分布式账本等核心功能。可以说,区块链技术是现有多种信息安全技术的融合应用创新的产物,同时区块链技术也推动了信息安全技术的发展,为构建去中心化或多中心化信任服务体系,解决跨组织交易数据安全保存与共享提供了全新的技术路线。

本章将从与区块链系统共识机制紧密相关的密码学基础知识入手,分别介绍在区块链系统中普遍采用的哈希算法、非对称加密算法、数字签名、PKI公钥基础设施、默克尔树(Merkle Tree)、默克尔帕特里夏树(Merkle Patricia Tree)等信息安全相关技术原理。

5.1 哈希算法

哈希(Hash)算法,又称为散列算法或杂凑算法,是一种能把任意长度的输入通过压缩映射变换成固定长度的输出的算法,通过算法将打乱的数据重新创建出一个散列值,其散列值通常由一个以随机字母和数字组成的字符串来表示,该散列值也称为"哈希值"。哈希算法有多种实现,一个哈希算法必须具备以下特点:

(1)计算过程不可逆,从结果哈希值不能反向推导出输入数据。

(2)计算结果具有确定性,同样的输入数据,计算得到的哈希值结果是相同的。

(3)对输入数据的变化十分敏感,即使输入数据只修改了一个位(bit),得到的哈希值也要发生很大变化。

(4)具有抗碰撞性,如果不同的输入数据通过算法产生了相同的结果,这种情况被称为"哈希碰撞"。一个好的哈希算法发生碰撞的概率要非常小。

(5)计算结果的长度要固定,不管输入数据信息再长或再短,通过算法后得到的哈希值结果信息长度是固定的。

（6）具有高效计算能力，针对较长的文本，也能快速地计算出哈希值。

多年来，哈希算法依靠其单向又无法逆推的性质，在数字签名协议中常用来确认消息在传输过程中是否存在被篡改、仿冒身份验证的情况同时保证运算效率。

比特币、以太坊、超级账本等区块链系统，在区块与区块链的构造、共识机制等多个环节都大量使用了哈希算法。常见的哈希算法包括信息摘要算法（MD5）、安全哈希算法（SHA），国产加密哈希算法（SM3）等。

5.1.1　MD5 信息摘要算法

MD5 算法的全称是 Message-Digest-Algorithm 5（信息摘要算法），在 20 世纪 90 年代初由美国麻省理工（MIT）学院计算机科学实验室（Laboratory for Computer Science）和 RSA 数据安全公司的罗纳德·李维斯特（Ronald L. Rivest）设计开发，历经 MD2 算法、MD3 算法和 MD4 算法发展而来。MD5 算法的作用是让大容量信息在用数字签名软件签署私匙前被"压缩"成一种定长保密的格式。MD5 算法的描述和 C 语言源代码在 Internet RFCs 1321 标准中有详细的描述（http://ietf.org/rfc/rfc1321.txt），这是关于 MD5 算法描述最权威的文档，由罗纳德·李维斯特在 1992 年 8 月向 IEFT 提交。

如图 5-1 所示，MD5 算法的主要计算步骤包括：

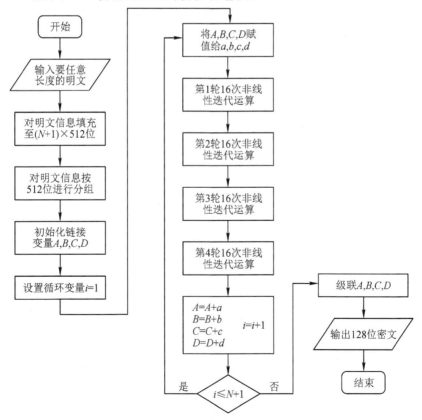

图 5-1　MD5 信息摘要算法主要计算过程

（1）对要处理的任意长度的明文信息进行填充，填充的方法是在明文信息的后面填充一个 1 和任意一个 0，直到填充后的信息长度（单位 bit）对 512 求余的结果等于 448，然后，在这个结果后面再附加一个 64 位二进制数，表示填充前信息的原始长度。经过填充后的信息长度为 $(N+1)*512$。

（2）将经过（1）填充后的信息按照 512 位进行分组，可以得到 i 个消息分组（$1 \leqslant i \leqslant N+1$）。

（3）使用常数初始化 32 位整型链接变量 A、B、C、D，分别为：$A = 0\text{x}01234567$，$B = 0\text{x}89\text{abcdef}$，$C = 0\text{xfedcba98}$，$D = 0\text{x}76543210$。

（4）设置循环变量 $i=1$，控制进行 $N+1$ 次大循环，每一次大循环中包括四轮非线性迭代运算，每一轮非线性函数运算又包括 16 次不同参数的运算。

每轮使用的非线性函数分别为：

$F(X, Y, Z) = (X \& Y) \mid ((\sim X) \& Z)$

$G(X, Y, Z) = (X \& Z) \mid (Y \& (\sim Z))$

$H(X, Y, Z) = X \char`^ Y \char`^ Z$

$I(X, Y, Z) = Y \char`^ (X \mid (\sim Z))$

每轮使用的非线性运算 FF、GG、HH、II 分别表示为：

$\text{FF}(a, b, c, d, M_j, s, t_i)$——$a = b + ((a + F(b, c, d) + M_j + t_i) << s)$

$\text{GG}(a, b, c, d, M_j, s, t_i)$——$a = b + ((a + G(b, c, d) + M_j + t_i) << s)$

$\text{HH}(a, b, c, d, M_j, s, t_i)$——$a = b + ((a + H(b, c, d) + M_j + t_i) << s)$

$\text{II}(a, b, c, d, M_j, s, t_i)$——$a = b + ((a + I(b, c, d) + M_j + t_i) << s)$

其中，M_j 表示消息第 i 个分组的第 j 个子分组（$0 \leqslant j \leqslant 15$），$t_i$ 是 $4294967296 * \text{abs}(\sin(i))$ 的整数部分，s 表示左移位数。每一轮 16 次迭代运算的 M_j 的下标 j 和对应的 s 的取值如表 5-1 所示。

表 5-1　MD5 非线性迭代运算参数取值表

第 N 轮	16 次迭代 M_j 的下标 j 的取值	16 次迭代 s 的取值
1	0, 1, 2, 3, 4, 5, 6, 7, 8, 9, 10, 11, 12, 13, 14, 15	7,12,17,22, 7,12,17,22, 7,12,17,22, 7,12,17,22
2	1, 6, 11, 0, 5, 10, 15, 4, 9, 14, 3, 8, 13, 2, 7, 12	5, 9,14,20, 5, 9,14,20, 5, 9,14,20, 5, 9,14,20
3	5, 8, 11, 14, 1, 4, 7, 10, 13, 0, 3, 6, 9, 12, 15, 2	4,11,16,23, 4,11,16, 23, 4,11,16,23, 4,11,16,23
4	0, 7, 14, 5, 12, 3, 10, 1, 8, 15, 6, 13, 4, 11, 2, 9	6, 10,15,21, 6,10,15,21, 6,10,15,21, 6,10,15,21

（5）经过 $N+1$ 次大循环迭代运算之后，将链接变量 A、B、C、D 的值进行级联，得到 128

位密文结果即是明文信息对应的 MD5 信息摘要。

MD5 算法的主要的特性包括：

(1)不可逆，无法由结果反向推导出输入。

(2)两个不同的信息不可能用 MD5 算法计算出相同的摘要信息。

(3)不管多大容量的信息都能用 MD5 算法计算得到一个 128 位(16 字节)长的摘要信息。

Java、Go 等语言都提供了 MD5 信息摘要算法的标准实现函数，这些 MD5 算法函数都经过严格的测试，可以直接使用。下面以 Go 语言为例，Go 语言与加密算法相关的库在 crypto 目录下，其中 MD5 算法库在 crypto/md5 包中，该包主要提供了 New()和 Sum()函数。下面是一段使用 Go 语言 MD5 算法库的示例代码。

```
package main
import (
    "crypto/md5"
    "encoding/hex"
    "fmt"
)


func main() {
    data := []byte("这是一条明文信息")
    md5Hash := md5.New()
md5Txt := md5Hash.Sum(data)        // Sum()函数计算出 MD5 信息摘要
    fmt.Printf("%x\n", md5Txt)
    fmt.Println(hex.EncodeToString(md5Txt))
}
```

5.1.2 SHA 安全哈希算法

安全哈希算法(Secure Hash Standard,SHS)，是由美国国家标准与技术研究院(NIST)和美国国家安全局(NSA)共同设计的系列哈希(杂凑)算法，是全球使用最为广泛的安全哈希算法之一。该系列算法与 1993 年 5 月起采纳为标准，分别为 SHA、SHA-1、SHA-2 和 SHA-3。由于 SHA 在 1993 年发布不久后被验证存在重大的漏洞，所以很快就被 SHA-1 版本所取代。

5.1.2.1 SHA-1 算法

SHA-1 算法在一段比较长的时间内都是主流的加密算法，对于长度小于 264 位(bit)的输入数据，SHA-1 的哈希值结果长度为 160 位(bit)，即 20 字节。同时，SHA-1 算法的运算效率很快。

与 MD5 算法一样,SHA-1 算法对输入的任意长度的明文信息要进行填充预处理,填充方法与 MD5 算法一致,填充处理完后的信息长度是 $(N+1)×512$,但是 SHA-1 算法限制原始明文信息长度不能超过 264,并且生成密文信息摘要长度为 160。

如图 5-2 所示,SHA-1 算法主要计算过程如下:

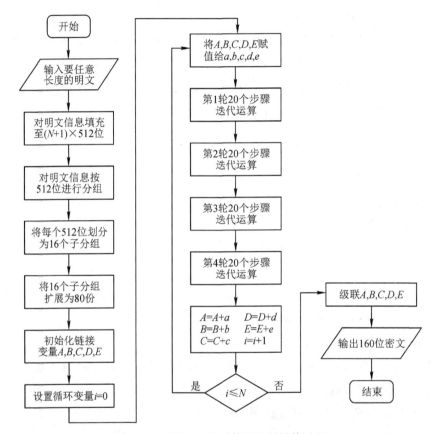

图 5-2   SHA-1 哈希算法主要计算过程

(1)对要处理的任意长度的明文信息进行填充,填充的方法是在明文信息的后面填充一个 1 和任意一个 0,直到填充后的信息长度(单位 bit)对 512 求余的结果等于 448,然后,在这个结果后面再附加一个 64 位二进制数,表示填充前信息的原始长度。经过填充后的信息长度为 $(N+1)×512$。

(2)将经过(1)填充后的信息按照 512 位进行分组,可以得到 i 个消息分组($0≤i≤N$)。

(3)设置循环变量 $i=0$,控制进行 $N+1$ 次大循环,每一次大循环中包括四轮非线性迭代运算,每一轮非线性函数运算又包括 20 个步骤。

(4)使用常数初始化 32 位整型链接变量 A、B、C、D、E,分别为:$A=0x67452301$,$B=0xefcdab89$,$C=0x98badcfe$,$D=0x10325476$,$E=0xc3d2e1f0$。

(5)第 i 次循环中,将第 i 个 512 位的明文信息分组再划分为 16 个子明文分组,用 M_i 表

示第 j 个子明文分组($0{\leqslant}j{\leqslant}15$),每个子明文分组为 32 位;然后将 16 份子明文分组扩展为 80 份,用 W_k 表示第 k 份($0{\leqslant}k{\leqslant}79$),具体扩展规则如下:

当 $0{\leqslant}t{\leqslant}15$,$W_t = M_t$;

当 $16{\leqslant}t{\leqslant}79$,$W_t = (W_t-3{\oplus}W_t-8{\oplus}W_t-14{\oplus}W_t-16)<<<1$。

(6)将链接变量 A、B、C、D、E 分别赋值给 a、b、c、d、e。

(7)进行 4 轮运算,每轮 20 个步骤,执行相关的运算操作。

$a = (a<<<5) + F_{t(b,c,d)} + e + W_t + K_t$

$b = a$

$c = b<<<30$

$d = c$

$e = d$

其中,$F_{t(b,c,d)}$ 为非线性函数,W_t 为子明文分组扩展后的分组,K_t 为固定常数。每一轮迭代运算的 $F_{t(b,c,d)}$ 和 K_t 如表 5-2 所示。

表 5-2　SHA-1 迭代运算 F_t 函数与 K_t 常数表

轮数	步骤(t)	$F_t(X,Y,Z)$	K_t 常数
1	$0{\leqslant}t{\leqslant}19$	$F_t(X,Y,Z) = (X \cdot Y) \vee (\sim X \cdot Z)$	$K_t = 0x5a827999$
2	$20{\leqslant}t{\leqslant}39$	$F_t(X,Y,Z) = X{\oplus}Y{\oplus}Z$	$K_t = 0x6ed9eba1$
3	$40{\leqslant}t{\leqslant}59$	$F_t(X,Y,Z) = (X \cdot Y) \vee (X \cdot Z) \vee (Y \cdot Z)$	$K_t = 0x8f188cdc$
4	$60{\leqslant}t{\leqslant}79$	$F_t(X,Y,Z) = X{\oplus}Y{\oplus}Z$	$K_t = 0xca62c1d6$

(8)将 4 轮运算之后的 a、b、c、d、e 与(6)中的 A、B、C、D、E 进行求和运算。

$A = A + a$

$B = B + b$

$C = C + c$

$D = D + d$

$E = E + e$

(9)对循环变量 $i++$,如果 $i{\leqslant}N$,则跳转到(6),继续对下一个 512 位明文分组进行运算;如果 $i>N$,则结束循环,将链接变量 A、B、C、D、E 进行级联,得到 160 位的 $SHA1$ 信息摘要结果。

Go、Java 等语言都提供了 SHA-1 哈希算法的标准实现函数,这些 SHA-1 算法函数都经过严格的测试,可以直接使用。下面以 Go 语言为例,Go 语言与加密算法相关的库在 crypto 目录下,其中 SHA-1 算法库在 crypto/sha1 包中,该包主要提供了 New()和 Sum()函数。下面是一段使用 Go 语言 SHA-1 算法库的示例代码。

```
package main
import (
```

```
    "crypto/sha1"
    "encoding/hex"
    "fmt"
)
func main() {
    data := []byte("这是一条明文信息")
sha1Hash := sha1.New()
hash := sha1Hash.Sum(data)     // Sum()函数计算出 SHA-1 信息摘要
    fmt.Printf("%x\n",hash )
    fmt.Println(hex.EncodeToString(hash))
}
```

在 Linux 操作系统中,有一个系统默认提供的 sha1sum 命令,其功能就是使用 SHA-1 算法生成和校验一个文件的哈希值。

假设有一个文件 testsha1.txt,使用 sha1sum 命令对其生成哈希值的操作示例如下:

输入命令:sha1sum　testsha1.txt

输出结果:05c3613ae7c7756a32552ea48b84f1ac2263fe58(160 bit)

其中,"05c3613ae7c7756a32552ea48b84f1ac2263fe58"就是该 testsha1.txt 文件的内容作为输入数据,通过 SHA-1 算法得到的 160 位(bit)哈希值结果。

SHA-1 算法的详细描述请参考美国国家标准与技术研究院(NIST)发布的美国联邦息处理标准"FIPS PUB 180-1"。

要注意的是,在 2005 年,山东大学王小云教授在国际上公布了破解 SHA-1 算法的研究成果,SHA-1 算法被证明存在算法上的漏洞,直到 2017 年美国谷歌(Google)公司对 SHA-1 算法的破解具有了实际意义,目前 SHA-1 算法已逐渐被更安全的 SHA-2 算法替代。

5.1.2.2　SHA-2 算法

SHA-2 算法是对 SHA-1 算法的改进,尽管 SHA-2 在算法结构上和 SHA-1 相同,但是由于算法数据位数的增加,使得 SHA-2 避免了 SHA-1 上存在的漏洞。在 SHA-2 算法家族中有 SHA224、SHA256、SHA384、SHA512 等算法,SHA256 算法应用最为广泛,也是区块链系统中主要应用的安全哈希算法。

SHA256 算法是 SHA-2 安全哈希算法的一种,对于长度小于 264 位(bit)的输入数据,SHA256 的哈希值结果长度为 256 位(bit),即 32 字节。SHA256 处理每组数据块大小为 512 位(bit),内部的处理单元位数为 32 位(bit),通过 64 次迭代运算,最终生成哈希值结果。与 SHA-1 算法一样,SHA256 算法对输入的任意长度的明文信息要进行填充预处理,填充方法与 SHA-1 算法一致,填充处理完后的信息长度是$(N+1)\times512$。

如图 5-3 所示,SHA256 算法主要计算过程如下:

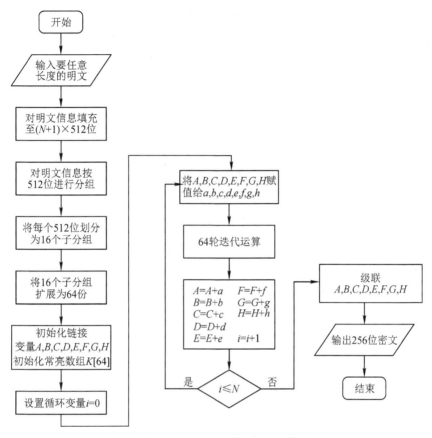

图 5-3 SHA256 哈希算法主要计算过程

(1)对要处理的任意长度的明文信息进行填充,填充的方法是在明文信息的后面填充一个 1 和任意一个 0,直到填充后的信息长度(单位 bit)对 512 求余的结果等于 448,然后,在这个结果后面再附加一个 64 位二进制数,表示填充前信息的原始长度。经过填充后的信息长度为 $(N+1)\times512$。

(2)将经过(1)填充后的信息按照 512 位进行分组,可以得到 i 个消息分组($0 \leqslant i \leqslant N$)。

(3)设置循环变量 $i=0$,控制进行 $N+1$ 次大循环,每一次大循环中包括 64 次迭代运算。

(4)使用常数初始化 32 位整型链接变量 A、B、C、D、E、F、G、H,分别为:$A = 0x6a09e667$,$B = 0xbb67ae85$,$C = 0x3c6ef372$,$D = 0xa54ff53a$,$E = 0x510e527f$,$F = 0x9b05688c$,$G = 0x1f83d9ab$,$H = 0x5be0cd19$。

同时,设置 32 位常量数组 $K[64] = \{$ 0x428a2f98, 0x71374491, 0xb5c0fbcf, 0xe9b5dba5, 0x3956c25b, 0x59f111f1, 0x923f82a4, 0xab1c5ed5, 0xd807aa98, 0x12835b01, 0x243185be, 0x550c7dc3, 0x72be5d74, 0x80deb1fe, 0x9bdc06a7,

0xc19bf174，0xe49b69c1，0xefbe4786，0x0fc19dc6，0x240ca1cc，0x2de92c6f，0x4a7484aa，

0x5cb0a9dc， 0x76f988da， 0x983e5152， 0xa831c66d， 0xb00327c8， 0xbf597fc7，

0xc6e00bf3， 0xd5a79147， 0x06ca6351， 0x14292967， 0x27b70a85， 0x2e1b2138，

0x4d2c6dfc， 0x53380d13， 0x650a7354， 0x766a0abb， 0x81c2c92e， 0x92722c85，

0xa2bfe8a1， 0xa81a664b， 0xc24b8b70， 0xc76c51a3， 0xd192e819， 0xd6990624，

0xf40e3585， 0x106aa070， 0x19a4c116， 0x1e376c08， 0x2748774c， 0x34b0bcb5，

0x391c0cb3，0x4ed8aa4a，0x5b9cca4f，0x682e6ff3，0x748f82ee，0x78a5636f，0x84c87814，

0x8cc70208，0x90befffa，0xa4506ceb，0xbef9a3f7，0xc67178f2 }。

(5)第 i 次循环中，将第 i 个 512 位的明文信息分组再划分为 16 个子明文分组，用 M_j 表示第 j 个子明文分组($0 \leqslant j \leqslant 15$)，每个子明文分组为 32 位；然后将 16 份子明文分组扩展为 64 份，用 W_k 表示第 k 份($0 \leqslant k \leqslant 79$)，具体扩展规则如下：

当 $0 \leqslant t \leqslant 15$， $W_t = M_t$

当 $16 \leqslant t \leqslant 63$，$W_t = \Sigma_1(W_{t-2}) + W_{t-7} + \Sigma_0(W_{t-15}) + W_{t-16}$

$\Sigma_0(X) = S^7(X) \oplus S^{18}(X) \oplus R^3(X)$

$\Sigma_1(X) = S^{17}(X) \oplus S^{19}(X) \oplus R^{10}(X)$

其中，S^n 表示循环右移 n 位，R^n 表示右移 n 位。

(6)将链接变量 A、B、C、D、E、F、G、H 分别赋值给 a、b、c、d、e、f、g、h。

(7)进行 64 轮运算，执行相关的运算操作

$$t_2 = S^2(a) \oplus S^{13}(a) \oplus S^{22}(a) + (a \wedge b) \oplus (a \wedge c) \oplus (b \wedge c)$$

$$t_1 = h + S^6(e) \oplus S^{11}(e) \oplus S^{25}(e) + (e \wedge f) \oplus ((\sim e) \wedge g) + K[i] + W_i$$

$$h = g$$

$$g = f$$

$$f = e$$

$$e = d + t_1$$

$$d = c$$

$$c = b$$

$$b = a$$

$$a = t_1 + t_2$$

(8)将 64 轮运算之后的 a、b、c、d、e、f、g、h 与(4)中的 A、B、C、D、E、F、G、H 进行求和运算。

$$A = A + a$$

$$B = B + b$$

$$C = C + c$$

$$D = D + d$$

$$E = E + e$$

$$F=F+f$$
$$G=G+g$$
$$H=H+h$$

（9）对循环变量 $i++$，如果 $i{\leqslant}N$，则跳转到（6），继续对下一个 512 位明文分组进行运算；如果 $i>N$，则结束循环，将链接变量 A、B、C、D、E、F、G、H 进行级联，得到 256 位的 SHA256 信息摘要结果。

Go、Java 等语言都提供了 SHA256 哈希算法的标准实现函数，这些 SHA256 算法函数都经过严格的测试，可以直接使用。下面以 Go 语言为例，Go 语言与加密算法相关的库在 crypto 目录下，其中 SHA256 算法库在 crypto/sha256 包中，该包主要提供了 New() 和 Sum()函数。下面是一段使用 Go 语言 SHA256 算法库的示例代码。

```
package main
import (
    "crypto/sha256"
    "encoding/hex"
    "fmt"
)
func main() {
    data := []byte("这是一条明文信息")
    sha256Hash := sha256.New()
    hash := sha256Hash.Sum(data)        // Sum()函数计算出 SHA256 信息摘要
    fmt.Printf("%x\n", hash)
    fmt.Println(hex.EncodeToString(hash))
}
```

在 Linux 操作系统中，有一个系统默认提供的 sha256sum 命令，其功能就是使用 SHA256 算法生成和校验一个文件的哈希值。

假设有一个文件 testsha256.txt，使用 sha256sum 命令对其生成哈希值的操作示例如下：

输入命令：sha256sum　testsha256.txt

输出结果：d14a028c2a3a2bc9476102bb288234c415a2b01f828ea62ac5b3e42f（256 bit）

testsha256.txt 文件的内容作为输入数据，通过 SHA256 算法得到的 256 位（bit）哈希值结果就是"d14a028c2a3a2bc9476102bb288234c415a2b01f828ea62ac5b3e42f"。

SHA256 算法的详细描述请参考美国国家标准与技术研究院（NIST）发布的美国联邦息处理标准"FIPS PUB 180-2"。

5.1.2.3　SHA-3 算法

自 2007 年，美国 NIST 发起了哈希算法竞赛以征集新的 SHA-3 算法。截至 2010 年 10

月,第二轮遴选结束,共有五种算法进入最终轮遴选,入选的五个算法是:BLAKE、Grøstl、JH、Keccak、Skein。2012 年,NIST 最终选择 Keccak 算法作为 SHA - 3 标准（FIPS PUB 202）。

Keccak 算法作为 SHA 家族最新的算法,其采用了不同于传统 SHA 算法结构的海绵结构（图 5 - 4）,输入的明文信息长度可变且无限制,可以输出任意长度的密文信息摘要,通过采用这种创新结构,针对传统 SHA 算法结构的攻击方法难以进行,增加了算法的安全性。

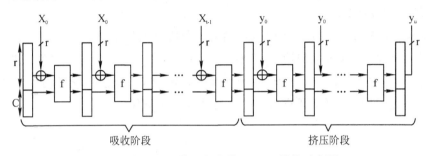

图 5 - 4　Keccak 算法的海绵 Sponge 结构示意图

为了与 SHA - 2 算法兼容,SHA - 3 中也提出了 4 个 Hash 算法 Keccak224、Keccak256、Keccak384 和 Keccak512,可完全替换 SHA - 2。在以太坊系统的 PoW 共识算法中就使用了 Keccak256 哈希算法。

5.1.3　国密 SM3 算法

国密 SM3 算法是由中国国家密码管理局编制的一种哈希（杂凑）算法,功能与 SHA - 2 算法类似,并将逐步在国内商用密码应用领域替代 SHA - 2 算法。SM3 算法适用于商用密码应用中的数字签名和验证,消息认证码的生成与验证以及随机数的生成,可满足多种密码应用的安全需求。SM3 算法对输入长度小于 264 位（bit）的消息数据,经过填充和迭代压缩,生成长度为 256 位（bit）的哈希（杂凑）值,其中使用了异或、模、模加、移位、与、或、非运算,由填充过程、迭代过程、消息扩展和压缩函数所构成。

SM3 算法包括预处理、消息扩展和计算 Hash 值三部分。由于我国将商用密码技术列入国家秘密,SM3 算法的具体算法是不公开的,如果在开发中需要使用,可向国家密码管理行政主管部门进行申请。

在安全性方面,针对目前主要的碰撞攻击、原像攻击、区分器攻击等攻击方法,SM3 算法与 SHA256、Keccak256 等国际上主流哈希算法的对比结果如表 5 - 3 所示。

表 5 - 3　SM3/SHA256/Keccak256 哈希算法抗安全攻击结果对比

攻击方法	SM3	SHA256	Keccak256
碰撞攻击	31%	48.4%	20.8%
原像攻击	47%	70.3%	8%
区分器攻击	58%	73.4%	100%

从表 5-3 可知,SM3 算法的抗碰撞攻击和原像攻击的能力优于 SHA256 算法,略低于 Keccak256 算法;SM3 算法的抗区分器攻击能力与 SHA256 算法和 Keccak256 算法相比,具有明显的优势。因此,SM3 算法整体上具有更好的安全性。同时,SM3 算法在运算效率方面与 SHA256 算法相当。

5.2　公钥密码体制

1976 年,美国斯坦福大学的著名密码学家迪菲(W. Diffie)和赫尔曼(M. Hellman)在 IEEE Transactions on Information 刊物上发表了题目为《密码学新方向》(New Direction in Cryptography)的文章,首次提出了"非对称密码体制"(Asymmetric Cryptosystem),即"公开密钥密码体制"(Public-Key Cryptosystem),简称为"公钥密码体制",从而开创了密码学研究与应用的新方向。

公钥密码体系采用非对称加密算法,它使用两个独立的密钥,即公钥和私钥,使用任何一个来加密,都可以用另一个来解密。公钥是可以公开被任何人知道的,一般用于加密消息或者验证签名;私钥是只有拥有者独自知道的,一般用于解密消息和进行签名。

公钥密码体制由明文、加密算法、公钥与私钥、密文、解密算法等部分组成,可以构建两种基本的模型:加密模型和认证模型。

在加密模型中,发送方用接收方的公钥作为加密密钥,用接收方私钥作解密密钥,由于该私钥只有接收方拥有,因此即只有接收者才能解密密文得到明文。

在认证模型中,发送方用自己的私钥对消息进行签名。接收者用发送者的公钥对签名进行验证以确定签名是否有效。只有拥有私钥的发送者才能对消息产生有效的签名,任何人均可以用发送方的公钥来检验该签名的有效性。

5.2.1　非对称加密算法

公钥密码体制中要使用非对称加密算法,与非对称加密算法相对的是对称加密算法,如 DES、3DES、AES 等,加密和解密都使用同一个密钥,而非对称加密算法需要两个密钥:公钥(Public Key)和私钥(Private Key)。公钥与私钥是相生的一对,如果用公钥对数据进行加密,只有用对应的私钥才能解密。因为加密和解密使用的是两个不同的密钥,所以称为"非对称"加密算法。

非对称加密算法实现敏感信息加密保护交换的基本过程是:

(1)A 采用非对称加密算法生成一组公、私密钥队,并将公钥信息公开。

(2)B 使用 A 的公钥对需要向 A 发送信息进行加密,然后将密文发送给 A,由非对称加密算法保证 B 发给 A 的密文在没有 A 的私钥和现有的破解计算条件下,要解开密文的内容必须花费巨大的时间和成本代价,解开密文已变得没有意义。

(3)B 收到 A 发送的密文,再用 B 的私钥对密文进行解密,得到 A 发送的明文信息。

(4)B 如果要回复 A,使用 A 的公钥对数据进行加密,A 再使用自己的私钥来进行解密。

目前,应用最广泛的非对称加密算法包括 RSA 算法、ECC 椭圆曲线加密算法、ELGamal 算法等。

5.2.1.1　RSA 算法

1977 年,麻省理工学院的罗纳德·李维斯特(Ronald L. Rivest)、阿迪·萨莫尔(Adi Shamir)和伦纳德·阿德曼(Leonard Adleman)共同提出了一种非对称加密算法——RSA 算法,该算法是用三人姓氏开头字母组合来命名。

RSA 算法的数学理论是大素数的因子分解求解难题:大素数的乘积容易计算,如已知大素数 p、q,则很容易计算 $n=p \times q$;反之,已知 n,要将 n 因子分解为两个大素数的乘积却极其困难,因此可以将乘积公开作为公钥。

RSA 算法的简单描述如下:

(1)任意选取两个不同的大素数 p 和 q 计算乘积 $n=pq$,$\varphi(n)=(p-1)(q-1)$。

(2)任意选取一个大于 p 和 q 的素数 e,满足 $\gcd(e,\varphi(n))=1$,e 用作加密钥。

(3)确定的解密钥 d,满足 $(de)\bmod\varphi(n)$,即 $de=k\varphi(n)+1$,k 是一个任意的整数且 $k \geqslant 1$,因为已知 e 和 $\varphi(n)$,所以可以求出 d。

(4)公开整数 n 和 e,秘密保存 d。

(5)将明文 m($m<n$ 是一个整数)加密成密文 c,加密算法为 $c=E(m)=m^e\bmod n$。

(6)将密文 c 解密为明文 m,解密算法为 $m=D(c)=c^d\bmod n$。

从理论上,RSA 算法的破解难度与大素数分解难度等价,因此,RSA 算法的保密强度随其密钥的长度增加而增强。RSA 算法可选择 512 位(bit)、768 位(bit)、1024 位(bit)、2048 位(bit)等不同的密钥长度。512 位与 768 位长度的密钥长度一般被视为不安全,只用于研究与测试使用;1024 位与 2048 位长度的密钥被视为是安全的,是应用最多的 RSA 密钥长度。但是,RSA 算法的性能与密钥长度成反比,密钥长度越长,RSA 算法的性能就越低:RSA 密钥长度增长一倍,公钥操作所需时间增加约 4 倍,私钥操作所需时间增加约 8 倍,公私钥生成时间约增长 16 倍。

RSA 一次能加密的消息数据长度与公钥长度成正比,如采用 RSA 1024 位长度的公钥,一次能加密的内容长度也为 1024 位(128 字节),所以 RSA 算法一般都用于加密短消息(不超过 128 字节)或对称加密算法的密钥,而不是直接加密内容。

RSA 加密后生成的密文长度与公钥长度相同,如采用 RSA 2048 位长度的公钥,生成的密文固定为 2048 位(256 字节)。

在 Linux 操作系统中的 OpenSSL 工具库,提供了 RSA 公私钥创建与加密功能相关的命令,示例如下:

（1）创建一个 RSA 1024 位密钥对。

openssl genrsa -out test. key 1024

其中，-out 选项指定生成的密钥文件名，这个密钥文件包含了公钥和私钥，后面的 1024 是生成密钥的长度。

（2）从密钥文件中提取公钥。

openssl rsa -in test. key -pubout -out test_pub. key

其中，-in 选项指定输入的密钥文件，"test_pub. key"是指定提取生成公钥文件名。

（3）使用公钥加密文件。

openssl rsautl -encrypt -intest. txt -inkey test_pub. key -pubin -out test. en

其中，"test. txt"是准备加密的输入数据文件，-inkey 选项指定要使用的公钥，"test. en" 是指定加密后生成的密文文件名。

（4）使用私钥解密文件。

openssl rsautl -decrypt -intest. en -inkey test. key -out test. txt

其中，"test. en"是准备解密的密文数据文件，-inkey 选项指定要使用的密钥文件（含公私钥对），"test. txt"是指定解密后生成的文件名。

5.2.1.2　ECC 椭圆曲线加密算法

1985 年，科布利茨（Neal Koblitz）和米勒（Victor Miller）两位学者分别独立提出了 ECC （Elliptic Curve Cryptography）椭圆曲线加密算法相关理论。

ECC 算法的数学理论：有限域 $GF(p)$ 上椭圆曲线在解点构成有限交换群，且其阶与基域规模相近，设 P 和 Q 是椭圆曲线上的两个解点，t 为正整数，且 $1 \leqslant t < n$。对于给定的 P 和 t，计算 $tP=Q$ 是容易的，但若已知 P 和 Q 点，要计算出 t 则是极困难的。

ECC 算法的简单描述如下：

（1）假设 p 是大于 3 的素数，且 $4a^3+27b^2 \neq 0 \bmod p$，则 $y^2=x^3+ax+b,a,b \in GF(p)$ 为有限域 $GF(p)$ 上的椭圆曲线方程，其解为一个二元组 $(x,y),x,y \in GF(p)$，在椭圆曲线上是一个点，称其为解点。

（2）在有限域 $GF(p)$ 上，一条椭圆曲线 $E(x,y)$ 的解点是由全体解 (x,y)，再加上一个无穷远点 $O(\infty,\infty)$ 构成的集合，记为：$E = \{(x,y) \mid Y^2+aXY+bY = X^3+cX^2+dX+e\} \cup \{O\}$。

（3）如果 P,Q 是椭圆曲线 E 上两点，$P=(x_1,y_1),Q=(x_2,y_2) \in E(F_p)$，且 $P+Q=(x_3, y_3),P \neq -Q$，则有

$$\lambda = \begin{cases} \dfrac{y_2-y_1}{x_2-x_1} & \text{if} \quad P \neq Q \\ \dfrac{3x_1^2+a}{2y_1} & \text{if} \quad P = Q \end{cases}$$

$$x_3 = \lambda^2-x_1-x_2$$

$$y_3 = \lambda(x_1 - x_3) - y_1$$

（4）如果椭圆曲线 E 上一点 P，存在最小的正整数 n，使得数乘 $nP = O$，则将 n 称为 P 的阶，其中 $nP = P + P + \cdots + P$（n 个 P 相加）。

（5）素数 p，椭圆曲线方程 E，点 P 和阶 n 构成椭圆曲线公开参数组 (p, E, P, n)，则私钥是在区间 $[1, n-1]$ 内随机选择的正整数 d，相应的公钥是 $Q = dP$。

（6）将明文 m 加密成密文 c，加密过程为：将明文 m 编码到 E 上一点 M，并生成一个随机数 r（$r < n$），计算点 $C_1 = M + rQ, C_2 = rP$，则密文 $c = \{C_1, C_2\}$。

（7）将密文 c 解密为明文 m，解密过程为：计算 $C_1 - dC_2$，得到点 M，再对点 M 进行解码就得到明文 m。

前面已经介绍过，RSA 算法的密钥长度至少要 1024 位以上，才能达到足够的安全保证。与 RSA 算法相比，ECC 算法只需要使用 160 位长度的密钥，就可以达到 RSA 1024 位密钥相当的加密安全等级，且运算速度也较快。

5.2.2 数字签名技术

数字签名，在多数应用场景中也称为电子签名。《中华人民共和国电子签名法》对电子签名做了明确定义："本法所称电子签名，是指数据电文中以电子形式所含、所附用于识别签名人身份并表明签名人认可其中内容的数据。"本质上，数字签名是通过一个哈希（散列）函数对要传送的消息进行处理而得到的用来认证消息来源，并核实消息内容是否发生变化的一个字符数字串。数字签名技术基于公钥密码体制，把公钥密码体制与信息摘要技术相结合，是非对称加密算法的重要应用之一。

5.2.2.1 数字签名的类型

数字签名技术具有多种分类角度，包括但不限于以下分类方法：

（1）根据数字签名基于数学问题的不同，可以将数字签名分为基于素因子分解问题的数字签名、基于离散对数问题的数字签名、将前二者结合的混合数字签名。

（2）根据数字签名所采用的公钥密码体制，可以将数字签名分为基于 RSA 的数字签名、基于 DSA 的数字签名、基于椭圆曲线 ECDSA 的数字签名。

（3）根据数字签名的用户数量的不同，可以将数字签名分为基于单个用户签名的数字签名、基于多个用户签名的数字签名。

（4）根据数字签名具有的恢复特性的不同，可以将数字签名分为不具有自动恢复特性的数字签名、具有消息自动恢复特性的数字签名。

5.2.2.2 数字签名的作用

数字签名能鉴别当事人的身份，起到了与手写签名或盖章相同的作用，能够识别信息在发送过程中是否被篡改，可以有效解决伪造、抵赖、冒充和篡改问题。数字签名是保障网络信息安全的重要技术手段，可广泛用于身份认证、电子商务、数字化交易、电子合同、电子签章等领域,在区块链系统中主要用于节点与账户的身份认证,保证交易的安全性,保障区块链中信息不可否认性。

5.2.2.3　数字签名与验证过程

数字签名与验证涉及发送方与接收方,算法主要过程如下:

(1)消息的发送方使用哈希函数对被发送的消息内容生成一个信息摘要,再使用发送方的私钥对这个消息摘要进行加密,形成发送方的"数字签名"。

(2)发送方将数字签名作为附件,与消息一起发送给接收方。

(3)接收方使用发送方的公钥对收到的数字签名(被加密的信息摘要)进行解密。

(4)接收方使用与发送方相同的哈希函数,对收到的消息内容再生成一个信息摘要。

(5)接收方将解密后的发送方的数字签名信息与重新生成的信息摘要进行对比,如果完全一样,则验证通过。

数字签名与验证过程示意如图 5-5 所示。

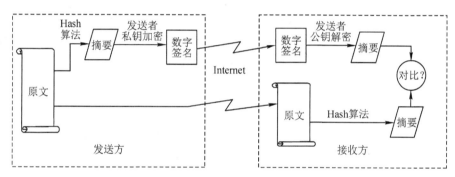

图 5-5　数字签名与验证过程示意

5.2.3　PKI 公钥基础设施

PKI(Public Key Infrastructure)公钥基础设施是利用公钥密码体制和技术建立的提供安全服务的通用基础设施,是创建、颁发、管理、注销公钥证书相关的所有软、硬件的集合体。PKI 的主要任务是在开放环境中提供基于非对称密加密技术的一系列安全服务,包括数字证书和密钥的全生命周期管理、身份认证及数字签名,等等。

在特定安全域内,PKI 提供对加密密钥的管理(包括密钥更新、钥恢复和密钥委托等),X.509 证书的创建、发布与撤销管理,以及策略管理等。同时,PKI 也允许一个组织通过证书级别或直接交叉认证等方式来同其他安全域建立信任关系,这些信任关系不能局限于独立的网络之内,而应建立在网络之间和互联网之上。

5.2.3.1　PKI 系统架构

一个典型的 PKI 系统架构如图 5-6 所示,包括 PKI 安全策略、软硬件系统、证书机构 CA、注册机构 RA、证书发布系统等组成部分。

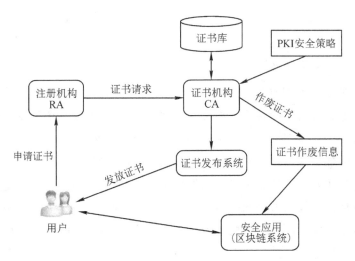

图 5-6　PKI 公钥基础设施系统架构示意图

（1）PKI 安全策略。PKI 安全策略建立和定义了一个组织信息安全方面的指导方针,同时也定义了密码系统使用的处理方法和原则。PKI 安全策略主要有证书策略和证书操作证明（Certificate Practice Statement,CPS）等两类,其中 CPS 主要用于约定 CA 是如何建立和运作的,证书是如何发行、接收和废除的,密钥是如何产生、注册的,以及密钥是如何存储的,用户是如何得到证书的等内容。

（2）证书机构 CA。证书机构 CA 是 PKI 的核心功能组件,负责管理公钥的整个生命周期,其作用包括:发放证书、规定证书的有效期和通过发布证书废除列表（CRL）确保必要时可以废除证书。

（3）注册机构 RA。注册机构 RA 是 CA 与用户之间的服务接口,RA 获取并认证用户的身份,并向 CA 提出证书请求。RA 主要完成用户身份审核、CRL 管理、密钥产生和密钥对备份等。一般情况下,注册管理一般由一个独立的注册机构 RA 来负责,RA 接收用户的注册申请,审查用户的申请资格,并决定是否给其签发数字证书。注册机构 RA 不能给用户签发证书,而只是对用户进行资格审查。但是,对于一个规模较小的 PKI 系统,可把注册管理的功能由 CA 一起完成,而不单独设立 RA。

（4）证书发布系统。证书发布系统负责证书的发放,一般通过 LDAP 目录服务发布证书。

5.2.3.2　PKI 相关标准

PKI 是一种重要的安全基础服务平台,能够为所有的网络应用提供加密和数字签名等安全服务及所需要的密钥和证书管理体系,因此 PKI 必须具有互操作性的结构化和标准化技术,PKI 相关的核心国际标准包括:ASN.1 基本编码规则的规范、X.500 目录服务系统标准、LDAP 轻量级目录访问协议、X.509 数字证书标准、OCSP 在线证书状态协议、PKCS 公钥密码标准等。

（1）ASN.1 基本编码规则的规范。

ASN.1 抽象语法标记（Abstract Syntax Notation One）是 ISO/ITU-T 标准，描述了一种对数据进行表示、编码、传输和解码的数据格式，以一种独立于计算机架构和语言的方式来描述数据结构。ASN.1 有两部分：第一部分 ISO 8824/ITU X.208 描述信息内的数据语法，包括数据类型及序列格式；第二部分 ISO8825/ITU X.209 描述数据的基本编码规则，如何将各部分数据组成消息。这两个协议除了在 PKI 体系中被应用外，还被广泛应用于通信和计算机的其他领域。

（2）X.500 目录服务系统标准。

X.500 是国际电报电话咨询委员会（CCITT）在 1988 年制定的关于目录服务系统的国际标准。X.500 目录服务系统提供标准的访问协议和数据组织与检索规则，可以为其他应用系统提供类似于电话号码薄的查询服务，如查询某人的地址、电话号码、邮编、工作单位等信息。从本质上，X.500 目录服务系统包含了一个数据库，并提供对该数据库的访问接口。X.500 目录服务系统可将用户感兴趣的信息抽象为对象（Object）的概念，对象可以是可命名的任何事务，如国家、政府机构、企业单位、个人，甚至到一台设备、一个数字证书等。一个对象实例可以用 X.500 目录服务系统的一条记录（Entry）来表示，记录可以包含若干属性（Attribute），属性用于描述对象的各种特性，如人的姓名、性别、身份证号、电话号码、系统登录账号等。

在 PKI 体系中，X.500 目录服务系统用于唯一标识与数字证书相关实体对象，如国家、地区、单位、部门、个人用户或一台设备。

（3）LDAP 轻量级目录访问协议。

LDAP 轻量级目录访问协议（RFCl487）简化了复杂的 X.500 目录访问协议，并且在功能性、数据表示、编码和传输方面部进行了相应的修改。LDAP V3 已经在 PKI 体系中被广泛应用于证书信息发布、CRL 信息发布以及与信息发布相关的各个方面。

（4）X.509 数字证书标准。

其中 X.500 和 X.509 是安全认证系统的核心标准，X.500 定义了一种对象命名规则，以命名树来确保用户名称的唯一性；X.509 则为 X.500 用户名称提供了通信实体鉴别机制，并规定了实体鉴别过程中广泛适用的证书语法和数据接口，称为 X.509 数字证书。

X.509 最初版本公布于 1988 年，最新的 V3 版本的建议稿于 1994 年公布，在 1995 年获得批准。X.509 证书由用户公共密钥与用户标识符组成，此外还包括版本号、证书序列号、CA 标识符、签名算法标识、签发者名称、证书有效期等。X.509 V3 版本是针对包含扩展信息的数字证书，提供一个扩展字段，以提供更多的灵活性及特殊环境下所需的信息传送。

（5）OCSP 在线证书状态协议。

OCSP（Online Certificate Status Protocol）在线证书状态协议是 IETF 颁布的用于检查数字证书在某一交易时刻是否仍然有效的标准。OCSP 协议主要用于替代 PKI 系统早期使用的证书注销列表（CRL）。

(6)PKCS 公钥密码标准。

PKCS(The Public-Key Cryptography Standards)公钥密码标准是由美国 RSA 数据安全公司及其合作伙伴制定的一组公钥密码学标准,其中包括证书申请、证书更新、证书作废表发布、扩展证书内容以及数字签名、数字信封的格式等方面的一系列相关协议,具体内容包括:

PKCS#1:定义 RSA 公开密钥算法加密和签名机制,主要用于组织 PKCS#7 中所描述的数字签名和数字信封。

PKCS#3:定义 Diffie-Hellman 密钥交换协议。

PKCS#5:描述一种利用从口令派生出来的安全密钥加密字符串的方法。使用 MD2 或 MD5 从口令中派生密钥,并采用 DES-CBC 模式加密。其主要用于加密从一个计算机传送到另一个计算机的私人密钥,不能用于加密消息。

PKCS#6:描述了公钥证书的标准语法,主要描述 X.509 证书的扩展格式。

PKCS#7:定义一种通用的消息语法,包括数字签名和加密等用于增强的加密机制,PKCS#7 与 PEM 兼容,所以不需其他密码操作,就可以将加密的消息转换成 PEM 消息。

PKCS#8:描述私有密钥信息格式,该信息包括公开密钥算法的私有密钥以及可选的属性集等。

PKCS#9:定义一些用于 PKCS#6 证书扩展、PKCS#7 数字签名和 PKCS#8 私钥加密信息的属性类型。

PKCS#10:描述证书请求语法。

PKCS#11:定义了一套独立于技术的程序设计接口,用于智能卡和 PCMCIA 卡之类的加密设备。

PKCS#12:描述个人信息交换语法标准。其描述了将用户公钥、私钥、证书和其他相关信息打包的语法。

PKCS#13:椭圆曲线密码体制标准。

PKCS#14:伪随机数生成标准。

PKCS#15:密码令牌信息格式标准。

5.3　默克尔树

默克尔树(Merkle Tree)又称为"哈希树",是由美国计算机学家默克尔(Merkle)于 1979 年提出的一种用哈希指针建立的数据结构,常常用来检验数据的完整性。默克尔树可以是二叉树也可以是多叉树。默克尔树可以看作哈希列表(Hash List)的泛化形态,哈希列表可以看作一种特殊的默克尔树,即树高为2的多叉默克尔树。

在默克尔树中,每个最底层的叶子节点代表需要进行完整性验证的数据项的哈希值,叶子节点的上一级父节点的值,是将该节点所有子节点的哈希值做字符串连接后,再进行哈希计算得到的哈希值,以此类推,直到默克尔树的根节点。如图5-7所示的默克尔树中,有4个叶子节点,对应的哈希值分别是hash1、hash2、hash3和hash4,将这个4个叶子节点也标注为hash1节点、hash2节点、hash3节点和hash4节点。根据默克尔树的构造要求,hash1节点与hash2节点的上一级父节点hash12,对应的值就是hash1节点的哈希值字符串连接hash1节点的哈希值得到的字符串,再进行哈希计算后得到的哈希值hash12;同理,可计算hash3节点与hash4节点的上一级父节点hash34对应的哈希值;最后,再通过hash12节点与hash34节点计算出默克尔树根(Merkle Root)对应的哈希值。

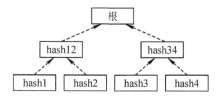

图5-7　默克尔树结构示意图

如果默克尔树某一层的节点数是奇数,那最后必然出现一个单身节点,遇到这种情况可将单身节点直接进行哈希计算,得到上一级父节点的哈希值,如图5-8所示。

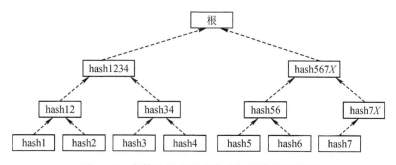

图5-8　奇数叶子节点的默克尔树结构示意图

默克尔树对于叶子节点表示的数据完整性的检验十分方便,任何一个叶子节点对应的数据被细微修改,都会导致默克尔树根的哈希值发生敏感变化。在比特币系统的区块链中,每个区块的区块体中都含有一颗由该区块所打包的全部交易的哈希值构造的默克尔树根,默克尔树根的值存储于区块头中。当有恶意节点想篡改一个区块中包含的交易信息时,通过区块头中包含的默克尔树根的哈希值可以快速地验证与发现区块异常。

5.4　默克尔帕特里夏树

5.4.1　前缀树

前缀树(Trie)又称为字典树,是一种有序多叉树,可用于存储大量的字符串,实现对字符串的快速排序与统计。前缀树的核心思想是用空间换时间,利用字符串的公共前缀来减少查询时间,最大限度地减少无谓的字符串比较。

在前缀树中,根节点值为空,不表示任何字符。除根节点外每一个节点都只包含一个字符;从根节点到某一节点,路径上经过的字符连接起来,为该节点对应的字符串;每个节点的所有子节点表示的字符都不相同。

前缀树常用于保存和查找键值对 <key, value> 数据,key 值为字符串,代表着从根节点到对应 value 的一条路径,value 必须存储在叶子节点中,也是每条路径的最后一个节点。前缀树的节点在树中的位置由 key 值的内容决定,可理解为前缀树的 key 值被编码在根节点到 value 对应的叶子节点的路径中,如图 5 - 9 所示有 6 个叶子节点,则其 key 值分别为 too、tea、ted、ten、am、inn。

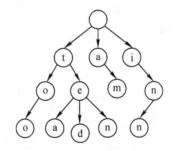

图 5 - 9　前缀树(Trie)结构示意图

前缀树的插入和查找操作的时间复杂度都是 $O(n)$,n 是插入或查询字符串的长度。但是,当向前缀树插入一个很长的字符串,而树中没有与该字符串相同前缀的分支时,就需要创建很多层非叶子节点来构建根节点到该节点间的路径,造成存储空间的较大浪费。

5.4.2　压缩前缀树

压缩前缀树(Patricia Trie),又称为基数树,是一种对前缀树进行改进后的数据结构。与前缀树相似,被保存进压缩前缀树的键值对 <key, value> 数据中,key 值也是通过树根到达相应节点的实际路径值,实际的 value 值存储在叶子节点中,叶子节点终止了从树根出发的每个路径。假设 key 是包含 n 个字符的字符串,则前缀树中的每个节点最多可以有 n 个子级,并且树的最大深度是 key 字符串的最大长度。为了提高树的存储与查询效率,压缩前缀树对路径上节点进行压缩优化,具体方法是对于树中的每个节点,如果该节点是其上一级父节点的唯一的子节点,就将该节点与其父节点合并,如图 5-10 所示。

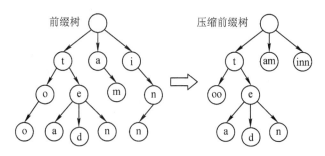

图 5-10　压缩前缀树结构示意图

5.4.3　MPT 树

默克尔帕特里夏树(Merkle Patricia Tire),简称为 MPT 树,又称为"默克尔压缩前缀树",融合了默克尔树(Merkle Tire)和压缩前缀树(Patricia Trie)两种树型结构的特点,是一种基于密码学的具备自校验防篡改的数据结构,常常用来存储键值对 <key,value> 关系。在效率方面,MPT 树的插入、查找、删除的时间复杂度都是 $O[\log(n)]$,n 是插入、查询或删除的键 key 字符串的长度。

5.4.3.1　MPT 树的节点

在 MPT 树种,节点可以分为叶子节点、扩展节点、分支节点、空节点等几种类型。

(1)叶子节点(LeafNode):该节点可以包含 Type、Key、Value 等属性,Type 属性用来描述节点类型,Key 属性用于表示被插入 MPT 树的键值对 <key,value> 中 key 值字符串的压缩前缀(与压缩前缀树相同),Value 属性用来表示实际的 value 值。

(2)扩展节点(ExtensionNode):该节点属性与叶子节点相似,但是 Value 属性用来表示子节点的哈希值索引,并且扩展节点的子节点只能是分支节点。

(3)分支节点(BranchNode):该节点可以包含 Type、BranchList、Value 等属性,用来表示父扩展节点的子节点,分支节点至少包含一个扩展节点或叶子节点作为子节点。Type 属性用来描述节点类型,BranchList 属性一个长度为 16 的列表(List),列表中的 16 个元素分别对应 16 个十六进制字符"0、1、2、3、4、5、6、7、8、9、a、b、c、d、e、f",每个元素表示 key 值字符串的压缩前缀的最后一个字符,每个元素的值用来表示一个子节点的哈希值索引。如果一个 key 值字符串路径正好在这个分支节点终止,那么 Value 属性用来表示实际的 value 值,否则 Value 属性为空。

(4)空节点(NullNode):用来表示一个空字符串。

MPT 树节点类型示意如图 5-11 所示。

图 5-11　MPT 树节点类型示意图

5.4.3.2　MPT 树的 key 编码规则

在 MPT 树中,对于需要保存进 MPT 树的键值对＜key,value＞中的 key 值会涉及 Raw 原生字符编码(简称 Raw 编码)、Hex 扩展十六进制编码(简称 Hex 编码)和 HP 十六进制前缀编码(简称 HP 编码)等三种编码规则。

(1)Raw 编码是 MPT 树相关插入、查找、删除等访问接口中使用的 key 编码方式,当 key 数据被插入到内存 MPT 树中时,Raw 编码将被转换成 Hex 编码。Raw 编码对 key 值不做任何改变,将 key 值中的字符按顺序转换为 ASCII 编码表示。例如,key1 为字符串"5b3edb",其 Raw 编码就是{'5','b','3','e','d','b' },对应的 ASCII 编码表示为{53,98,51,101,100,98}。

(2)Hex 编码是 MPT 树在内存中构建和存取访问时,对 key 使用的编码方式,当 MPT 树节点被写入持久化存储系统(如 LevelDB 数据库)时,Hex 编码将被转换成 HP 编码。Hex 编码是在 Raw 编码的结果基础上,将 Raw 编码的每个 ASCII 字符,根据高 4 位、低 4 位拆成两个字节,其中一个字节的低 4 位是原字节的高四位,另一个字节的低 4 位是原数据的低 4 位,高 4 位都补 0。例如,key1 的 Raw 编码的第一个字符'5'对应的 ASCII 编码 53 的二进制表示为 0011 0101,按照高、低 4 位拆分为两个字节对应的十六进制表示为 3 和 5,因此 key 的 Hex 编码表示为 {3,5,6,2,3,3,6,5,6,4,6,2 }。经过 Hex 编码后,key 可以使用一个字节数组来存放,数组的长度就是 key 的长度。Hex 编码将 MPT 树中分支节点的最大分支个数减少到了 16 个。

(3)HP 编码用于在 MPT 树持久化存储系统中对 key 进行编码,当 MPT 树被加载到内存时,HP 编码将被转换成 Hex 编码。HP 编码是在 Hex 编码的基础上,对 key 增加一个附加有用信息的前缀,并对 key 值的存储空间容量进行压缩,HP 编码转换规则如下:

①如果 key 的长度为奇数且 key 对应节点是叶子节点,则在 key 之间增加半个字节(4 bits)的前缀,二进制表示为 0011;

②如果 key 的长度为奇数,但是 key 对应节点是非叶子节点,则在 key 之间增加半个字节(4 bits)的前缀,二进制表示为 0001;

③如果 key 的长度为偶数且 key 对应节点是叶子节点,则在 key 之间增加一个字节(8 bits)的前缀,二进制表示为 00100000;

④如果 key 的长度为偶数,但是 key 对应节点是非叶子节点,则在 key 之间增加一个字节(8 bits),二进制表示为 00000000;

⑤将经过步骤①—④添加前缀信息后 key 进行压缩,使用 Hex 编码的逆过程,得到 key 的 HP 编码结果。

例如,key1 的 Hex 编码为{3,5,6,2,3,3,6,5,6,4,6,2 },长度为 12,如果 key1 对应的节点是叶子节点,则 key1 的 HP 编码为{32,53,98,51,101,100,98};如果 key1 对应的节点是非叶子节点,则 key1 的 HP 编码为{0,53,98,51,101,100,98}。

MPT 树中 key 值编码转移示意如图 5 - 12 所示。

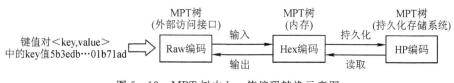

图 5 - 12　MPT 树中 key 值编码转换示意图

5.4.3.3　MPT 树 的 结 构

在 MPT 树中,根节点一般采用扩展节点,扩展节点的子节点只能一个分支节点,分支节点的子节点可以是多个分支节点、扩展节点或叶子节点。下面通过一组键值对 <key, value> 示例数据构建一棵 MPT 树,来进一步说明 MPT 树的具体结构特点。

键值对<key, value> 示例数据描述了一组人员姓名及对应的年龄,如表 5 - 4 所示。

表 5 - 4　MPT 树键值对示例数据

<key, value>	key	key 的 Raw 编码	key 的 Hex 编码
<Mike, 29>	Mike	77,105,107,101	4,0,6,9,6,b,6,5
<Mary, 25>	Mary	77,97,114,121	4,0,6,1,7,2,7,9
<Mohan, 45>	Mohan	77,111,104,97,110	4,0,6,f,6,8,6,1,6,e
<Matt, 35>	Matt	77,97,116,116	4,0,6,1,7,4,7,4
<Mario, 15>	Mario	77,97,114,105,111	4,0,6,1,7,2,6,9,6,f

为了保存示例键值对<key, value> 数据而构建的 MPT 树如图 5 - 13 所示。从 MPT 树的根节点出发,根节点采用的是扩展节点类型,根节点的 Key 属性为多个 key 值 Hex 编码的公共前缀"4,0,6",Value 属性指向下一个分支节点;根节点的子分支节点列表的元素对应所有 key 的第三个字符,其中元素"9"和"f"指向两个叶子节点,元素"9"指向的叶子节点的 key 为"4,0,6,9,6,b,6,5"的剩余后缀"6,b,6,5",Value 属性为实际 value 值的"29";元素"f"指向的叶子节点的 key 为"4,0,6,f,6,8,6,1,6,e"的剩余后缀"6,8,6,1,6,e",Value 属性为实际 value 值的"45";元素"1"指向下一个扩展节点。扩展节点的 Key 属性为剩余 3 个 key 的公共前缀"7",Value 属性指向下一个分支节点;倒数第 2 个分支节点列表的元素对

应所有 key 的第六个字符,其中元素"2"指向下一个分支节点,元素"4"指向的叶子节点 key
为"4,0,6,1,7,4,7,4"的剩余后缀"7,4",Value 属性为实际 value 值的"35"。最后一个分支
节点列表的元素对应剩余两个 key 的第 7 个字符,其中元素"6"和"7"指向两个叶子节点,元
素"6"指向的叶子节点的 key 为"4,0,6,1,7,2,6,9,6,f"的剩余后缀"9,6,f",Value 属性为
实际 value 值的"15";元素"7"指向的叶子节点的 key 为"4,0,6,1,7,2,7,9"的剩余后缀"9",
Value 属性为实际 value 值的"25"。

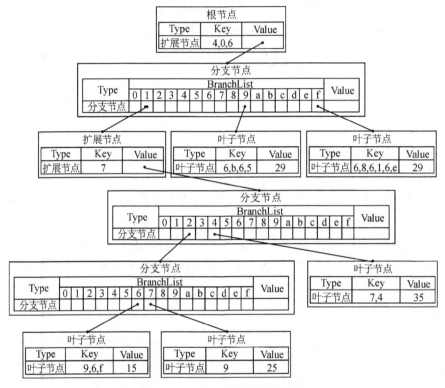

图 5-13　MPT 树结构示意图

本 章 小 结

　　通过对本章内容的学习,读者应该全面了解区块链系统相关的信息安全基础技术原理,
深入理解区块链系统共识机制紧密相关的哈希算法、加密算法、数字签名、公钥机制等密码
学原理,掌握在比特币、以太坊等区块链系统中使用的默克尔树、默克尔帕特里夏树等具备
数据完整性校验与防篡改特性的数据结构。

练习题

(一)填空题

1. MD5 信息摘要算法输出的密文信息摘要长度是_____字节。

2. SHA－1 安全哈希算法输出的密文信息摘要长度是_____字节。

3. 国密 SM3 算法输出的密文信息摘要长度是_____字节。

4. RSA 算法密钥长度越长,性能就越低。RSA 密钥长度增长一倍,公私钥生成时间约增长_____倍。

5. 根据数字签名基于数学问题的不同,可以将数字签名分为基于_____问题的数字签名、基于_____问题的数字签名、将前二者结合的混合数字签名。

6. 典型的 PKI 系统架构包括_____、_____、PKI 策略、证书发布系统、软硬件系统等部分组成。

7. 前缀树(Trie)的插入和查找操作的时间复杂度都是_____。

8. 已知 Key 为字符串"Beijing",其对应的 Raw 编码为_____,Hex 编码为_____。

(二)选择题

1. MD5 信息摘要算法对输入的明文信息长度的要求是(   )。

A. 无限制长度   B. 不超过 2^{64} 字节   C. 不超过 2^{64} bit 位   D. 不超过 2^{64} 字符

2. SHA－2 算法对输入的明文信息长度的要求是(   )。

A. 无限制长度   B. 不超过 2^{64} 字节   C. 不超过 2^{64} bit 位   D. 不超过 2^{64} 字符

3. Keccak 算法输出的密文信息摘要长度是(   )。

A. 256 位   B. 384 位   C. 512 位   D. 可变长度

4. 在下列算法中,属于非对称加密算法的是(   )。

A. DES   B. AES   C. RSA   D. 3DES

5. RSA 算法密钥长度越长,性能就越低。RSA 密钥长度增长一倍,公钥操作所需时间增加约(   )倍。

A. 2   B. 4   C. 6   D. 8

6. RSA 算法密钥长度越长,性能就越低。RSA 密钥长度增长一倍,私钥操作所需时间增加约(   )倍。

A. 2   B. 4   C. 6   D. 8

7. 根据数字签名所采用的公钥密码体制,可以将数字签名分为不同类型,下面类型不正确的是(   )。

A. 基于 RSA 的数字签名　　　　　B. 基于 DSA 的数字签名

C. 基于椭圆曲线 ECDSA 的数字签名　　D. 基于 DES 的数字签名

8. MPT 树的插入、查找、删除的时间复杂度都是(　　)。

A. $O(n)$　　　　B. $O(\log(n))$　　　　C. $O(n2)$　　　　D. $O(1/n)$

(三)简答题

1. 请简述什么是公钥密码体制。

2. 请简述非对称加密算法实现敏感信息加密保护交换的基本过程。

3. 请简述什么是数字签名。

4. 请简要分析数字签名的作用。

第六章　区块链共识机制

区块链系统本质上是通过全局的、不可篡改的分布式账本按照时间先后顺序来记录所有引起系统状态发生改变的事务数据。由于区块链系统是一个分布式系统,不同网络节点在同一时刻,可能会同时发起交易、生成区块、更新账本数据。同时,区块链系统不存在中心节点,分布式账本的数据被分散保存在区块链网络的数量众多的节点中,由于各个节点的自身状态和所处网络环境不尽相同,而交易信息的传递又需要时间,并且消息传递本身不可靠,因此,每个节点接收到的需要记录的交易内容和顺序也难以保持一致。对于比特币、以太坊等公有链系统,情况将更加复杂,由于区块链中参与节点的身份没有限制,极有可能会出现恶意节点故意破坏消息传递,或者发送被篡改的信息给不同节点,通过攻击区块链系统从中获利。因此,区块链系统的共识问题,或者说账本数据一致性问题,是关系着整个区块链系统的正确性和安全性的关键问题。

本章将进一步从区块链共识机制的基本原理与问题入手,详细介绍分布式系统的共识算法分类以及相关的算法原理,并重点阐述目前在区块链系统中主要使用的 PoW、PoS、PBFT、Raft 等共识算法。

6.1　共识基本原理与问题

区块链系统是一个分布式系统,通过全局的、不可篡改的分布式账本按照时间先后顺序来记录所有引起系统状态发生改变的事务数据。作为一个分布式系统,区块链系统首先必须考虑和解决的就是数据一致性问题,即在区块链系统的分布式账本中,如何确保分散存储于多个不同网络节点的账本数据在任意时刻都是一致与可信的,不会发生数据冲突与错误,这就涉及分布式系统的一致性问题。

需要注意的是,在分布式系统中,各个节点数据的一致性与节点数据的可信性并不是一个问题,解决系统一致性问题并不一定能保证系统数据的正确可信,区块链共识机制的关键是需要同时解决好上述两个问题。分布式系统采用的数据中心化存储机制(如中心数据库),通过中心数据库的事务与读写访问控制机制容易实现系统数据的一致性。但是,在区块链系统的分布式环境中,则会存在很多不确定性困难,如节点之间的通信信道是不可靠的,会存在延时,节点会有故障甚至宕机。如果简单采用中心化串行同步方式来调用分散的节点,系统处理效率变得很低,就会失去分布式系统的优势。

为了有效解决分布式系统的一致性问题,国外大量学者进行了长期、深入的理论与应用研究,下面介绍两个分布式系统一致性相关的基本原理,即 FLP 定理和 CAP 定理。

6.1.1 FLP 定理

FLP 定理是由分布式计算领域的权威学者费希尔(Fischer)、林奇(Lynch)和帕特森(Patterson)于 1985 年在联合发表的论文"Impossibility of Distributed Consensus with one Faulty Process"中提出,FLP 也是分布式计算的基础理论之一,要研究分布式系统一致性问题首先必须正确理解 FLP 定理。

FLP 定理 1:在异步通信的分布式系统中,即使只有一个进程失败,也没有任何算法能保证非故障进程达到一致性。

FLP 定理假设的分布式系统模型如下:

(1)异步通信:异步通信与同步通信的最大区别是没有时钟、不能时间同步、不能使用超时、不能探测失败、消息可任意延迟、消息可乱序。

(2)通信健壮:只要进程非失败,消息虽会被无限延迟,但最终会被送达,且消息仅会被送达一次(无重复)。

(3)Fail-Stop 模型:进程失败如同宕机,不再处理任何消息,也不会产生错误消息。

(4)失败进程数量:最多只有一个进程失败或单节点宕机。

在上述分布式系统模型的基础上,FLP 定理还定义了与分布式系统相关的概念:

(1)进程(Process):分布式系统中的一个工作单元,可以对应区块链系统的一个节点。

(2)消息传递(Message Passing):在分布式系统中,每个进程都能进行本地运算,并可以向网络中的其他进程发送消息。

(3)消息丢失(Message Loss):在存在消息丢失的消息传递模式下,任何一条消息都不能保证可以安全到达消息的接收者。

(4)一致性(Agreement):所有进程必须做出相同决议。

(5)可终止性(Termination):非失败进程最终可做出选择。

(6)合法性(Validity):进程决议的值必须是其他进程提交的请求值。

(7)共识(Consensus):所有非失败进程达成共识,需要同时满足一致性、可终止性和有效性。

FLP 定理 2:假设在一个分布式系统中,绝大多数进程最初都是正常运行的,且没有进程在运行过程中发生故障,则一定存在一个部分正确的共识协议使所有非故障进程总是能达成一致决议。

要理解上述定理,首先要弄清安全性(Safety)与活性(Liveness)两种分布式系统特性概念。"安全性"是指当分布式系统中即使有节点发生故障时,也不会导致系统产生错误的数据结果。"活性"是指分布式系统中即使有节点发生故障时,系统也可以一直持续运行下去,不会发生系统瘫痪。

根据 FLP 定理,在异步通信网络上,不存在能容忍各种故障并保持一致的分布式系统,不存在能同时保证安全性与活性的一致性算法,但如果降低对安全性与活性的要求或者只保证其中一个,算法进入无法表决通过的无限死循环的概率是非常低的。例如后续要介绍的 Paxos 算法,该一致性算法主要考虑活性而弱化安全性,如果提高对安全性的要求,则可能会进入无法表决通过的死循环。

6.1.2 CAP 定理

CAP 定理最早由加利福尼亚大学(University of California)的计算机科学家埃里克·布鲁尔(Eric Brewer)提出设想,并于 2000 年在一次分布式计算原则研讨会(Symposium on Principles of Distributed Computing)上提出该猜想。2002 年,麻省理工学院(MIT)的林奇(Lynch)等对布鲁尔猜想进行了证明。CAP 定理也是分布式系统的一个基本定理。

CAP 定理:一个分布式系统不可能同时满足一致性、可用性、分区容错等三个特性,最多具有一致性、可用性、分区容错这三个特性中的两个。

CAP 定理的名称是其定义中给出的分布式系统的一致性(Consistency)、可用性(Availability)、分区容错性(Partition Tolerance)三个特性的英文首字母缩写,因此要理解 CAP 定理,首先要弄清一致性、可用性、分区容错等三个分布式系统特性的概念。

(1)一致性。在 CAP 定理中,分布式系统的一致性是指各节点的数据保证一致,即每次从任意节点写入数据后,后续其他节点都能读取到最新的数据。

(2)可用性。在 CAP 定理中,分布式系统的可用性是指每次向非故障的节点发送请求,总能保证收到响应数据。

根据 CAP 定理,分布式系统的一致性与可用性是存在矛盾的,要保证节点之间数据的一致性,就必须在节点之间同步数据,数据同步期间需要锁定,避免从其他节点读到脏数据,如果同时需要从其他节点执行读取操作,则可能读取失败或超时,降低了可用性。反之,如果要保证可用性,则不能在节点之间同步数据期间锁定,极有可能从其他节点读到脏数据,破坏了系统一致性。

(3)分区容错性。在 CAP 定理中,分布式系统的分区容错是指系统可以容忍不同节点之间消息传递存在延迟或丢失等错误,而不影响系统整体正常运行。

要注意的是,根据 CAP 定理,分区容错性是一个分布式系统必须满足的特性,而一致性与可用性特性可以二选一实现。

6.1.3　两军问题

两军问题及其无解性证明最早是由 E. A. Akkoyunlu、K. Ekanadham 和 R. V. Huber 于 1975 年在联合发表的论文《网络通信设计的约束与权衡》(Some Constraints and Trade-offs in the Design of Network Communications)中首次提出。1978 年,Jim Gray 在《数据库操作系统笔记》书中将这个问题正式命名为"两军问题"(Two Generals' Problem)。两军问题后来又被称为"两军悖论""两军难题""两军协同攻击问题"等,原本是用来分析在一个不可靠的通信链路上试图通过通信以达成一致是存在问题的,后来常被用于阐述分布式系统的一致性和共识问题。

6.1.3.1　问题定义

如图 6 - 1 所示,A 国的两支军队,分别由两个将军领导,正在准备攻击 B 国的一支军队。B 国的这支军队被包围在一个山谷里,A 国的两支军队 A1 和 A2 分别驻扎在山谷两边的山头上,但从 A1 驻扎地到 A2 驻扎地,只有唯一的一条山道,且必须经过山谷。同时,B 军的数量和作战能力比 A1 军和 A2 军的任意一支要强(A 军知道,B 军不知道),A 国的任意一支军队单独去进攻 B 军,都会被 B 军击败,从而让 B 军逃掉,但只要 A1 军与 A2 军联合攻击,就可以战胜 B 军。A1 军和 A2 军之间没有远程通信工具,只能派遣通信兵穿过 B 军驻扎的山谷,去联络另一支 A 国的军队,协商好联合进攻 B 国军队的时间与作战计划。但是,山谷被 B 军占据,A 国的通信兵在穿越山谷的过程中,很有可能被 B 军拦截抓获,消息不可能被送到 A 国的另一支军队,也可能 B 军抓获 A 国的通信兵后,派遣一名假冒的通信兵,向 A 国的另一支军队传递错误的消息。

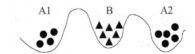

图 6 - 1　两军问题 A 国与 B 国军队部署示意图

问题:是否可以想出一种能让 A 国的两支军队的将军达成同时攻击约定的算法,该算法可包含发送和接收处理消息?

6.1.3.2　问题分析

假如 A 国 A1 军向 A2 军派出了通信兵,由于通信兵可能被 B 国军队拦截,如果 A1 要确认 A2 是否收到了联络信息,A1 必须要求 A2 也要派出通信兵,给 A1 一个回信"我已收到信息,同意某天某时某分发起进攻"。但是,即使 A2 已经派出了通信兵,A2 也不能确定 A1 一定会收到回信,因为 A2 派出的通信兵也可能被 B 国军队拦截。A1 收到 A2 的回信后,还必须再给 A2 发出一个回信"我已收到信息",同样,A1 也不知道 A2 是否能收到其回信,所以 A1 还会要求一个 A2 的再次回信。这个过程就是一个"无限循环",因为在 A1 或 A2 永远都需要对方发送一个确认回信。而且,如果 A1 或 A2 要考虑通信兵传达的信息是否被篡改因素,问题将变得更加复杂。由此可见,经典的两军问题是无解的,不存在一个能确保 A 国军队成功协商一致攻击 B 国的协议。

6.1.3.3 问题求解

两军问题是计算机通信系统或分布式系统中保证两个节点之间可信交互的重要问题,对于真实的网络环境,两军问题中通信兵可能被拦截或假冒传递错误消息,对应着网络节点彼此传输信息时可能出现数据包丢失、被监听或数据被篡改等现实情况。

虽然经典的两军问题是无解的,但是在一定容忍条件下,可以通过一种相对可靠的方式来解决大部分问题,例如 TCP 协议中两个节点 A 和 B 建立连接的"三次握手"机制。如图 6-2 所示,TCP 的"三次握手"机制中,A 先向 B 发出的连接请求中包含一个随机数 X;B 收到 A 的请求后,对随机数 X 加 1,再发给 A 的响应中包含另一个随机数 Y 与 X+1;A 收到 B 的响应后,如果包含 X+1 就确认是 B 返回的,因为要在很短的时间内破解随机数 X 的可能性并不大;A 再向 B 发回的响应中包含 Y+1,B 收到响应后确认是 A 返回的。这样,A 和 B 之间就可以建立一个可靠的 TCP 连接。

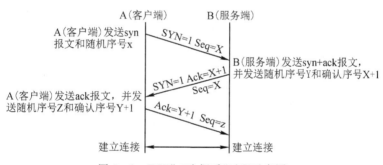

图 6-2　TCP"三次握手"过程示意图

事实上,A 并不会知道 B 是否收到了 Y+1,并且随机数 X 或 Y 都可能被截获而被篡改,因此,即使是 TCP 协议的"三次握手"机制,也并不能够完美解决两军问题,只是出于现实需求,常把 TCP 的"三次握手"机制当作两军问题的求解方法。

6.1.4 拜占庭将军问题

拜占庭将军问题是由 2013 年度图灵奖得主莱斯利·兰波特(Leslie Lamport)在 1982 年发表的论文《拜占庭将军问题》(The Byzantine Generals Problem)中首次提出。拜占庭将军问题描述了如何在存在恶意行为(如消息被篡改)的情况下实现分布式系统的一致性,该问题既是分布式系统领域最复杂的容错模型之一,也是我们理解分布式共识算法和协议的重要基础。

6.1.4.1 问题定义

拜占庭帝国的几支军队将敌城包围,每支军队都由一名将军指挥。拜占庭的军队之间只能通过通信兵相互传达消息。在观察敌情之后,根据敌城的军事力量,拜占庭将军们都得出相同的结论,只有超过半数的拜占庭军队共同发起进攻,才能攻破城池,取得胜利,因此,所有的拜占庭军队必须制定一个联合行动计划,要么共同进攻,要么共同撤退。但是,情报部门已经知道这些拜占庭军队的将军中存在叛徒,将试图破坏忠诚的将军们达成一致的联合行动计划。同时,虽然拜占庭军队的通信兵一定能不被敌方截获且确保送达消息,但是通信兵中也可能存在叛徒,可能在传信过程中篡改或伪造消息,也可能丢失消息。

问题:是否可以想出一种能让拜占庭帝国超过半数以上的军队的将军达成共同进攻或共同撤退约定的算法?

6.1.4.2　问题分析

在研究分析拜占庭将军问题的时候,有一个假定的前提,就是在拜占庭任意两支军队之间,通信兵能确保送达消息(但消息可能被篡改),否则问题无解,前面介绍的两军问题已证明。

下面先按最简单的三将军情形分析拜占庭将军问题,假设拜占庭帝国派出了三支军队,分别是 A 军、B 军和 C 军,其中 C 军的将军是叛徒,如图 6-5 所示。A 将军希望 B 军和 C 军共同进攻,因此,A 将军向 B 将军和 C 将军传达了共同进攻(Attack)的消息。B 将军希望 A 军和 C 军共同撤退,因此,B 将军向 A 将军和 C 将军传达了共同撤退(Retreat)的消息。由于 C 将军是叛徒,他要破坏 A 将军和 B 将军达成一致的联合行动计划,因此,C 将军向 A 将军和 B 将军传达了不同的消息。在这种情况下,A 将军收到两份撤退的消息,少数服从多数,最终决定作出共同撤退的行动计划;B 将军收到两份进攻的消息,少数服从多数,最终决定作出共同进攻的行动计划。最后的结果是,A 军撤退了,B 军发起进攻并战败。

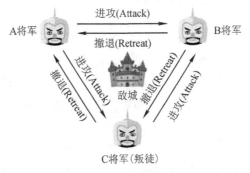

图 6-3　拜占庭将军问题示意图

如果将拜占庭问题中的攻城军队的将军数量对应为分布式系统的节点数量,可以将符合拜占庭问题条件的分布式系统称为"拜占庭系统",在拜占庭系统中任意两个节点之间的通信是保证可达的,综合上面对最简单的三将军情形分析,可以得出以下结论:

对于一个拜占庭系统,如果系统总节点数为 Z,表示叛变将军的不可靠节点数为 X,只有当 $Z \geqslant 3X+1$ 时,可由基于拜占庭容错(Byzantine Fault Tolerance,BFT)类算法的协议保证系统的一致性。

在实际的系统中,一般把由于系统故障导致节点不响应的情况归类为"非拜占庭错误(Crash Fault)",把节点伪造或篡改信息进行恶意响应的情况归类为"拜占庭错误(Byzantine Fault)"。

6.1.5　共识算法分类

区块链系统是一种分布式系统,特别是像比特币、以太坊等公有链系统,由大量高度分散且彼此不信任的网络节点构成,区块链共识机制就是以共识算法为核心,确保区块链系统就某个事物始终能达成数据一致且不产生分叉。目前,根据共识算法容错类型的不同,可以将共识算法分为非拜占庭容错类(Crash Fault Tolerance,CFT)算法和拜占庭容错类算法。

6.2　非拜占庭容错类共识算法

对于分布式系统,非拜占庭容错类共识算法能在节点发生系统故障或非计划停机等非拜占庭错误时,确保整个分布式系统的可靠性;但是,当系统中存在恶意节点伪造或篡改数据等行为时,非拜占庭容错算法无法保证系统的可靠性。因此,非拜占庭容错类共识算法主要用于实现封闭的、系统节点都受控的企业级分布式系统,如某企业构建的内部分布式应用集群系统或分布式存储系统。非拜占庭容错类共识算法中最有代表性的包括 Paxos 算法与 Raft 算法。

6.2.1　Paxos 算法

6.2.1.1　Paxos 算法的提出

基于网络的分布式系统中的节点通信一般采用消息传递模型。基于消息传递通信模型的分布式系统,不可避免地会发生以下可能破坏系统一致性的问题:系统节点可能会运行变慢、宕机、重启、掉线,消息可能会延迟、丢失、重复。一致性问题是分布式系统中最重要的问题之一,最典型的应用是容错处理,如何让所有节点对一个值达成一致。一致性问题的难点在于异步网络中的容错处理,需要保证在部分节点出现故障时整个系统能继续正确运行。因此,一种通用的一致性算法可以应用在许多场景中,是分布式计算中的重要问题。从 20 世纪 80 年代起,对于一致性算法的研究就没有停止过。

1990 年,莱斯利·兰伯特先后发表了"The Part-Time Parliament""Paxos Made Simple"等论文,正式提出一种基于消息传递的一致性算——Paxos 算法。为描述 Paxos 算法,莱斯利·兰伯特在论文中虚拟了一个叫作 Paxos 的希腊城邦,这个岛按照议会民主制的政治模式制定法律,但是没有人愿意将自己的全部时间和精力放在这种事情上。所以无论是议员、议长还是传递纸条的服务员,都不能承诺别人需要时一定会出现,也无法承诺批准决议或者传递消息的时间。但是这里假设没有拜占庭将军失败(Byzantine Failure),即虽然有可能一个消息被传递了两次,但是绝对不会出现错误的消息;只要等待足够的时间,消息就会被传到。另外,Paxos 岛上的议员是不会反对其他议员提出的决议的。对应于分布式系统,议员对应于各个节点,制定的法律对应于系统的状态。各个节点需要进入一个一致的状态,必须读到同样的一个值,否则系统就违背了一致性的要求。一致性要求对应于法律条文只能有一个版本。议员和服务员的不确定性对应于节点和消息传递通道的不可靠性。

Paxos 算法是基于消息传递且具有高度容错特性的一致性算法,是目前公认的解决分布式一致性问题最有效的算法之一,其解决的问题就是在分布式系统中如何就某个值(决议)达成一致。

6.2.1.2　Paxos 算法的原理

(1)节点角色划分。

Paxos 算法把一个分布式系统中节点划分为 3 种角色:Proposer(提出提案者)、Acceptor(接受提案者)和 Learner(学习决议者)。一个节点可以同时拥有多个角色。

Proposer(提出提案者):提出提案,提案信息包括提案编号 n 和提案内容 v。常常是分布式系统的发送消息数据的节点担任该角色。

Acceptor(接受提案者):收到并审批提案,若提案获得多数 Acceptor 的接受,则该提案被批准。常常是分布式系统接收消息数据的节点担任该角色,一般需要至少 3 个且节点个数为奇数,因为 Paxos 算法最终要产生一个大多数决策者都同意的提案。

Learner(学习决议者):被告知提案结果,并与之统一,不参与审批过程,执行被批准的提案中包含的提案内容。

(2)算法的前提。

前提 1:为了保证不出现一些不合法的命令序列,Paxos 算法运行的环境必须处在一个可靠的通信网络环境中。即使在异步通信过程中,发送的数据可能会丢失(Lost)、延迟(Delayed)或重复(Duplicated),但不会出现被篡改。

前提 2:Paxos 算法运行的环境不会出现拜占庭将军问题,即节点群在决定命令序列的过程中不存在恶意节点或受到病毒、黑客的影响的节点。

(3)算法描述。

一个 Paxos 算法实例的执行包括准备提案(Prepare)和提交提案(Commit)两个阶段,Paxos 算法流程如图 6-4 所示。

①准备提案阶段。

这一阶段 Proposer 节点达到两个目的,一是抢占访问权,二是获取历史提案信息。

Proposer 节点在提出一个提案前,首先要发送自己的提案编号 n 给所有的 Acceptor 节点。

如果 Acceptor 节点收到其提案编号 n 大于已经记录的提案编号 m,则 Acceptor 节点将

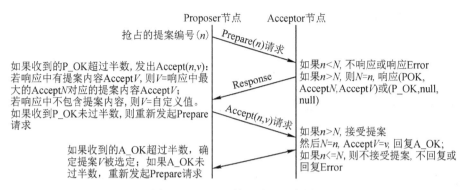

图 6-4　Paxos 算法流程示意图

自己上次批准的提案(最大提案编号及提案内容)回复给 Proposer 节点,如果 Acceptor 节点从未批准任何提案则回复空的提案内容给 Proposer 节点,并记录收到其提案编号 n(将 n 替换原来的 m);而且承诺不再接受或批准小于提案编号 n 的提案。此过程称之为"抢占访问权"。

如果 Acceptor 节点收到其提案编号 n 小于或等于它已经接受提案的编号,将自己上次批准的提案的编号及提案内容回复给 Proposer 节点,如果从未批准任何提案则回复最大提案的编号及空提案给 Proposer 节点。

Proposer 节点收到 Acceptor 节点的响应,可能存在抢占失败或抢占成功两种情况:

如果 Proposer 节点收到超半数以上的 Acceptor 节点回复的提案编号要大于自己发送的提案编号,则抢占失败。又具体可以分为以下三种情况:

a)如果 Proposer 节点收到全部 Acceptor 节点回复的多数提案内容为空,则将收到的最大提案编号递增一,将"$m+1$"重新发送给 Acceptor 节点。

b)如果 Proposer 节点收到 Acceptor 节点回复的提案内容多数不为空且内容不相同,则从收到的提案内容不为空的提案中,取最大提案编号 x,并将最大提案编号 x 递增一即 $x+1$,将自己的提案内容置为提案编号 $x+1$ 的提案内容,然后将"$x+1$"重新发送给 Acceptor 节点。

c)如果 Proposer 节点收到 Acceptor 节点回复的提案内容多数不为空且内容一样,则说明此时多数 Acceptor 节点已经形成一个确定的一致决议案,那么返回给 Proposer 节点此决议案。

上述 b 和 c 两种情况统一称为"获取历史提案信息"。

如果 Proposer 节点收到超半数以上 Acceptor 节点的回复的提案编号等于自己发送的提案编号,则抢占成功。这时 Proposer 节点就可以进入下一个"提交提案"阶段。

②提交提案阶段。

Proposer 节点将抢占的提案编号 n 和提案内容 v 发送给 Acceptor 节点。Acceptor 节点只批准比自己已经接受提案的编号 N 大于或等于的提案(称为"审批成功");并承诺不再

接受小于 n 的提案。

　　Acceptor 节点收到提案后,如果提案的编号大于等于它已经接受的所有提案编号,则 Acceptor 节点将批准此提案内容并将此批准过的提案回复给 Proposer 节点。如果提交审批的提案编号小于它已经接受的提案编号,则审批失败,并回复所接受的提案编号。

　　如果 Proposer 节点收到多数派审批失败(此种情况也称为"提案失败"),则将提案编号递增一,重新进入"准备提案阶段"。

　　如果 Proposer 节点收到多数派提案内容相同,则此决议案已经形成。

　　多数派审批失败然后将提案编号递增一,重新进入"准备提案阶段"可能存在"活锁"问题。解决"活锁"的问题可以采用两种方法:选举一个 Acceptor 节点的 Leader,所有的提案由此 Leader 提交给 Acceptor 节点;审批失败后延时随机秒数(在实际应用中可调整这个值)再递增编号。

6.2.1.3　Paxos 算法的局限性

　　Paxos 算法虽然可以容忍已经申请到访问权的 Proposer 节点故障,可以容忍少数 Acceptor 节点故障;但在出现竞争的情况下,其收敛速度很慢,甚至可能出现活锁的情况,例如,当有等于或多于 Acceptor 节点数量的 Proposer 节点同时发送提案请求后,很难有一个 Proposer 节点收到半数以上的回复而不断地执行第一阶段的协议。

6.2.2　Raft 算法

6.2.2.1　Raft 算法的提出

　　Paxos 算法自提出以后,一直在分布式共识算法学术研究与工程应用领域占据主导地位,后续许多共识算法都是在 Paxos 算法基础上进行改进和优化。但是,Paxos 算法本身太难以理解,尽管许多人一直在努力尝试使其更易懂。同时,Paxos 算法描述只提供了一个较粗的框架,省略了很多细节,虽然 Paxos 算法形式化的描述对证明其正确性很有用,但在工程实现上则价值不大。此外,Paxos 算法为了实现去中心化而考虑了各种复杂的边界条件和时序下的可靠性,其架构需要复杂的改变来支持实际系统。

　　Raft 算法是斯坦福大学 Diego Ongaro 和 John Ousterhout 在 Paxos 算法的基础上改进设计的易于理解的分布式系统共识算法,在 2013 年发表的论文"In Search of an Understandable Consensus Algorithm"中正式提出 Raft 算法,Raft 算法名字来源于可靠(Reliable)、可复制(Replicated)、可冗余(Redundant)与可容错(Fault-Tolerant)。

　　Raft 算法的设计目标就是提供更清晰的逻辑分工使得算法本身能被更好地理解。Raft 算法要解决核心问题仍然是在没有拜占庭错误下的分布式系统的共识问题,即在系统节点不会做恶,传递的消息也不会被篡改的前提下如何保证每个节点在执行相同的命令序列。例如,在一个分布式存储系统中,如果各节点的初始状态一致,每个节点都执行相同的操作序列,那么最后能得到一个一致的状态。

6.2.2.2　Raft 算法的原理

(1)节点角色划分。

Raft 算法中,分布式系统的各节点通过心跳(Heartbeat)消息来保持通信,一个节点可以是以下三种角色中的一种:

Leader(领导者):Leader 节点也称为"主节点",用于对所有用户的请求进行处理。Leader 节点将带领分布式系统中的所有节点对数据更改达成一致,这个过程被称为日志同步。

Follower(跟随者):Follower 节点也称为"从节点",不会主动发送消息,只响应来自 Leader 节点与 Candidate 节点的请求。最开始时,所有的节点都是 Follower 节点,如果 Follower 节点收不到 Leader 节点的心跳消息,那么 Follower 节点会变为 Candidate 节点。

Candidate(候选人):Candidate 节点是准备竞选 Leader 的节点。Candidate 节点会向其他节点发起投票(包括投给自己的一票),如果一个 Candidate 节点收到了半数以上的选票,那么它就当选为新的 Leader 节点。

(2)算法的前提。

前提 1:原来的 Leader 节点发生故障失效后,必须选出一个新的 Leader 节点,日志复制的顺序也是确定的,必须从 Leader 节点流向 Follower 节点。

前提 2:日志复制只允许 Leader 节点从客户端接收日志,并复制到整个分布式系统的节点中。

前提 3:与 Paxos 算法一样,Raft 算法运行的环境不会出现拜占庭将军问题,即节点群在决定命令序列的过程中不存在恶意节点或受到病毒、黑客的影响的节点。

(3)算法描述。

Raft 算法为了清晰易懂,将分布式系统一致性共识问题分解为主节点选举(Leader Election)、日志复制(Log Replication)、安全性(Safety)、成员变更(Membership Changes)等几个子问题,每个子问题都可以独立求解,因此理解 Raft 算法只需要相对独立地弄清几个子问题即可。

①主节点选举。

主节点选举子问题解决如何从分布式系统的节点中选举出 Leader 节点。

在 Raft 算法中,分布式系统的每个节点在任一时刻都处于 Leader(领导者)、Follower(跟随者)、Candidate(候选人)等三种角色之一。系统中最多只有一个 Leader 节点,如果在一段时间里发现没有 Leader 节点,则大家通过选举-投票选出 Leader 节点。Leader 节点会不停地给 Follower 节点发心跳消息,表明自己的存活状态。如果 Leader 节点发生故障失效,那么 Follower 节点会转换成 Candidate 节点,重新选出 Leader 节点。

如图 6-5 所示,在 Raft 算法中,分布式系统的所有节点启动时都是 Follower 角色状态;Follower 节点在一段时间内如果没有收到来自 Leader 阶段的心跳,将自行从 Follower

角色状态切换到 Candidate 角色状态,发起选举;如果 Candidate 节点收到多数派的赞成票(含自己的一票)则切换到 Leader 角色状态;如果 Leader 节点发现其他 Leader 节点比自己更新,则主动切换到 Follower 角色状态。

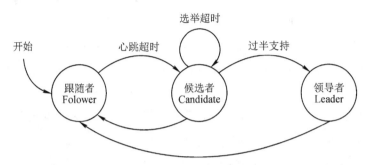

图 6-5　Raft 算法节点角色状态变迁图

如果 Candidate 节点在选举过程中没有得到过半支持,如图 6-6 所示的 4 个节点的系统中,两个 Candidate 节点分别得到 2 票(箭头表示请求投票和回复),票数都没有过半,无法选出 Leader 节点,则 Candidate 节点选举超时,进入下一轮选举。

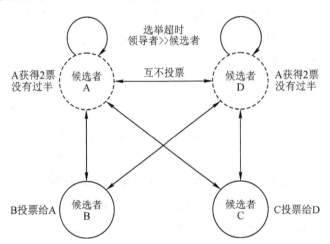

图 6-6　Candidate 节点选举超时示意图

在 Raft 算法中,为了防止某个 Leader 节点过长时间工作发生故障,每个 Leader 节点都有一定的任期(Term),Leader 节点的任期一般以选举开始,然后就是一段稳定工作期。每个 Leader 节点的任期结束后,会选出新的 Leader 节点继续负责。如图 6-7 所示,任期 3 由于没有选出 Leader 节点,所以直接结束了,进入下一轮选举。

②日志复制。

日志复制子问题解决如何将日志同步到各个节点从而达成一致。

在 Raft 算法中,Leader 节点是接收客户端一切指令(Command)请求的唯一入口,并基于复制状态机(Replicated State Machines),将这些指令以及执行顺序告知 Follower 节点,

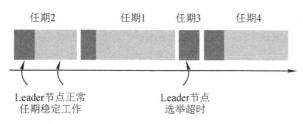

图 6-7　Leader 节点工作任期示意图

保证 Leader 节点和 Follower 节点以相同的顺序来执行这些指令,从而保证状态一致,即"相同的初识状态 ＋ 相同的输入 ＝ 相同的结束状态"。

　　Raft 算法为了保证所有节点以相同的顺序获得相同的输入,使用了具有持久化、保序的特点的日志(Log),Leader 节点将客户端指令请求封装到一个日志记录(Log Entry)中,将这些日志记录复制到所有 Follower 节点,然后 Follower 节点按相同顺序执行日志记录中的指令,则状态肯定是一致的。如果有 Follower 节点没响应,Leader 节点会不断重发指令,直到每个 Follower 节点都成功将新指令写入日志为止。

　　当 Leader 节点收到过半 Follower 节点确认写入的消息,就会把指令视为已提交(Committed)。当 Follower 节点发现指令状态变成已提交,就会在其状态机上执行该指令。

　　当 Leader 节点发生故障失效时,Leader 节点的某些新指令可能还没复写到 Follower 节点整体,造成部分 Follower 节点的记录处于不一致的状态。新的 Leader 节点会和每个 Follower 节点比对记录,找出两者一致的最后一笔指令,删除 Follower 节点之后的指令,把自己之后的指令复制给 Follower 节点,让每个 Follower 节点的记录重新与它保持一致。

　　③安全性。

　　安全性子问题定义了一组约束条件来保证 Raft 算法的强一致性。Raft 算法保证以下安全性:

　　选举安全性:每个任期最多只能选出一个领袖。

　　Leader 节点只加性:Leader 节点只会把新指令追加在记录尾端,不会改写或删除已有指令。

　　日志匹配性:如果两个日志包含一个具有相同索引和项的条目,那么通过给定索引的所有条目的日志都是相同的。

　　Leader 节点完整性:如果某个指令在某个 Leader 节点任期中存储成功,则保证存在于该 Leader 节点任期之后的记录中。

　　状态机安全性:如果一个服务器在一个给定的索引上应用了一个日志条目到它的状态机,那么没有其他服务器会为同一个索引应用不同的日志条目。

　　④成员变更。

　　成员变更子问题解决如何在分布式系统不整体下线停机的情况下升级/更改分布式系统的节点配置或者增加/减少分布式系统的节点。

在一次分布式系统成员节点配置升级/变更过程中,如果不能做到所有成员节点的配置在同一时刻进行新旧配置的切换,就可能会发生处于旧配置状态的 Follower 节点重新选出一个旧配置的 Leader 节点,同时出现新、旧配置的两个 Leader 节点,导致系统一致性被破坏,这就是"双主"问题,也可以通常所说的分布式系统发生脑裂(brain-split)。

如图 6-8 所示,假设系统现在有三个节点 A、B、C,其中 A 被选举为 Leader 节点,对系统节点进行配置变更,C 先被变更为新配置,同时又加入两个新配置节点 D、E,此时系统的节点出现新、旧配置两个分区,C 又被新配置节点选举为 Leader 节点,系统中同时出现新、旧配置两个 Leader 节点,从旧配置 Leader 节点 A 的视角,认为系统有三个节点,而重新配置 Leader 节点 C 的视角,知道系统有五个节点,后续分布式系统就不可能再保证节点数据的一致性,如果是分布式数据库系统,将造成严重的数据污染(Data Corrupt)问题。

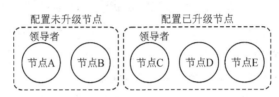

图 6-8　系统节点配置变更出现"双主"示意图

分布式系统为了保证成员配置变更的安全性,一般都采用两阶段变更方法,Raft 算法也是如此。Raft 算法首先将成员节点的配置转换为一个包含了新、旧配置的过渡配置,通过日志复制机制,一旦该过渡配置被过半 Follower 节点确认写入,Leader 节点视为过渡配置已被提交,则系统便被切换到新配置。Raft 算法的过渡配置切换方案,可以允许成员节点在不同的时间进行新、旧配置切换,同时在成员配置变更过程中,分布式系统不会停机,可以继续向客户端提供服务。

6.2.2.3　Raft 算法的局限性

Raft 算法的局限主要与它的前提有关。Raft 算法有一个很强的前提就是 Leader 节点和 Follower 节点都必须按顺序投票。例如,一个基于 Raft 算法的分布式数据库系统中,必须按照以下顺序处理事务:

(1)主库节点按事务顺序发送事务日志。

(2)备库节点按事务顺序持久化事务,并应答主库节点。

(3)主库节点按事务顺序提交事务。

如果不严格按照上述顺序,Raft 算法的正确性无法得到保证。但是,对于高峰期每秒钟处理成千上万的事务的分布式数据库,可能会造成无法忽视的潜在性能和稳定性风险。此外,Raft 算法的顺序投票策略也会对数据库的多表事务、故障恢复产生影响。

假设一个数据库事务涉及表 T_A、T_B、T_C,其中一个事务被顺序投票策略阻塞了,那么表 T_A、T_B、T_C 上的单表和多表事务都会被阻塞,假如表 T_A 又跟表 T_C、T_D 有多表事务,表 T_B 和表 T_E、T_F 有多表事务,表 T_C 和表 T_D、T_G 有多表事务,那么很多表上的单表和多表的事务,都会被阻塞,形成一个链式反应,不仅增加事务延迟,而且可能导致内存耗尽。

6.3　拜占庭容错类共识算法

与非拜占庭容错类共识算法不同,拜占庭容错类共识算法能允许分布式系统节点发生任何类型的错误但错误节点数量不超过一定比例时,确保整个分布式系统的可靠性。简单地说,只要分布式系统的故障(由于非拜占庭错误或拜占庭错误导致)节点数与系统总节点数相比,小于一定比例,拜占庭容错类共识算法就能保证分布式系统的可靠性。比特币、以太坊等区块链系统中,存在大量彼此不信任的网络节点,不排除有恶意节点企图伪造或篡改系统数据,因此,拜占庭容错类共识算法是区块链共识机制主要采用的共识算法。拜占庭容错类共识算法中最有代表性的包括 PBFT 实用拜占庭容错算法、PoW 工作量证明算法、PoS 权益证明算法等。

6.3.1　PBFT 实用拜占庭容错算法

6.3.1.1　PBFT 算法的提出

早期针对拜占庭将军问题提出的拜占庭容错算法,要么基于同步系统的假设,要么由于性能太低而很难在实际系统中应用。

实用拜占庭容错算法(Practical Byzantine Fault Tolerance,PBFT)简称 PBFT 算法。该算法是卡斯特罗(Miguel Castro)和利斯科夫(Barbara Liskov)于 1999 年在操作系统设计与实现国际会议上(OSDI99)合作发表的论文中正式提出,解决了原始拜占庭容错算法效率不高的问题,将算法复杂度由指数级降低到多项式级,使得在实际系统中解决拜占庭错误变得可行。

6.3.1.2　PBFT 算法的原理

(1)节点角色划分。

在 PBFT 算法中,分布式系统的节点的角色可以是以下三种角色:

主节点(Primary):负责对客户端请求进行排序,发起新的请求。

副本节点(Replica):负责验证请求是否有效。

客户端节点(Client):负责发出请求,要求节点执行某个操作,通常跟主节点合二为一。

(2)算法的前提。

PBFT 算法除了需要考虑非拜占庭错误故障节点之外,还需要考虑拜占庭错误作恶节点。假设系统节点数为 n,有问题的节点为 f。有问题的 f 个节点中,可以既是故障节点,也是作恶节点,或者只是故障节点又或者只是作恶节点。

假设 f 个有问题节点既是故障节点,又是作恶节点,那么根据少数服从多数的原则,系统里正常节点至少需要比 f 个节点再多一个节点,即 $f+1$ 个节点,此时好节点的数量就会是多数派,那么系统就能达成共识。这种情况下系统支持的最大容错节点数量是 $(n-1)/2$。

假设故障节点和作恶节点都是不同的节点。那么就会有 f 个作恶节点和 f 个故障节点,当发现节点是作恶节点后,会被系统排除在外,剩下 f 个故障节点,那么根据少数服从多数的原则,系统里正常节点至少需要比 f 个故障节点再多一个节点,即 $f+1$ 个节点,此时正常节点的数量就会比故障节点数量多,那么系统就能达成共识。所以,将所有类型的节点数量相加($f+1$ 个正确节点、f 个故障节点、f 个作恶节点),即 $3f+1=n$。

因此,PBFT 算法有效运行的前提是最大容错节点数量不超过 $(n-1)/3$。

(3)算法描述。

PBFT 算法为了保证一个存在拜占庭问题的分布式系统的一致性,主要通过以下几个步骤实现对客户端发送请求的共识处理。如图 6-9 所示,节点 C 是客户端节点,节点 0 是主节点,节点 1~3 是副本节点,但是节点 3 已发生故障。

客户端节点(C)发送请求给主节点(0);主节点(0)广播请求给其他副本节点(1~3),节点执行三阶段共识流程;副本节点(0~3)执行完三阶段共识流程后,返回消息给客户端(C);客户端节点(C)收到来自 $f+1$ 个节点的相同消息后,代表请求已经被处理。

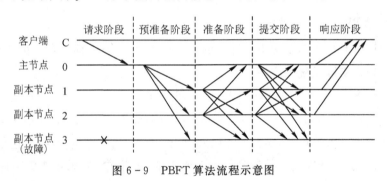

图 6-9　PBFT 算法流程示意图

PBFT 算法的核心共识流程分为预准备(pre-prepare)、准备(prepare)、提交(commit)等三阶段:

①预准备阶段。

主节点收到客户端发送的请求(request)之后,首先检查请求是否合法,如果合法,向此请求添加一个唯一编号 N_r,将合法的请求进行编号,再向每一个副本节点广播预准备消息{[PRE-PREPARE], N_v, N_r, M_d, M_c},其中 M_d 代表消息内容的摘要,M_c 代表消息内容,N_v 代表视图编号,N_r 代表主节点给每一个请求的编号。

PBFT 算法看来,分布式系统运行过程中,所有节点角色状态是在不断变化的,例如当前 A 节点是主节点,其余节点都是副本节点,过了一段时间,B 节点变为主节点,其余节点都是副本节点。将每一次系统各节点角色状态集合称为一个视图(View),整个系统就是不断在不同的视图之间变迁,上面预准备消息中的 N_v 就是当前视图的编号,并且通过视图编号可以方便计算出主节点编号。

副本节点接收到来自主节点广播的预准备消息之后,将进行以下消息验证:

消息签名的合法性,并且消息摘要 M_d 和消息 M_c 是否相匹配 M_d 是否等于 $Hash(M_c)$;

节点当前处于视图 N_v 中,是否收到编号 N_r 相同,但是签名不同的预准备消息,即不存在另外一个 $M_c{}'$ 和对应的 $M_d{}'$,$M_d{}'=Hash(M_c{}')$,防止消息被重发或伪造;

检查 N_v 是否在合法的取值 $[h, H]$,低值 h 与最近稳定检查点的序列号相同,而高值 $H=h+k, k$ 需要足够大才能使副本节点不至于为了等待稳定检查点而停顿。

②准备阶段。

一个副本节点 i 同意请求后会向其他节点(包含主节点)发送准备(prepare)消息 $\{[PREPARE], N_v, N_r, M_d, S_i\}$,同时将消息记录到日志中,其中 S_i 用于表示当前副本节点身份的签名。同一时刻不是只有一个副本节点在进行这个过程,可能有多个副本节点也在发送准备消息。

因此,副本节点是有可能收到其他副本节点发送的准备消息,当前节点 i 验证这些准备消息和自己发出的准备消息的 N_v、N_r、M_d 三个数据是否都是一致的。验证通过之后,当前节点 i 将认为在 (N_v, N_r) 中针对消息 M_c 的准备阶段已经完成。

③提交阶段。

在一定时间范围内,如果一个副本节点收到了 $2f+1$ 个验证通过的准备消息后,会向其他节点(包含主节点)发送提交(commit)消息 $\{[COMMIT], N_v, N_r, M_d, S_i\}$,同时将消息记录到日志中,其中 N_v、N_r、M_d、S_i 与上述准备消息内容相同,S_i 用于表示当前副本节点身份的签名。

当一个副本节点接收到 $2f$ 个来自其他节点的提交消息(算上自己的共有 $2f+1$ 个),同时将收到的消息记录到日志中,验证这些提交消息和自己发的提交消息的 N_v、N_r、M_d 三个数据都是一致后,副本节点将确定消息 M_c 已经在整个系统中得到至少 $2f+1$ 个节点的共识,从而保证至少有 $f+1$ 个正确节点已经对消息 M_c 达成共识。至此,副本节点才会真正执行请求,写入数据,并向客户端返回响应(reply)消息。客户端如果收到 $f+1$ 个相同的响应消息,说明客户端发起的请求已经被分布式系统成功处理,否则客户端需要判断是否需要重新发送请求给主节点。

6.3.1.3　PBFT 算法的局限性

PBFT 算法虽然一定程度解决了原始拜占庭容错算法效率不高的问题,将算法复杂度由指数级降低到多项式级,但是 PBFT 算法中系统节点之间通信复杂度仍然过高,可扩展性比较低,一般的系统在超过 100 个节点时,整体性能下降非常快。同时,PBFT 算法在网络不稳定的情况下延迟很高。

6.3.2　PoW 工作量证明算法

6.3.2.1　PoW 算法的提出

PoW 工作量证明相关的学术研究最早始于 20 世纪 90 年代初。1993 年,美国计算机科学家、哈佛大学教授辛西娅·德沃克(Cynthia Dwork)提出了工作量证明思想,用来解决垃圾邮件问题。

1997 年,亚当·贝克(Adam Back)发明的哈希现金(HashCash)技术中应用了工作量证明机制,用于抵抗邮件的拒绝服务攻击及垃圾邮件网关滥用,强制要求每个邮件发送者,必须进行一段哈希运算,人为造成一小段时间的延迟,如 1 s。正常发送邮件的人,每天只发几封十几封,几乎不会有影响。但是,会大幅限制发送垃圾邮件的性能,例如,之前限制他发送速度的是网速,每秒能发 1000 封,现在又增加了个 CPU 计算性能的限制,发送速度降低几十至几百倍,有效减少了垃圾邮件的影响。哈希现金技术后来被广泛用于垃圾邮件的过滤,也被微软用于著名的 Hotmail、Exchange、Outlook 等产品中(微软使用一种与哈希现金不兼容的格式并将之命名为电子邮戳)。

除了在反垃圾邮件方面的应用,哈希现金技术也被哈尔·芬尼以可重复使用的工作量证明(Reusable proots of Work,RPoW)的形式用于一种比特币之前的加密货币实验中。此外,在 B-money、Bit-Gold 等比特币之前的加密货币先行者系统中,都采用了哈希现金的框架进行共识挖矿。

2008 年,中本聪在发表的《比特币:一种点对点的电子现金系统》等相关论文中,首次将工作量证明思想应用于区块链共识过程中,提出了比特币系统的区块链 PoW 共识算法,下面将对区块链 PoW 共识算法工作原理进行介绍。

6.3.2.2　PoW 算法的原理

(1)算法的前提。

PoW 算法的工作基础是哈希函数,对于一个一定长度的字符串输入 s,哈希函数 H(s) 输出结果的长度是固定的,并且计算 H(s) 的过程是高效的[对于长度为 n 的字符串输入 s,计算出 H(s) 的时间复杂度应为 O(n)]。而对于比特币、以太坊等典型区块链系统所使用的哈希函数,还需要具备以下前提。

前提 1:哈希函数要避免碰撞,即不会出现输入 $x \neq y$,但是 H(x)=H(y)。但是这个前提理论上很难保证,例如 SHA256 哈希算法,会有 2^{256} 种可能的输出,如果进行 $2^{256}+1$ 次输入,那么必然会产生一次碰撞;甚至从概率的角度看,进行 2^{130} 次输入就会有 99% 的可能性发生一次碰撞。不过从工程技术角度看,假设一台计算机以每秒 100000000 次的速度进行哈希运算,要经过 10^{23} 年才能完成 2^{128} 次哈希计算,实际发生碰撞的概率是微乎其微。

前提 2:计算过程不可逆,对于一个给定的输出结果 H(s),想要逆向推导出输入 s,在计算上是不可能的。

前提 3：不能使用穷举法之外的其他方法使哈希函数计算结果 H(s) 落在特定的范围。

（2）算法描述。

PoW 算法在区块链系统中的主要目的是在去中心化、存在拜占庭错误的区块链系统环境中，不需要任何第三方信任机构，也不需要任何节点之间的协作，让区块链系统各节点就谁来创建下一个区块（记账）以及对分布式账本数据写入的一致性等问题达成共识。

PoW 共识算法的参考流程如下：

①系统指定一个全局难度值，根据该难度值可以决定下一个区块的哈希计算结果必须满足的要求，一般是要求哈希值的二进制数小于某个值，为了保证出块时间稳定，随着系统的节点规模逐步增大，难度值也会逐步增加，并且每过一段时间系统会调整难度值；

②系统各节点将接收到的多个交易信息打包到新区块的区块体中；

③系统各节点构根据新区块体中的交易信息组装新区块的区块头，区块头一般应包含上一个区块的哈希值、由新区块打包的交易信息生成的哈希值、当前系统确定的难度值、时间戳、随机数 Nonce 的值；

④系统各节点使用区块链系统规定的哈希算法进行计算，如比特币系统采用的双重 SHA256 哈希函数——SHA256(SHA256(区块头))，并将计算结果与系统当前的难度值进行比较，如果哈希值不满足难度值要求，则修改区块头中的随机数 Nonce 的值，循环进行下一次哈希值的计算；如果节点成功计算出满足难度值要求的哈希值，则马上对系统所有节点广播新区块信息。

⑤节点收到来自其他节点的广播后，会对收到的新区块信息其进行验证，如比特币系统节点对收到的新区块头进行双重 SHA256 哈希计算；如果验证通过，就不会再竞争当前区块，而是选择接受新区块，写入到分布式账本的本地副本中。

⑥系统各节点开始下一轮出块权的竞争。

⑦在 PoW 算法中，系统中只有最快计算出满足难度值要求的哈希值的节点，才会拥有将新区块添加到分布式账本中的权力，类似于 PBFT 算法中的主节点，而其他节点只允许对主节点创建的新区块进行复制，类似于 PBFT 算法中的副本节点，从而确保每个节点中分布式账本副本数据的一致性。

6.3.2.3 PoW 算法的局限性

PoW 算法依靠算力竞争来分配记账权，随着区块链系统节点规模的快速增加，必然造成巨大的算力资源和电力浪费，据相关数据，2020 年比特币系统消耗电力达 1348.9 亿度电，相当于 2020 年甘肃省全年的用电量，这是 PoW 算法最大的局限性。

此外，PoW 算法由于运算时间过长，变得获得记账权的等待时间变久，交易确认周期也会变长，严重影响产生区块的效率。例如，比特币系统目前大概是每 10 分钟才产生一个区块，以太坊系统虽然大幅出块效率，也大概需要 10 秒左右才产生一个区块，因此区块链系统每秒交易处理性能 TPS 也是 PoW 算法的局限性之一。

6.3.3 PoS 权益证明算法

6.3.3.1 PoS 算法的提出

随着比特币系统的日益迭代以及规模的快速扩大,比特币系统采用的 PoW 共识算法的局限性越发突出,学术界与产业界急切需要一种相对更加公平,更加节能的共识算法来改进代替 PoW 共识机制。

PoS 权益证明机制的思想最初来源于对比特币挖矿中"公地悲剧(Tragedy of the commons)"的讨论,公地悲剧是一种涉及个人利益与公共利益对资源分配有所冲突的社会陷阱,公地作为一项资源或财产有许多拥有者,他们中的每一个都有使用权,但没有权力阻止其他人使用,从而造成资源过度使用和枯竭。例如,过度砍伐的森林、过度捕捞的渔业资源及污染严重的河流和空气,都是"公地悲剧"的典型例子。之所以称为悲剧,是因为每个当事人都知道资源将由于过度使用而枯竭,但每个人对阻止事态的继续恶化都感到无能为力,而且都抱着"及时捞一把"的心态加剧事态的恶化。在讨论中,首次提出了"权益证明"这个概念。

PoS 本质上是采用权益证明来改进 PoW 算法单纯的算力证明,每一轮记账权由当时具有最高权益值的节点获得,最高权益值的计算并不仅仅依赖于节点算力的高低。

6.3.3.2 PoS 算法的原理

(1)算法的前提。

PoS 算法的设计引入了博弈论思想,通过保证金(货币、资产、名声等具备价值属性的物品)来对赌一个合法的块成为新的区块,合法记账者可以获得的收益为抵押资本的利息和交易服务费。提供证明的保证金越多,则获得记账权的概率就越大。

前提 1:为了计算节点的权益,PoS 算法引入了"币龄"机制,节点持有的每个货币都有对应的价值来度量持币者参与决策的权重。

币龄的计算公式为:币龄 = 货币数量 × 持币时间。

例如:节点 A 持有 100 个货币,当持有 70 天时,其拥有的币龄为 7000;节点 B 持有 200 个货币,当持有 30 天时,其拥有的币龄为 6000;虽然节点 A 拥有的货币量只有节点 B 的二分之一,但其具有的币龄权益大于节点 B。

前提 2:为了防止节点囤积货币,造成"富者更富"的现象,节点如果获得了一个新区块的记账权,则之前的币龄将被清空为 0,同时,为了加强货币流动性,PoS 算法引入权益速度机制,给币龄增加指数衰减函数,如规定币龄至少积累 30 天才能使用,累计 90 天则不再增加。

(2)算法描述。

PoS 算法的目的与 PoW 共识算法类似,也是提供一种在区块链系统中达成共识的方法。不同于 PoW 算法,PoS 算法中节点生成一个新的区块时要提供一种证明——币龄,证明该区块在被网络接受之前获得过一定数量的"权益"。而这些"权益"将直接影响节点竞争生成区块权利时求解目标值的难度系数。

在 PoS 共识机制中,区块定义了一种新的交易,称为"币龄交"。币龄交易与传统交易不同,币龄交易过程中会消耗交易者的币龄从而获取在网络中生成区块的权利,同时也获得在 PoS 共识机制下的激励。

PoS 算法参考流程如下:

①系统指定一个全局难度值,根据该难度值可以决定下一个目标值;

②系统各节点计算各自的币龄;

③系统各节点使用区块链系统规定的哈希算法进行计算,并将计算结果与系统当前的"目标值×币龄"的乘积进行比较,如果哈希值大于"目标值×币龄",则循环进行下一次哈希值的计算;如果哈希值小于"目标值×币龄",则将接收到的多个交易信息打包到新区块中,对系统所有节点广播新区块信息。很明显,各节点求解难度受到币龄的较大影响,权益大的节点更容易算出哈希值。另外,与 PoW 算法节点做穷举计算哈希值不同的是,在 PoS 算法中,节点只做有限次数的循环求解,并大幅缩小寻找随机数的空间,从而减少节点算力的消耗;

④节点收到来自其他节点的广播后,会对收到的新区块信息其进行验证,验证通过生成新的区块;

⑤系统清空获得生成区块权利节点的币龄;

⑥系统各节点开始下一轮出块权的竞争。

6.3.3.3　PoS 算法的局限性

PoS 算法在一定程度上缩短了共识达成的时间,大幅降低了节点竞争出块权的算力资源消耗,也有效地解决了 PoW 算法中的 51% 攻击问题,因为如果持有 51% 以上权益的节点作恶,最终损害的是节点自身的利益,搬起石头砸自己的脚。但是,PoS 算法仍然需要系统各节点通过哈希计算来竞争生成新区块的权利,没有根本解决 PoW 算法的痛点,当系统节点数量巨大时,仍然会产生大量算力资源的浪费;同时,PoS 算法中全节点验证会降低区块确认的效率,且时间越长,也越容易产生马太效应,即持有币龄越多的节点会更容易获得出块的激励,从而加大权益差距,最终产生超过 50% 权益的中心化节点,使区块链系统逐步被动失去非中心化的特点。

6.3.4　DPoS 委托权益证明算法

6.3.4.1　DPoS 算法的提出

委托权益证明算法(Delegated Proof of Stake,DPoS)最早由区块链项目 Bitshares、Steemit 以及 EOS 的创始人 Dan Larimer 在 2014 年提出,并在区块链项目 Bitshares 中首次实现了 DPoS 共识机制。

DPoS 算法的目的是解决 PoW 算法的性能与巨大算力资源消耗问题以及 PoS 算法后

期可能出现的少数节点持有大量权益带来的中心化风险问题。在DPoS算法中,保留了PoS算法的权益机制,借鉴了类似于股份制企业中董事会投票机制的方式,节点用持有的股份投票选出少量称为见证人的节点,这些见证人节点会代理其余节点完成区块的生成和验证。通过减少对确认数量的要求,DPoS算法大大提高了交易的性能。

6.3.4.2　DPoS算法的原理

(1)节点角色划分。

DPoS算法中,区块链系统的节点被划分为普通节点、见证人节点两大类角色。

普通节点又称为"权益相关者"节点,是系统中占比最大的节点类型,具有投票权和被选举权,普通节点持有的权益(如货币量、币龄)越多,投票的权重就越高。

见证人节点是被普通节点选举出来,代表广大普通节点为区块链添加新区块,执行记账权利的节点。见证人节点一般会保持中立,维护区块链系统分布式账本的安全,因为见证人节点始终处于普通节点(利益相关者)的选举控制之下,当见证人节点因不良行为(未记账或签署无效区块等)导致系统运行出现问题时,会造成普通节点的权益损失,因此,普通节点可随时将其选票重新分配给其他见证人节点。见证人节点需要具体负责:

①确保节点的正常运行;

②收集区块链网络里的交易信息,验证交易,把交易打包到区块;

③向所有见证人节点广播新区块,其他见证人节点验证后把区块添加到本地账本数据库中;

④组织领导并促进区块链项目的发展,对区块链网络发展做出积极的贡献(如贡献代码、筹集资金、建立社群等)来不断提高声誉。

(2)算法的前提。

DPoS算法引入了一种类似民主代表大会的机制,系统中所有拥有权益的普通节点投票选举出代表自身权益的见证人节点来实际运营网络,见证人节点提供专业运行的网络服务器来保证区块链网络的安全和性能。

前提1:见证人节点必须代表普通节点行使区块链出块权利,如果见证人节点不称职,随时都可能被投票出局。

前提2:见证人节点的数量是固定的,一般是奇数,取决于区块链系统的设计,如在EOS系统中有21个,Bitshares系统中有101个。

(3)算法描述。

DPoS算法是一个循环执行的流程,算法整体上可分为见证人节点选举、见证人节点生成区块、见证人节点验证区块、见证人节点转换等过程。

DPoS算法参考流程如下:

①新节点加入系统作为普通节点运行;

②系统各节点投票选出固定数量的见证人节点;

③系统对见证人节点进行排序；

④见证人节点按照排序，根据系统规定的时间间隔（如 EOS 系统为 0.5 秒）轮流生成新区块，如果见证人节点没有成功生成区块，则跳过该见证人节点，由下一见证人节点继续生成区块；

⑤根据见证人节点的排序，新生成的区块交由后续的见证人节点进行区块验证，一个新区块得到超过 2/3 个见证人节点的验证确认后，才能被正式加入区块链中。

在 DPoS 算法中，不管区块链系统节点数量达到多大规模，因为只有固定少数见证人节点负责出块与验证区块，且出块的顺序是经过协议决定好的，因此不会发生多个见证人节点同时生成区块的问题，可以大幅降低出块时间。

6.3.4.3 DPoS 算法的局限性

虽然 DPoS 算法有效提高了区块链系统的出块性能，克服了 PoW 算法巨大算力资源消耗问题以及 PoS 算法可能出现的少数节点持有大量权益带来的中心化风险，并在一定程度上解决拒绝服务攻击和潜在作恶节点联合作恶问题。但是存在以下局限性：

（1）DPoS 算法中选举少数见证人节点代表其他节点生产区块，系统长期运行下去，可能导致少数见证人节点获得的权益激励积累远远多于其他节点，当见证人节点拥有的权益过多时，就拥有了控制见证节点选举的能力，进而破坏选举的民主性。

（2）DPoS 算法中被选举出来的见证人节点可能是恶意节点，当恶意节点不能成功生成区块时，DPoS 算法只是选择跳过该节点由下一节点继续生产区块，并且只寄希望于在后续通过投票的方式将其从见证人节点集合中淘汰。缺乏对恶意节点的惩罚措施，该节点仍然可以参与后续的共识过程和见证人节点竞选，继续影响着区块链系统的安全性。

本 章 小 结

通过对本章内容的学习，读者应该全面了解区块链系统共识机制相关的理论问题、基本原理与共识算法类型，深入理解非拜占庭容错类（CFT）共识算法与拜占庭容错类（BFT）共识算法，理解非拜占庭容错类（CFT）共识算法中的 Paxos 算法、Raft 算法的相关算法原理与局限性，重点掌握拜占庭容错类（BFT）共识算法中的 PBFT 实用拜占庭容错算法、PoW 工作量证明算法、PoS 权益证明算法、DPoS 委托权益证明算法相关的算法原理与局限性。

练 习 题

（一）填空题

1. 区块链作为一种分布式系统，首先必须要解决_____问题。

2. 根据 CAP 定理,一个分布式系统不可能同时满足_____ 、_____、分区容错等三个特性。

3. 根据 CAP 定理,_____ 是一个分布式系统必须满足的特性。

4. 根据拜占庭问题原理,一般把由于系统故障导致节点不响应的错误归类为_____ ____,把节点伪造或篡改信息进行恶意响应的错误归类为_____。

5. 根据共识算法容错类型的不同,可以将共识算法分为_____算法和拜占庭容错类算法。

6. Raft 算法将分布式系统的节点分为_____ 、_____、Candidate(候选人)等三种角色。

7. 假设分布式系统节点数为 n,PBFT 算法有效运行的前提是最大容错节点数量不超过_____ 。

8. PBFT 算法的核心共识流程分为_____ 、_____、提交等三阶段。

9. PoS 共识算法中将账户持有的加密货币数量与持有时间的乘积称为_____ 。

(二)选择题

1. 对于一个拜占庭系统,如果系统总节点数为 Z,表示叛变将军的不可靠节点数为 X,只有当( )时,可由基于拜占庭容错(BFT)类算法的协议保证系统的一致性。

A. $Z=3X+1$ B. $Z\geqslant3X+1$ C. $Z\leqslant3X+1$ D. $Z\neq3X+1$

2. 下面属于非拜占庭容错类共识算法的是( )。

A. PBFT   B. PoW   C. Raft   D. PoS

3. Paxos 算法把一个分布式系统中的节点划分为 3 种角色,下面不属于 Paxos 算法的节点角色是( )。

A. Proposer(提出提案者)   B. Acceptor(接受提案者)

C. Learner(学习决议者)   D. Leader(领导者)

4. 下面属于拜占庭容错类共识算法的是( )。

A. 2   B. 4   C. 6   D. 8

5. 下面选项( )不是 PBFT 算法中分布式系统的节点角色。

A. 主节点   B. 候选人节点   C. 副本节点   D. 客户端节点

6. 在区块链系统之前,PoW 工作量证明机制最早应用于( )。

A. 反诈骗   B. 反垃圾邮件   C. 反钓鱼   D. 反病毒

7. 比特币、以太坊等区块链系统采用的 PoW 共识机制的工作基础是( )。

A. 对称加密算法   B. 非对称加密算法   C. 哈希算法   D. 数字签名

8. 下面不属于 PoW 共识机制的局限性的选项是( )。

A. 电力耗费大   B. 算力耗费大   C. 网络带宽浪费   D. 交易性能差

(三)简答题

1. 请简述什么是分布式系统的安全性(Safety)。

2．请简述什么是分布式系统的活性（Liveness）。

3．请简述什么是分布式系统的一致性、可用性、分区容错性。

4．请简要分析使用 TCP 协议的"三次握手"机制如何解决两军问题。

5．请简述什么分布式系统是拜占庭系统。

6．请简述什么是 BFT 拜占庭容错类共识算法。

7．请简要分析 Paxos 算法的局限性。

8．请简述 Raft 算法中如何选举出主节点。

9．请简要分析什么是分布式系统中的"双主"或"脑裂"问题。

10．请简要分析 PoW 工作量证明共识算法的工作前提。

11．请简要分析比特币和以太坊系统的 PoW 共识机制有什么不同之处。

第七章 区块链智能合约技术

智能合约的概念早在 1995 年就被学者尼克·萨博(Nick Szabo)提出,但是一直没有引起学术和产业界的关注,直到以太坊系统首次推出智能合约功能。基于区块链系统地去中心化、数据防篡改等特性,为智能合约提供了一个可信的运行环境,智能合约一旦在区块链上部署,所有参与节点都会严格按照既定逻辑执行。基于区块链上大部分节点都是诚实的基本原则,如果某个节点修改了智能合约逻辑,那么执行结果就无法通过其他节点的校验而不会被承认,即修改无效。智能合约机制也使区块链从最初单一的数字货币应用,融合到金融服务、政务服务、权属管理、征信管理、共享经济、供应链管理、物联网等各个应用领域,智能合约的功能范围也从早期的合同执行,创造性拓展到各类应用场景,几乎各种类别的应用都可以智能合约的形式,运行在不同的公有链、联盟链、私有链平台上。

本章将从智能合约的基本概念入手,首先介绍智能合约的定义、作用和特点,然后重点描述智能合约相关技术原理与实现机制,包括智能合约通用设计模型、以太坊智能合约实现机制、超级账本智能合约实现机制等内容。

7.1 智能合约概述

7.1.1 智能合约的定义

"智能合约"的中心词是"合约",要理解智能合约,首先要理解"合约"是什么? 合约是用于记录双方当事人谈判后所达成的协议。合约主要分两种形式出现,第一种形式是正式合约(formal contract),双方当事人盖章(或按手印)的契约;第二种形式是非正式合约(informal contract),通常被称为简式合约(simple contract),这种合约在商贸活动中经常出现,它可以是口头或文书的形式,甚至是通过行动的形式。

中国历史上最早的合约是距今约三千多年前的西周时期订立的镌刻在青铜器"卫盉"(图 7-1)上的《周恭王三年裘卫典田契》等四件土地契,卫盉是西周恭王时期公元前 919 年的重器,是西周时期酒器的代表作品,盖内铸有铭文 12 行 132 字,记载了西周时期的一次玉器、毛皮与土地的交易过程。铭文翻译过来大致的意思是:恭王三年三月,王在丰邑举行建旗典礼,要接见诸侯和臣下。贵族矩伯为了参加这一典礼,便向裘卫要来瑾璋一件,价值 80 朋。双方商定以十块田地偿付。此外,还取了一件赤色的虎皮,两件鹿皮披肩,一件杂色的椭圆围裙,价值 20 朋,以三块田地偿还。裘卫把此事详细地报告给了伯邑父、崇伯、定伯、亮伯、单伯等执政大臣。大臣们就命令司徒微邑、司马单旗、司空邑人服到现场监督交付田地。卫为了把此事告慰已经逝世的父亲惠孟,便制作了这件器物,以祈求能保佑一万年永远享用。

图 7-1　西周青铜器"卫盉"及所铸铭文

20 世纪 90 年代,跨领域密码学家、计算机科学家、法律学者匈牙利裔美国人尼克·萨博首次提出"智能合约"这个术语,并在其发表的论文中将智能合约定义为"a set of promises, specified in digital form, including protocols within which the parties perform on these promises"——"一系列以数字形式定义的承诺,合约参与方可以在上面执行这些承诺的协议",智能合约允许在没有第三方的情况下进行可信交易,这些交易可追踪且不可逆转。"

我们可以从以下四个方面进一步深入理解智能合约的定义:

(1)承诺。承诺是任何一个合约必不可少的组成部分,是合约签订各方当事人一致同意的权利和义务,也是合约的本质和目的。承诺可以包含合约条款和/或基于规则的用于执行业务逻辑的操作。例如,一个买卖合约,买房承诺向卖方支付货款,卖方承诺在买方支付货款后向买房发送在合约中指定的颜色、尺寸的衣服商品。

(2)数字形式。数字形式是指智能合约必须以电子形式表示与处理。智能合约由代码行以及规定其条件和结果的软件组成,合约的条款与功能结果作为代码嵌入到软件中。例如,在比特币系统中,智能合约必须要用到的"数字形式"就是交易 Script 脚本语言;在以太坊系统中,智能合约必须要用到的"数字形式"就是以太坊的智能合约 Solidity 编程语言。

(3)协议。协议是指智能合约采用算法形式描述的计算机协议定义规则,用于规定各参与方应如何处理与智能合约相关的数据。协议由具体的计算机系统实现,选择哪种协议取决于许多因素,最重要的因素是智能合约在履行期间,被交易资产的本质。例如,一个买卖合约的各参与方同意使用以太币作为支付工具,则智能合约选择的协议很明显将会是以太坊系统协议。

（4）自动执行。自动执行是智能合约的核心，是指描述智能合约的代码行以及规定其条件和结果的软件可被计算机系统自动运行。智能合约可视为能自动执行合约条款的计算机程序代码。智能合约代码由承载其运行的系统（如区块链系统）保证，智能合约一旦被部署运行就不能被修改或篡改。同时，智能合约一旦启动，再没有得到执行结果之前，不允许被终止。

7.1.2　智能合约的作用

比特币系统作为区块链 1.0 技术的代表，本质上是一个加密数字货币系统，主要提供比特币的发行与支付功能，虽然已出现智能合约的雏形，但由于使用非图灵完备的 Script 脚本语言，功能局限性很大，难以向应用系统提供区块链作为信任服务平台的价值。与此同时，虽然智能合约的概念提出较早，但是一直缺乏能够完整实现智能合约内涵的技术路线，因此智能合约的应用实践严重滞后于理论，直到以太坊区块链系统的出现。

以太坊系统首次将智能合约与区块链技术进行深度融合，它提供了一套图灵完备的 Solidity 编程语言，允许任何人在区块链上传和执行智能合约程序，智能合约作为一种特殊的交易类型被打包进新产生的区块，智能合约程序执行的规则也加入区块链的共识机制中，智能合约程序代码与状态也会保存在区块链上，当智能合约被触发时，系统直接读取并运行智能合约程序，并根据执行的结果更新智能合约状态，区块链就为智能合约提供了可信的计算环境，形成了智能合约的技术基础规范。智能合约的引入使以太坊系统突破了比特币系统的功能限制，从而使区块链系统可以作为一种信任服务平台支撑各种行业和领域的业务应用场景，业界普遍将智能合约与区块链的结合作为区块链 2.0 技术的重要标志。以太坊之后的区块链系统，如超级账本 Fabric 系统、QTUM 量子链、EOS 企业操作系统链等，都提供了对智能合约的支持。

在区块链系统中，智能合约的作用可以归纳为以下几个方面：

（1）智能合约可以对现实世界中各个参与方约定的条款、规则、承诺进行数字化表示，使用计算机编程语言（代码）描述各种基于区块链的数字资产转移、重要数据存储、重要信息查询等业务应用逻辑。

（2）智能合约可以根据需要灵活设置触发条件，可以被合约各参与方触发，也可以指定条件成立时自动触发。

（3）智能合约可以基于区块链系统保证合约一旦初始化运行，合约的任何参与方都不能对其中的条款、规则、承诺进行单方面修改。

（4）智能合约结合消息摘要、非对称加密、数字签名等工具，实现对合约各参与方的身份认证与访问权限控制，验证合约各参与方之间发送的消息的真实性与有效性。

（5）智能合约执行的结果将被记录，便于日后进行合规性校验与审计。

（6）智能合约一般只提供原子性服务，但智能合约之间可以相互调用，组合实现更复杂的业务逻辑。

7.1.3　智能合约的特点

智能合约可以视为一份由区块链系统确保其自动化与强制化执行的协议,智能合约通常具有以下特点:

(1)代码化无歧义。传统合约经常会因为对合约条款文字内容理解的分歧,造成合约各方当事人的纠纷。智能合约通过计算编程语言代码进行描述,相对于自然语言,代码的执行歧义几乎不存在,可以有效达成合约各方当事人的共识,避免造成合约内容歧义纠纷。

(2)安全可信。智能合约的安全可信主要体现在公开透明、不可篡改等方面。智能合约部署在区块链上,合约代码及相关信息对合约各参与方、监管方都是公开的,各方都可以通过公开的接口查询智能合约相关信息,因此智能合约高度透明。同时,智能合约代码及相关信息被保存在区块链上,基于区块链上数据不可篡改的特性,确保了智能合约一旦发布生效,任何人都不可能对合约中的条款、承诺等进行恶意篡改。

(3)自动化强制执行。智能合约作为一种具有自治性的智能代理(Smart Agent)服务,一旦在区块链系统上初始化运行后,当满足合约的触发条件时,合约代码将被区块链系统自动强制执行,区块链系统确保其不受到任何干涉。

(4)可靠运行。智能合约部署运行在区块链系统之上,被大量的区块链网络节点共同维护,基于区块链系统分布式、去中心化、共识所带来可靠性与健壮性,技术上只要区块链系统在运行,智能合约就能可靠的运行下去,合约各参与方不必担心合约功能会突发性失效。

(5)经济高效。智能合约采用计算机编程语言描述,避免了某参与方利用合约内容的歧义恶意制造纠纷;同时,合约严格按照代码中明确的规则,一旦满足触发条件,就自动执行,无须第三方仲裁,与传统合约相比,智能合约能大幅提高执行效率,最大化去除了合约履行的不确定因素与中间环节,有效节约因合约纠纷造成经济与社会法律资源的浪费。

7.2　智能合约技术原理

智能合约从技术上是在区块链系统上部署和执行的脚本代码片段或计算机高级语言编写的程序。区块链为智能合约提供所需的事务处理机制、数据存储机制以及完备的状态机,用于接收和处理各种条件,并且事务的触发、处理及数据保存都必须在链上进行。当满足触发条件后,智能合约即会根据预设逻辑,读取相应数据并进行计算,最后将计算结果永久保存在区块链中。目前,尽管智能合约没有形成统一的技术标准,以太坊、超级账本等不同的区块链系统支持的智能合约实现机制普遍存在差异,但是随着区块链技术的快速发展与智能合约的广泛应用,智能合约在设计模型、编程机制、部署运行、安全管理等方面已逐渐形成共识,下面首先介绍智能合约的设计模型。

7.2.1　智能合约设计模型

智能合约是一种在区块链系统上部署运行的程序,也称为"链上代码"。尽管以太坊、超级账本等不同的区块链系统在智能合约的实现机制上存在一定的差异,但是智能合约在设计模型(如图 7-2 所示)上普遍具有以下共性:

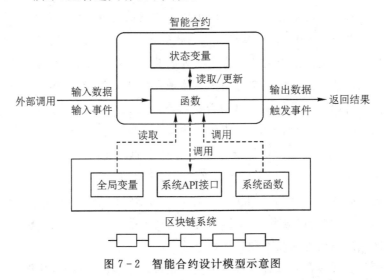

图 7-2　智能合约设计模型示意图

(1)合约一般基于面向对象设计(Object Oriented Design,OOD)方法进行分析建模,可以用一个类(class)表示一个合约,使用类的对象具体表示一个初始化运行的合约实例。

(2)合约内部一般须包含相关的状态变量(state variable),简单状态变量可以使用编程语言支持的标准数据类型定义,复杂组合状态变量可以使用编程语言支持结构类型定义。

(3)合约内部一般须包含相关的函数(function),函数是合约所提供的可执行功能的具体实现单元,一个合约可以包含多个函数,以提供多种不同的功能;合约中的函数一般可用于实现以下几种功能:

①函数读取合约相关状态变量的值,并返回给调用者,但不会改变区块链系统的状态;

②函数更新合约相关状态变量的值,但不会改变区块链系统的状态;

③函数更新合约相关状态变量的值,并同时会改变区块链系统的状态;

④函数根据预设的条件触发相应事件;

⑤函数根据预设的规则发送加密货币(仅当区块链系统支持);

⑥函数根据预设的规则调用其他智能合约;

⑦上述功能的组合或其他合约设计者感兴趣的功能。

(4)合约内部一般可以直接或通过系统 API 接口访问区块链系统的全局变量,包括但不限于:

区块链与区块的属性;

交易的属性；

系统提供的工具函数,如数学计算、编/解码、加/解密等；

系统提供的错误处理函数；

账户/地址相关属性或函数；

合约自身相关属性或函数；

其他全局变量或函数。

7.2.2　以太坊智能合约实现机制

7.2.2.1　智能合约编程

以太坊系统主要采用 Solidity 语言进行智能合约编程。下面是一个 Solidity 智能合约的示例程序 TestContract. sol 的源代码。

```
pragma solidity ^0.4.19;                  // 智能合约程序版本
contractTestContract {                     // 定义合约
    uintinternal sv1;                      // 合约状态变量 sv1、sv2、sv3
    bool public sv2;
    address private sv3;
function TestContract() public {           // 构造函数
sv3＝block. coinbase;
}
functionfuncA() public {                   // 无返回的函数
        uintx ＝ funcB();
        var (a, b) ＝ funcC();
        sv1＝x＋a－b;                         // 修改合约状态变量
    }
functionfuncB() public pure returns(uint) {  // 返回一个值的函数
        return 1;
    }
    functionfuncC() public pure returns(uint, uint) {// 返回多个值的函数
        return (1,2);
    }
    functionfuncD() public view returns(uint) {   // view 函数
        returnnow;
    }
}
```

在示例程序中,定义合约 TestContract 类似于 C++或 Java 语言中定义一个的类
(Class)。合约体中可以定义状态变量、函数、事件等成员。

(1)状态变量。

状态变量是声明在合约体中(不在函数体内)的变量,状态变量的内存是静态分配的,状
态变量的值在合约运行过程中可以被改变,也可以在函数中被访问,但是状态变量的当前值
将永久保存到以太坊系统区块链/账本中。

状态变量的限定符和数据类型如表 7-1 和表 7-2 所示。

表 7-1　状态变量的限定符

限定符	描述	示例
internal	被 internal 修饰的状态变量只能在当前合约函数中使用,不能被外部访问修改	uintinternal d1;
private	被 private 修饰的状态变量只能在当前合约中使用,在派生合约中也不能使用	address private d3;
public	被 public 修饰的状态变量可以直接访问	bool public d2;
constant	被 constant 修饰的状态变量第一次赋初值后,就不允许再修改	uint constant pi=3.1415926;

表 7-2　状态变量的数据类型

数据类型	描述
无符号整型 uint	可以在 unit 后面指定 8 的倍数限定整数的大小,如 uint8、uint16、uint256,uint8 表示 8 位无符号整数,取值范围是 0～255。uint 与 uint256 等价。
有符号整型 int	与 uint 类似,也可以在后面指定 8 的倍数限定整数的大小,如 int8、int16、int256,int8 表示 8 位整数,取值范围是 −128～127。int 与 int256 等价。
布尔型 bool	取值是 true 或 false。

固定长度的不可变字节数组 bytes$N$	N 的范围为 1～32,字节数组长度不可变,元素内容不可修改,如 bytes1、bytes2、…、bytes32,分别表示 1 个、2 个、…、32 个字节,bytes1 等价于 byte。bytes$N$ 数组比下面的 byte[len]数组的效率更高。通过只读 length 属性获取字节数组的长度,通过索引 0～length−1 访问数组指定元素。
	例如:bytes5 a = 0x6e6773616e;
	　　　uint l=a. length;
	　　　bytes1 b=a[0];

数据类型	描述
固定长度的可变字节数组 byte[len]	len 的范围为 0 ～ 32,字节数组长度不可变,但元素内容可修改。通过只读 length 属性获取字节数组的长度,通过索引 0～length－1 访问或修改数组指定元素。 例如:byte[5] a ＝[byte(0x6e),0x67,0x73,0x61,0x6e]; 　　　a[1]＝byte(0xff);
可变字节数组 bytes	字节数组长度可变,元素内容可修改,通过修改 length 属性的值可以动态改变数组长度,通过索引 0～length－1 访问或修改数组指定元素。 例如:bytes b＝new bytes(10); 　　　b.length＝5;
字符串 string	字符串可以由单引号或双引号内的字符序列构成。其实是一个特殊的可变字节数组,但是没有 length 属性,也不能通过索引访问或修改指定位置的字符。 例如:string s1＝'hello smart contract'; 　　　string s2＝"hello solidity";
地址 address	地址是 20 字节的整型数据,专门用于表示以太坊账户地址。地址具有只读 balance 属性,可以获取对应账户的余额。 例如:address my＝0xca35b7d915458ef540ade6068dfe2f44e8fa733c; uint b＝my.balance;
枚举 enum	枚举是自定义类型,从零开始递增的命名常量。 例如:enum level {A, B, C, D, E}; 　　　level score＝level.B;
映射 mapping	映射类似于 Java 语言的 HashMap,可以存储键值对＜key, value＞数据,通过 key 快速查找到 value。 例如:mapping(address ＝＞ uint) Accounts; address a1＝0xca35b7d915458ef540ade6068dfe2f44e8fa733c; address a2＝0xce35b7d915458dfe2f44e8fa733cef540ade6068; Accounts[a1]＝a1.balance; Accounts[a2]＝a2.balance;

数据类型	描述

结构 struct	结构是自定义复杂数据类型,类似于 C/C++语言的结构类型,可以包含多个不同类型的成员变量。
	例如:struct student{
	　　　string name;
	　　　uint8 age;
	　　　bool ismale;
	}
	student s1=student("Zhangsan", 19, false);
	student s2=student("Wangwu", 20, true);

(2)系统全局变量。

智能合约中可以直接使用系统全局变量 block、msg、tx、now 获取与以太坊系统区块、交易、消息和时间相关的信息,如表 7-3 所示。

表 7-3　状态变量的数据类型

全局变量	变量类型	描述
block. coinbase	address	当前区块出块节点地址
block. difficulty	uint	当前区块难度值
block. gaslimit	uint	当前区块 Gas 上限
block. number	uint	当前区块的序号
block. timestamp	uint	当前区块的时间戳
msg. data	bytes	与创建交易相关的函数及其参数信息
msg. gas	uint	执行交易后未花费的 Gas
msg. sender	address	发出消息的地址
msg. value	uint	随消息发送的以太币数量,以 Wei 作为单位
tx. gasprice	uint	交易中的 Gas 单价
tx. origin	address	交易的发起方地址
now	uint	当前时间

(3)构造函数。

与 Java 语言相似,在合约中可以声明构造函数,构造函数名必须与合约名一致,且没有返回值。构造函数是可选的,当没有显示声明构造函数时,编译时会自动加上默认构造函数。合约中只允许有一个构造函数,会在合约部署时被执行一次,常用于初始化状态变量。

（4）函数。

函数与状态变量都是智能合约中最重要的组成部分。函数中的代码可以创建交易或实现自定义复杂业务逻辑。函数使用关键字 function 声明,函数可以接收多个参数,可以不返回值(如示例合约中的函数 func0),也可以通过关键字 returns 返回 1 个或多个值(如示例合约中的函数 func1 和 func2)。

智能合约中的函数的主要功能逻辑包括:

①读取状态变量的值;

②修改状态变量的值;

③读取系统全局变量的值;

④执行基于状态变量的逻辑;

⑤执行与状态变量无关的逻辑;

⑥向其他账户地址发送以太币资金;

⑦发出事件;

⑧调用其他函数(被调用函数未被 view 或 pure 修饰);

⑨创建其他合约;

⑩合约自毁。

view 和 pure 是两个特殊的函数修饰符。如果在函数声明中指定了 view 修饰符,该函数就可以称为"view 函数"或常量函数,在 view 函数中只允许读取状态变量的值,不允许对状态变量进行修改。如果在函数声明中指定了 pure 修饰符,该函数就可以称为"pure 函数",在 pure 函数中不允许访问任何状态变量与系统全局变量。

要特别注意,以太坊智能合约的函数的调用执行不是免费的,每次调用执行合约的函数,调用方都需要花费一定数量的 Gas,一方面作为系统给运行该智能合约节点的奖励,另一方面通过经济手段减少或避免针对合约的恶意访问 DoS 攻击等安全威胁。

（5）事件。

事件(Event)是指合约中的某些逻辑(如改变区块链状态)触发事件信息发送,相关事件监听者捕获到事件信息后,执行针对该事件的后续处理逻辑。事件常用于实现通知或异步调用。在合约执行过程中,被触发的事件信息会被打包进区块数据中,永久保存在以太坊区块链系统中。

在合约体中可以使用关键字 event 声明事件名称及事件相关的参数。下面的示例代码中声明了 TimeEvent 事件,该事件可以附带时间戳参数。

event TimeEvent(uint) ;

事件声明后,就可以使用 emit 语句触发事件,通过在关键字 emit 后指定需要触发的事件名称及相关参数,也可以省去 emit 语句,像调用函数一样通过事件名称及相关参数触发事件。

contract TestEvent {

```
event TimeEvent(uint)；
function sendEvent(){
        emit TimeEvent(now)；      //等价于  TimeEvent(now)；
}
}
```

在以太坊系统中,事件信息主要是被客户端应用(如 DApp Web 应用)监听或订阅,客户端应用根据接收到的事件来做出相应的变化。例如,Web 应用中可以使用以太坊的 Javascript SDK web3.js 来实现监听单个或全部事件。

下面是一个在 Web 页面中监听从创世区块到最新区块的 TimeEvent 事件的 web3.js 示例代码。

```
var testContract = new web3.eth.Contract(...)；   //通过地址查询指定合约
testContract.events.TimeEvent(
{fromBlock：0，toBlock：'lastest'}，
function(error，event){
if(error){
        console.log(error)；
}
console.log(event)；
}
)；
```

(6)异常处理。

在智能合约中,可以使用 require、assert、revert 等语句实现错误处理,提高合约运行的安全性和健壮性。

require 语句用于条件检查,常用于检测函数的输入参数或者合约状态变量是否满足条件,如果不满足条件,会抛出异常并且合约执行会被挂起,未使用的 Gas 会被退回给合约调用者并且合约状态会被回退到初始状态。

```
function sendFee(address account，uint val) public {
    require(val>0)；
    require(val<=100)；
    account.send(val)；
}
```

assert 语句与 require 语言的功能相似,区别在于未使用的 Gas 不会被退回给调用者而是被全部使用掉,合约状态也会被回退到初始状态。

revert 语句是直接抛出异常,未使用的 Gas 会被退回给合约调用者并且合约状态会被回退到初始状态。revert 语句用于替代在 Solidity 语言的早期版本中提供的 throw 语句。

```
function sendFee(address account, uint val) public {
  if(val<=0 || val>100 )
    revert();
  account. send(val);
}
```

7.2.2.2　编译智能合约

智能合约代码编写完成后,保存在以 sol 为后缀名的源代码文件中,文件名与合约名称保持一致,然后需要使用 Solidity 语言的编译器 solc 进行编译,编译成功后将主要输出合约 ABI 接口文件和合约字节码文件。

ABI(Application Binary Interface)是合约对外提供的函数和状态变量的接口说明文件,调用者可以通过合约 ABI 接口了解该合约提供哪些函数及所需的参数。

合约字节码是可以在以太坊虚拟机 EVM 上执行的指令,保存在以 bin 作为后缀名的字节码文件中。

以太坊 Solidity 智能合约有多种编译方式,下面分别介绍在 Linux 命令行、Geth 控制台以及 Remix IDE 中对智能合约进行编译的方法。

(1)Linux 命令行编译。

在 Linux 命令行编译之前,需要首先安装 Solidity 语言编译器,如在 CentOS Linux 操作系统使用 npm 命令进行安装:

npm install -g solc

在 Linux 命令行下可以直接使用 solc 编译器对合约源文件进行编译,生成合约字节码文件,合约字节码文件是一个字节流文件,以 *. bin 作为文件名后缀。例如,下面的编译命令执行后会得到 TestContract. bin 合约字节码文件。

solc --bin TestContract. sol

合约 ABI 接口文件是一个文本文件,以 *. abi 作为文件名后缀。例如,下面的编译命令执行后会得到 TestContract. abi 合约 ABI 接口文件。

solc --abi TestContract. sol

(2)Geth 控制台编译。

在以太坊节点环境中,通过 Go 语言版本客户端工具 Geth 结合 solc 编译器对智能合约进行编译的主要步骤。

Geth 控制台一个交互式的 JavaScript 执行环境。打开 Geth 控制台之前,确认 Solidity 语言编译器 solc 已经安装好,如在 Ubuntu Linux 操作系统使用 apt-get 命令进行安装:

apt-get install solc

geth 命令默认会尝试连接以太坊系统主链,由于在主链上合约的编译发布需要消耗以太比,因此在合约开发测试阶段,一般会构建一条私有测试链,再使用下面的命令以开发

(dev)模式打开 geth 控制台。

　　geth --datadirCHAIN_STORE_PATH --dev console 2>LOG_FILE

　　CHAIN_STORE_PATH：指定私有测试链的本地数据存储路径。

　　LOG_FILE：指定日志文件，用于查看编译过程中的各种输出日志信息。

　　在 geth 控制台中，使用 admin 命令设置 solc 编译器。

　　>admin. setSolc("/usr/bin/solc")

　　设置成功后，可以使用 eth 命令查看编译器列表信息，可以查看到"Solidity"编译器。

　　>eth. getCompilers()

　　["Solidity"]

　　完成 solc 编译器设置后，就可以使用下列命令在 Geth 控制台中对合约进行编译。

　　>var source = "contract TestContract {\n uint internal sv1;\n……}\n"

　　>var contract = eth. compile. solidity(source). TestContract

　　编译成功后，可以在 Geth 控制台指定的日志中查看到如下信息。其中"code"对应的十六进制字符序列就是合约字节码，"abiDefinition"对应的字符内容就是合约 ABI 接口为文件的文本内容。

```
"TestContract"{
    "code": "0x5b60376004356041565b806...06000357c050604d565b91905056",
    "info": {
        "source": "contract TestContract {\n uint internal sv1;\n……}\n",
        "language": "Solidity",
        "languageVersion": "0",
        "compilerVersion": "0. x. x",
        "abiDefinition": [
            ……
            {
                "constant": false,
                "inputs": [],
                "name": "funcA",
                "outputs": [],
                "payable": false,
                "stateMutability": "nonpayable",
                "type": "function"
            },
            {
                "constant": true,
```

```
            "inputs": [],
            "name": "funcC",
            "outputs": [
                {
                    "name": "",
                    "type": "uint256"
                },
                {
                    "name": "",
                    "type": "uint256"
                }
            ],
            "payable": false,
            "stateMutability": "pure",
            "type": "function"
        },
        ......
    ],
    ......
    }
  }
}
```

（3）Remix IDE 编译。

Remix IDE 是由以太坊开源组织（ethereum.org）研发并免费提供以太坊智能合约开发者使用的一个可以在线编写、编译、运行和测试智能合约的 IDE 工具,其主要工作界面如图 7－3 所示。

图 7－3　Remix IDE 合约编译功能界面示意图

在图 7 - 3 Remix 工作界面左方的程序编辑框输入合约代码,在右方选择对应版本的编译器,执行"开始编译"功能就可以执行编译,编译成功后,使用"字节码"和"ABI"功能就可以获取编译后生成的合约字节码和合约 ABI 接口文件的数据内容,使用"详情"功能就可以查看合约的所有信息,如图 7 - 4 所示。

图 7 - 4　合约编译后的详细信息

7.2.2.3　部署智能合约

智能合约编译好后,需要将合约字节码和合约 ABI 部署到以太坊区块链系统中,才能被运行调用。在以太坊系统中,智能合约的部署过程就是由外部账户发起一次"创建智能合约"类型的交易,交易的相关属性设置如下:

Recipient:空或 0x00。

Amount:要预付给合约账户的存款,可以是零或任何数量的以太币。

Payload:智能合约的合约字节码。

V/R/S:创建者的签名。

智能合约创建交易被以太坊网络节点打包进区块后,才表示智能合约部署成功,系统会产生一个新的合约账户,返回合约账户地址。通过这个合约账户地址,就可以通过发起"调用合约方法"类型的交易,对智能合约程序进行调用。

以太坊智能合约有多种部署方式,下面分别介绍在 Geth 控制台以及 Remix IDE 中对智能合约进行部署的方法。

(1)Geth 控制台部署。

智能合约编译好后,在 Geth 控制台中可以使用下面的步骤对合约进行部署。

第一步:使用外部账户来部署合约,首先解锁外部账户,然后可以使用外部账户的密钥用于签名。

＞ var accounts = personal. listAccounts　　//返回密钥库中所有密钥对应的以太坊账户地址

＞ personal. unlockAccount(eth. accounts[0])

Unlock account 0x91e0fde16a3fac28023443ffb2a5ce3f4b800807

Passphrase：＊＊＊＊＊＊＊＊＊＊

第二步：指定待部署合约的合约字节码和合约 ABI 接口，定义变量 code 和 abi，将编译后生成日志中的合约字节码和合约 ABI 接口字符信息分别赋值给变量 code 和 abi。

＞var code ＝ "0x5b60376004356041565b806...06000357c050604d565b91905056"

＞var abi ＝ [..., {"constant"：false,"inputs"：[],"name"："funcA","outputs"：[], "payable"：false, "stateMutability"："nonpayable","type"："function"}, {"constant"： true,"inputs"：[],"name"："funcC","outputs"：[{"name"："","type"："uint256"}, {"name"："","type"："uint256"}],"payable"：false,"stateMutability"："pure","type"： "function"},...]

第三步：创建合约对象，再使用合约对象的 new 函数发出创建合约交易，部署发布新合约。

＞ var TestContract ＝ eth.contract(abi)　　//创建合约对象

……

＞var contract ＝ TestContract.new({from：eth.accounts[0], data：code, gas：10000})

第四步：等待部署生效。创建合约交易发出后，必须等待交易被打包进新区块，当新区块被区块链确认后，会产生合约地址，这时才表示新合约已部署成功。使用 eth.getTransactionReceipt 命令可以通过创建合约交易哈希，查询合约地址。

＞eth.getTransactionReceipt("0xea6c1fc8ca7550a89……e31c3ad58a66ca485bd19b")

contractAddress："0x6a3894d928933b88845cc4bffc1d6a80d5ded24b"

（2）Remix IDE 部署。

使用 Geth 控制台部署智能合约的过程中，有大量的信息输入工作，效率较低。Remix IDE 中也集成了图形化交互部署经过编译的合约的功能。在图 7-3 的 Remix 工作界面右上方功能导航栏点击"运行"按钮，在界面后方就显示与部署合约相关的功能视图，如图 7-5 所示。

图 7-5　Remix IDE 合约部署功能界面示意图

在部署合约相关的功能视图中,可以指定部署合约的节点环境、外部账号信息,也可以设置创建合约交易相关的 Amount、GasLimit 等交易相关属性值。合约部署成功后,会在右下方列出已部署的合约,显示合约的地址信息。

为了方便合约的开发测试,Remix IDE 默认使用测试节点环境和测试外部账户(账户默认余额为 100 ETH),建议应先在 Remix IDE 测试环境中充分测试后,再将合约用于以太坊主链部署。

7.2.2.4　调用智能合约

与部署智能合约类似,在以太坊系统中,智能合约的调用过程就是由外部账户发起一次"调用智能合约"类型的交易,交易的相关属性设置如下:

Recipient:要调用的合约地址。

Amount:零或任意数量的以太币,如支付合约调用服务费用。

Payload:要调用的合约的方法名称和参数。

V/R/S:调用者的签名。

以太坊智能合约有多种调用方式,下面分别介绍在 Geth 控制台以及 Remix IDE 中对智能合约进行调用的方法。

(1)Geth 控制台调用。

智能合约部署好后,可以在 Geth 控制台通过合约 ABI 接口和合约地址,使用下面的步骤对合约进行部署。

第一步:在 Geth 控制台中,定义变量 abi 和 conAddr,将编译后生成日志中的合约 ABI 接口字符信息和合约地址分别赋值给变量 abi 和 conAddr。

＞var abi = [...,{"constant": false,"inputs": [],"name": "funcA","outputs": [], "payable": false, "stateMutability": "nonpayable", "type": "function"}, {"constant": true,"inputs": [], "name": "funcC","outputs": [{"name": "", "type": "uint256"}, {"name": "","type": "uint256"}],"payable": false,"stateMutability": "pure","type": "function"},...]

＞varconaddr = "0x6a3894d928933b88845cc4bffc1d6a80d5ded24b";

第二步:创建合约对象。

＞var TestContract = eth.contract(abi)　　//创建合约对象

第三步:获取合约实例。

＞var contract = TestContract.at(conAddr)

第四步:调用合约函数。使用以下命令通过发送交易来调用合约,sendTransaction 方法的前几个参数与该合约中被调用函数的输入参数对应。调用合约的交易会被打包保存到区块链中。

＞contract.funcD.sendTransaction({from:eth.accounts[0]})

1645272229　　　　//合约函数 funcD 返回系统时间

（2）Remix IDE 调用。

使用 Remix IDE 调用合约十分方便，Remix IDE 集成了图形化交互运行调用合约函数的功能。在图 7-5 的 Remix 工作界面右下方"已部署的合约"栏选择需要调用的合约，点击合约前的三角形图标列出该合约相关的函数和状态变量，点击列表中的函数名就可以调用该函数，并显示函数的执行结果，如图 7-6 所示。

图 7-6　Remix IDE 合约函数调用功能界面示意图

7.2.2.5　作废智能合约

在以太坊系统中，智能合约被部署到区块链系统后，就不能被删除，如果要作废一个已部署运行的合约，需要在合约中提供一个具有自毁功能的函数。例如，在 7.2.2.1 小节的合约示例代码中增加一个自毁函数 cancelContract()，同时可以限定能够调用该函数的条件，如只允许合约创建者作废合约。

```
pragma solidity ^0.4.19;              // 智能合约程序版本
contractTestContract {                // 定义合约
    uintinternal sv1;                 // 合约状态变量 sv1、sv2、sv3
    bool public sv2;
    address private sv3;
function TestContract() public {      // 构造函数
sv3=msg.sender;                       /在状态变量中保存创建者地址
}
    ......
    function cancelContract() public {
        require(msg.sender == sv3);   //合约只允许由创建者作废
```

```
        selfdestruct(msg. sender );
    }
}
```

当要作废合约时,在满足作废条件下,只需要调用执行该合约的自毁函数,之后任何账户都无法再调用该合约,但是作废之前合约相关交易都会继续保存在区块链系统中,不会有任何改变。

7.2.3　超级账本智能合约实现机制

7.2.3.1　智能合约编程

在超级账本 Fabric 系统中,智能合约是通过链码机制来实现,链码推荐采用 Go 语言来开发,也可以使用 JavaScript、Java 等语言来开发,下面是一个基于 Go 语言的超级账本智能合约的示例程序 mychaincode. go 的源代码。

```go
// 定义合约链码所属包 main,并导入合约链码依赖包
package main
import(
"encoding/json"
"fmt
"github. com/hyperledger/fabric/core/chaincode/shim"
"github. com/hyperledger/fabric/protos/peer"
)
// 自定义合约结构体,必须实现 Chaincode 接口,实现 Init 与 Invoke 两个函数。
typeMyChaincode struct {
}
// 实现 Chaincode 接口的 Init 函数,合约链码初始化时被系统调用执行
func ( t  * MyChaincode) Init(stub shim. ChaincodeStubInterface) peer. Response{
    fmt. Println("正在初始化合约链码……")
……
return shim. Success(nil)
}
// 实现 Chaincode 接口的 Invoke 函数,合约链码的调用入口
func ( t  * MyChaincode) Invoke(stub shim. ChaincodeStubInterface) peer. Response{
calledfunc, args ：= stub. GetFunctionAndParameters()
    if calledfunc== "CreateAsset"{
        returnCreateAsset(stub , args)
```

```
    }
if calledfunc＝＝"QueryAsset"{
        return QueryAsset(stub, args)
    }
    return shim. Error("非法调用,指定链码函数不存在!")
}
// 功能函数,提供合约自定义的写入键值对所表示的数据资产 Asset 功能
func CreateAsset(stub shim. ChaincodeStubInterface, args []string) peer. Response {
    if len(args) ! ＝ 2{
    return shim. Error("参数错误,必须指定 Asset 的 ID (args[0])和 Value (args[1])")
    }
assetID:＝args[0]
assetValue, _ :＝ json. Marshal(args[1])


err :＝ stub. PutState(assetID, assetValue)
if err ! ＝ nil {
return shim. Error("写入数据时发生错误")
}
return shim. Success(nil)
}
// 功能函数,提供合约自定义的根据键查询对应的数据资产 Asset 功能
funcQueryAsset(stub shim. ChaincodeStubInterface, args []string) peer. Response {
    if len(args) ! ＝ 1{
    return shim. Error("参数错误,必须指定 Asset 的 ID (args[0])")
    }
assetID:＝args[0]
result, err :＝ stub. GetState(assetID)
if err ! ＝ nil {
    return shim. Error("查询数据时发生错误")
    }
ifresult ＝＝ nil {
    return shim. Error("没有查找到指定的数据")
    }
return shim. Success(result)
}
```

```
// 主函数,调用 shim.Star()方法启动合约链码
func main() {
    err:=shim.Start(new(MyChaincode))
    if err ! = nil {
        fmt.Printf("启动链码 MyChaincode 时发生错误:%s", err)
    }
}
```

如上面的示例代码所示,在超级账本 Fabric 系统中,每个基于 Go 语言的智能合约链码一般要遵循以下程序设计规范:

(1)每个合约链码所属包定义为 main,并导入所需依赖包。

(2)每个合约链码必须定义实现链码接口 Chaincode 的合约结构体,并实现接口中声明的 Init 与 Invoke 两个方法。Init 方法会在链码部署初始化(instantiate)或者升级(upgrade)过程中被系统调用,执行必要的初始化操作。Invoke 方法是合约链码的调用入口,如果链码提供多个功能,可以在 Invoke 方法中通过解析参数再调用对应的功能函数。

下面是 Go 语言链码接口 Chaincode 的定义声明。

```
type Chaincode interface {
    Init(stub ChaincodeStubInterface) peer.Response
    Invoke(stub ChaincodeStubInterface) peer.Response
}
```

链码接口 Chaincode 的 Init 和 Invoke 方法的参数类型是 shim.ChaincodeStubInterface 接口,该接口定义了访问区块链系统的大量方法,部分方法如表 7-4 所示。

表 7-4 ChaincodeStubInterface 接口定义的方法

方法用途类型	方法名	描述
获取 Invoke 方法的调用参数	GetArgs() [][]byte	以二维 byte 数组的形式返回 Invoke 方法的调用参数列表
	GetStringArgs() []string	以字符串数组的形式返回 Invoke 方法的调用参数列表
	GetFunctionAndParameters() (string, []string)	以字符串和字符串数组的形式返回 Invoke 方法的调用参数,第一个字符串表示方法名,第二个字符串数组表示方法参数

方法用途类型	方法名	描述
对状态数据库进行 CRUD 操作	PutState(key string, value []byte) error	在状态数据库中,添加或更新指定的键值对数据
	DelState(key string) error	在状态数据库中,删除指定键对应的数据
	GetState(key string) ([]byte, error)	在状态数据库中,查找指定键对应的数据,返回 byte 数组形式
	GetStateByRange(startKey, endKey string) * * (StateQueryIteratorInterface, error)	在状态数据库中,查询指定范围的键值对应的数据
	GetHistoryForKey(key string) (History QueryIteratorInterface, error)	查询指定键值在区块链中的修改历史数据
访问用户证书	GetCreator() ([]byte, error)	获取调用链码的客户端的用户证书信息,返回字节数组
调用其他链码	InvokeChaincode(chaincodeName string, args [][]byte, channel string) peer. Response	在链码中调用其他通道上已经部署的链码
访问交易提案信息	GetSignedProposal() (* pb. SignedProposal, error)	返回当前的经过签名的交易提案信息
复合键处理	CreateCompositeKey(objectType string, attributes []string) (string, error)	根据复合键对象所属的结构体类型及属性列表,创建复合键对象,并返回该复合键对象对应字符串 key 值
	SplitCompositeKey(compositeKey string) (string, []string, error)	根据复合键对象对应字符串 key 值,解析得到复合键对象的类型以及属性列表,返回类型名字符串及属性列表数组
设置事件	SetEvent(name string, payload []byte) error	设置事件名及对应的 Payload 数据,当链码调用执行完毕,会将事件发送给客户端

(3)每个合约链码必须定义 main 函数作为链码的启动入口,通过调用 shim. Star()方法启动合约链码。

7.2.3.2　编译智能合约

为了编译智能合约,需要把合约链码源文件 mychaincode. go 保存到已安装好 Go 语言运行环境的 Linux/Windows 系统的 $GOPATH/src 路径下,在 src 路径下使用以下命令完成合约程序依赖包的下载和编译。如果编译过程没有任何错误,就可以对合约链码进行部署。

go get github. com/hyperledger/fabric/core/chaincode/shim

go get github. com/hyperledger/fabric/protos/peer

go build .\mychaincode. go

7.2.3.3　部署智能合约

在超级账本 Fabric 系统中,要部署一个经过编译的智能合约链码,一般需要三个步骤,首先需要对合约链码进行打包(packaging),然后再对合约链码包进行安装(installing),最后对安装好的合约链码进行实例化(instantiating)。

(1)链码打包。

在 Fabric 系统中,链码如果属于多个参与方,需要多个所有者签名,则在安装前,需要先创建一个被签名的链码包,然后将其按顺序传递给其他所有者进行签名。链码如果只有单个所有者,不需要单独打包,可以在安装过程中自动打包。

链码包一般由三个部分构成:符合"CDS(ChaincodeDeploymentSpec)链码部署规范"的智能合约链码;一个可选的实例化策略,能够被用作背书策略进行描述;链码的所有者列表。

Fabric1. 4. x 版及以前的系统中创建一个被签名的链码包的命令格式:

peer chaincode package -n ${ccName} -p ${ccPath} -v ${ccVerion} -s -S -i ${instantiatePolicy} ${ccPackageName}

其中,"peer chaincode package"是 Fabric 系统提供的用于链码打包的命令,"-n"选项是指定链码的名称,"-p"选项是指定链码 Go 语言源程序的路径(相对 $GOPATH/src 的路径),"-v"选项是指定链码的版本,"-s"选项是指创建一个能被多个所有者签名的链码包,"-S"选项是指定用本地 MSP 配置文件中 localMSPID 指定的值进行签名,"-i"选项是指定链码的实例化策略,指定哪些身份能够实例化链码。最后的 ${ccPackageName} 是指定输出的链码打包文件名。

下面是将 mychaincode. go 链码进行打包的命令示例:

peer chaincode package -n mycc -p chaincodes/mychaincode -v 1. 0 -s -S -i " AND ('Org1. member','Org2. member')" mycc. out

实例化策略与背书策略具有相同的描述语法:EXPR(E,[,E...])。其中,EXPR 表达式可以使用 AND 或者 OR,E 表示一个实体或者是对另一个 EXPR 的嵌套调用。

实例化策略/背书策略示例如下:

AND('Org1. member','Org2. member') 两个主体必须同时背书并认可签名。

OR('Org1. member','Org2. member') 两个主体中任意一个背书并认可签名。

OR('Org1. member',AND('Org2. member','Org3. member')) 主体 1 背书并认可签名或者主体 2 与主体 3 共同背书并认可签名。

在 Fabric 2. x 版系统中,链码包采用了 Linux 系统中流行的 *. tar. gz 的压缩包形式,下面是 Fabric2. x 版系统中创建一个链码包的命令格式:

peer chaincode package ${ccPackageName} --path ${ccPath} --lang ${ccType} --label ${ccName}

其中,${ccPackageName}是指定链码包的文件名,"--path"选项是指定链码 Go 语言源程序的路径(相对 $GOPATH/src 的路径),"--lang"选项是指定链码的开发语言,"--label"选项是指定链码的标签名。

链码被成功打包后,就可以使用"peer chaincode signpackage"命令对其进行签名,下面是对链码包进行签名的命令的格式:

peer chaincode signpackage ${ccPackageName} ${signedPackageName}

其中,${ccPackageName}是未签名的链码包文件名,${signedPackageName}是指定被签名的链码包的文件名。可以使用下面的示例命令对 mycc. out 链码包进行签名。

peer chaincode signpackage mycc. out signedmycc. out

在 Fabric 系统中,对链码进行签名具有重要作用:①通过签名可以确定链码的所有者;②允许验证链码包中的内容;③便于检测链码包是否被篡改。

被签名的链码包遵循"签名链码部署规范(SignedChaincodeDeploymentSpec)",由三个部分构成:①CDS 中包含的智能合约链码源程序、名称和版本信息;②链码的实例化策略,即背书策略;③链码的所有者实体列表及签名。

(2)安装链码。

链码打包后,就可以通过 Fabric 系统提供的命令"peer chaincode install"进行安装,下面是一个链码安装的命令的格式:

peer chaincode install -n ${ccName} -v ${ccVersion} -p ${ccPath}

其中,"-n"选项是指定链码的名称,"-v"选项是指定链码的版本,"-p"选项是指定链码 Go 语言源程序的路径(相对 $GOPATH/src 的路径)。下面是对 mychaincode. go 链码进行安装的命令示例:

peer chaincode install -n testcc -v 1. 0 -pchaincodes/mychaincode

与以太坊系统不同,Fabric 系统的链码安装并不会产生交易,因此不会影响 Fabric 网络通道内的其他 Peer 节点,可以简单地理解为,链码安装就是链码所有者成员 Peer 节点收到链码安装调用后,进行相关校验,最终将符合 CDS 链码部署规范的智能合约链码安装到本地磁盘上。

(3)链码实例化。

链码安装成功后,需要在 Fabric 系统指定的通道中进行实例化,使链码与通道绑定,同一个链码可以在多个通道中实例化,可以理解为链码在不同通道上创建了独立的副本实例,每个链码实例的作用域被限制在不同的通道中,链码副本实例的运行相互隔离。

在 Fabric 系统中,通过命令"peer chaincode instantiate"对已安装的链码进行实例化,链码才能处于运行状态,下面是链码实例化命令的格式:

peer chaincode instantiate -o ${ordererAddr} -C ${channelName} -n ${ccName} -v ${ccVersion} -c ${InitArgs} -P ${EndorserPolicy}

其中,"-o"选项是指定排序节点的地址,${ordererAddr} 一般采用"域名地址:端口"的格式描述,如"orderer. example. com:7050","-C"选项是指定通道的名称,"-n"选项是指定链码的名称,"-v"选项是指定链码的版本,"-c"选项是指定链码初始化 Init 方法的参数,默认没有参数,"-P"选项是指定背书策略。下面是对已安装的链码 mycc 进行实例化的命令示例:

peer chaincode instantiate -o "orderer. example. com:7050" -C "mychannel" -n mycc -v 1. 0 -c '"Args":["init","test chaincode"]'

7.2.3.4　调用智能合约

链码实例化后,就进入运行状态,可以通过 Fabric 系统提供的"peer chaincode query""peer chaincode invoke"等命令在指定通道上对链码进行查询和调用。

(1)查询链码。

查询链码实际上是访问链码程序中设计的具有查询功能用途的方法,如查询账本的状态,一般不会对账本的状态进行修改,命令格式为:

peer chaincode query -C ${channelName} -n ${ccName} -c ${queryArgs}

其中,"-C"选项是指定通道的名称,"-n"选项是指定链码的名称,"-c"选项是指定需要访问的链码的查询方法及参数,采用 JSON 格式的构造参数,默认值是'{}',例如'{"Args":["queryUser","uid0235"]}',查询链码的命令会解释 JSON 格式的当构造参数,当存在 key 值"Args"时,解析对应的 value 值数组对象,数组的第一个元素是需要查询的链码的方法名,数组后面的元素是方法的参数。

(2)调用链码。

调用链码实际上是访问链码程序中设计的具有对账本状态进行修改的功能用途的方法,如发起一笔交易,命令格式为:

peer chaincode invoke -C ${channelName} -n ${ccName} -c ${invokeArgs}

其中,"-C"选项是指定通道的名称,"-"n 选项是指定链码的名称,"-c"选项是需要访问的链码的调用方法及参数,采用 JSON 格式的构造参数,默认值是'{}',例如'{"Args":["addUser","uid0235","Zhangsan"]}',调用链码的命令会解释 JSON 格式的当构造参数,当存在 key 值"Args"时,解析对应的 value 值数组对象,数组的第一个元素是需要调用的链码的方法名,数组后面的元素是方法的参数。

7.2.3.5　作废智能合约

目前,超级账本 Fabric 系统只提供了对合约链码进行打包、安装、实例化、调用等功能,也没有与以太坊系统一样提供智能合约自毁的函数,但是可以借鉴以太坊系统的智能合约作废机制,在合约链码中设计一个布尔型作废开关状态变量和合约作废函数,只有特定权限的用户(如合约创建者)才能调用合约作废函数,改变作废开关状态变量的值。在合约链码的 Invoke 方法中,在调用任何功能函数前,首先对作废开关状态变量进行检测,一旦发现合约已作废,则不再执行任何功能函数,并返回合约调用方"合约已作废"错误信息。

本章小结

通过对本章内容的学习,读者应该全面了解区块链系统智能合约相关的定义、作用、特点及技术原理,重点掌握智能合约的参考框架与设计模型,深入理解以太坊区块链系统智能合约的编程机制、部署模式、调用与作废方法,深入理解超级账本 Fabric 区块链系统智能合约的编程机制、部署模式、调用与作废方法。

练习题

(一)填空题

1. 智能合约设计中最基本的组成部分包括＿＿＿＿＿＿和函数。

2. 在 Solidity 语言中,表示地址的数据类型是＿＿＿＿,其长度是＿＿＿字节。

3. 超级账本 Fabric 区块链系统的智能合约链码支持采用＿＿＿＿＿、＿＿＿＿＿、＿＿＿＿＿等语言开发。

4. 在超级账本 Fabric 区块链系统的 Go 语言链码的包名必须是＿＿＿＿＿＿。

5. 在超级账本 Fabric 系统中,要部署一个经过编译的智能合约链码,需要经过＿＿＿＿、安装和＿＿＿＿＿等阶段。

(二)选择题

1. 中国历史上最早的合约出现于(　　　)。

A. 商朝　　　　　　B. 西周　　　　　　C. 东周　　　　　　D. 秦朝

2. 以太坊系统智能合约默认采用的编程语言是(　　　)。

A. Java　　　　　　B. Go　　　　　　C. Solidity　　　　　　D. JavaScript

3. 在以太坊 Solidity 智能合约程序中被(　　　)修饰的状态变量只能在当前合约函数中使用,不能被外部访问修改。

A. private　　　　B. internal　　　　C. public　　　　D. protected

4. 在以太坊 Solidity 智能合约程序中,如果在函数声明中指定了(　　)修饰符,该函数中只允许读取状态变量的值,不允许对状态变量进行修改。

A. pure　　　　B. view　　　　C. constant　　　　D. internal

5. 以太坊 Solidity 智能合约源代码文件后缀名是(　　)。

A. so　　　　B. soc　　　　C. sol　　　　D. solc

6. 以太坊 Solidity 智能合约的运行环境是(　　)。

A. JVM　　　　B. Docker 容器　　　　C. EVM　　　　D. VMware

7. 以太坊 Solidity 智能合约经过编译后得到的字节码文件后缀名是(　　)。

A. exe　　　　B. so　　　　C. bin　　　　D. 无后缀名

8. 在以太坊智能合约创建交易中,保存智能合约字节码的交易属性是(　　)。

A. Recipient　　　　B. Amount　　　　C. Payload　　　　D. Code

9. 在区块链系统中,首次真正实现智能合约功能的选项是(　　)。

A. 比特币　　　　B. 以太坊　　　　C. EOS　　　　D. 超级账本 Fabric

(三)简答题

1. 请简述什么是智能合约。

2. 请简述智能合约有哪些作用。

3. 请简述以太坊智能合约 ABI 接口文件的用途。

4. 请简要分析如何理解超级账本 Fabric 系统中的链码实例化。

5. 请简要分析超级账本 Fabric 系统智能合约链码的生命周期。

第八章　区块链 P2P 网络技术

区块链系统是一种基于 P2P(Peer-to-Peer)对等网络交换技术构建的分布式系统。P2P 网络是一种工作在 TCP/IP 网络之上的应用层分布式网络协议,P2P 网络的各节点(Peer)之间的关系是对等的,根据应用的需要,P2P 网络节点之间可以共享它们所拥有的一部分资源,如 CPU 计算能力、存储空间、网络传输能力等。P2P 网络各节点的对等性体现在各节点访问 P2P 网络中的共享资源,一般不需要经过 P2P 网络外的其他中介实体的授权,P2P 网络的节点既是共享资源的提供者,又是资源的使用者。P2P 网络技术是比特币、以太坊等区块链系统在全球互联网大规模节点自组网的关键技术保证,因此,学术界普遍将 P2P 网络技术与去中心化、智能合约等并列为区块链系统的主要技术特性。

本章将从 P2P 网络技术的基本概念入手,阐述 P2P 网络的定义、特点以及 P2P 网络相关模型与算法,并详细介绍典型区块链系统中 P2P 网络的工作机制。

8.1　P2P 网络基本概念

8.1.1　P2P 网络的定义

P2P 网络技术属于分布式计算范畴。分布式计算最初是指在一台计算机多个处理器之间的协同计算。随着计算机网络的发展,现代分布式计算一般是指多台计算机通过网络通信协同完成任务。分布式计算不一定采用 P2P 网络技术实现,比如采用主从(Master/Slave)网络架构的分布式计算系统中,各台计算机之间的角色可能是不对等的。

P2P 是英文"Peer-to-Peer"的缩写,英文单词"Peer"有"身份或地位相同的人"的意思,因此,P2P 网络也称为"对等网络",简单地理解为,网络中的各个节点都是对等的,不存在主、从节点之分,每个网络节点既可以作为网络服务的请求者,又能对其他节点的请求进行响应。P2P 网络的初衷是改变传统互联网中以服务提供者为中心的 C/S 或 B/S 结构,使网络节点都具有平等通信的能力,提高信息在互联网中的传播效率。

目前,在学术界和工业界对 P2P 网络技术并没有一个标准的定义,许多研究机构和企业都从不同维度针对 P2P 网络技术提出了相关的概念。

美国英特尔(Intel)公司将 P2P 网络系统定义为"在系统之间直接进行交换来共享计算机资源和服务的系统"。

美国 IBM 公司认为 P2P 网络系统是"由大量相互连接的计算机构成的网络系统,该系统依赖于边缘计算机设备的主动协作,每个网络节点直接从其他节点,而不是从中央服务器获取所需的资源和服务;P2P 网络系统节点同时拥有服务器与客户端的功能角色"。

惠普实验室的研究人员提出,P2P 网络系统是"一种采取分布式方式,利用分布式资源完成关键功能的系统"。分布式资源可以包括 CPU 计算能力、存储空间、网络带宽等,关键功能可以包括分布式计算、数据交换、文件共享、通信与协作或平台服务等。

尽管已有多种对 P2P 网络的定义,但这些定义之间拥有对 P2P 网络技术的共性认识,P2P 网络可以让计算机节点之间不再经过中间服务或平台直接交换数据,每个网络节点的地位都是对等的,可以兼有客户端和服务器端的两种角色,既可以从其他网络节点获取所需的数据,也可以向其他网络节点发送对方所需的数据。

P2P 网络技术的迅速发展,推动互联网的结构从"内容位于中心大网站"向"内容位于边缘小应用"转变,促使互联网改变目前以大网站为中心的模式,有利于互联网应用技术创新,区块链系统就是基于 P2P 网络技术的典型应用。

8.1.2　P2P 网络的特点

与传统的集中式网络结构相比,P2P 网络主要有以下几个方面的特点。

(1)高健壮性。P2P 网络天然具有良好的健壮性。由于服务是分散在各个节点之间进行的,部分节点或网络遭到破坏对其他部分的影响很小。P2P 网络一般具备自组织功能,在部分节点失效时能够自动调整整体拓扑,保持其他节点的连通性。P2P 网络一般允许节点自由地加入或退出。P2P 网络还可以根据网络带宽、节点数、负载等变化不断地做自适应式调整。

(2)易扩展性。P2P 网络是完全分布式的,不存在单点性能上的瓶颈。随着 P2P 网络节点的加入,不仅服务的需求增加了,系统整体的资源和服务能力也在同步扩充,始终能较容易地满足用户的需要,理论上其可扩展性几乎可以认为是无限的。P2P 网络一般具备自组织、自配置、自动负载均衡等能力,系统扩容变得非常容易。

(3)高性价比。P2P 网络可以有效地利用互联网中散布的大量普通用户节点的空闲资源,只需要少量甚至不需要专门的服务器资源,P2P 网络可以将计算任务或数据分布到所有节点上,利用其中闲置的带宽、计算能力或存储空间,达到高性能计算、海量数据传输、海量数据存储的目的。可节省用于购买昂贵的服务器,建设数据中心机房、租用网络带宽的大量资金。

(4)强私密性。P2P 网络中各节点之间信息的传输不需要通过某个中心环节,节点之间传输的信息被窃听或泄漏的难度大大增加。传统的匿名通信通常采用中继转发的技术方法,可以将通信的参与者隐藏在众多的网络实体之中。而在 P2P 网络中,所有节点都可以提供中继转发的功能,因而大大提高了匿名通信的灵活性和可靠性,能够为用户提供更好的隐私保护。

(5)低维护成本。P2P 网络中,一般没有中心管理者。P2P 网络一般具备自组织、自配置、自愈等能力,从而最大程度降低了对人工维护的需要。对于采用 P2P 网络的服务提供者来说,系统运行维护的成本几乎为零,同时也降低了出现人为配置错误的可能性。

8.2　P2P 网络模型

8.2.1　P2P 网络模型分类

在计算机网络领域,常用的计算机网络参考模型主要有 OSI 七层参考模型和 TCP/IP 四层参考模型,如图 8-1 所示。OSI 网络模型是一种比较理想的理论模型,而 TCP/IP 网络模型是实际应用最广泛的模型,现有的互联网就是运行在 TCP/IP 网络之上。TCP/IP 网络模型是一种分层模型,从下到上分为网络接口层、网际层、传输层和应用层。

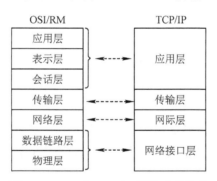

图 8-1　OSI 和 TCP/IP 网络参考模型

网络接口层是 TCP/IP 模型的最底层,负责接收从网际层传来的 IP 数据报,并且将 IP 数据报通过底层物理网络发出去,或者从底层的物理网络上接收物理帧,解封装出 IP 数据报,交给网际层处理。

网际层是 TCP/IP 模型的核心功能层,主要负责把数据分组发往目标网络或主机,网际层定义了分组的格式与协议,即 IP(Internet Protocol)协议。IP 协议实现两个基本功能:寻址和分段。根据数据报报头中的目的地址选择传送路径将数据传送到目的地址,这个过程就称为路由。

传输层工作在网际层之上,主要负责使源主机和目标主机上的对等实体可以进行会话。TCP/IP 模型的传输层定义了两种服务质量的协议:传输控制协议(Transmission Control

Protocol,TCP)传输控制协议、用户数据报协议(User Datagram Protocol,UDP)。TCP 协议是一个面向连接的、可靠的传输协议,可将源主机发出的数据无差错地发送到网络上地其他主机。UDP 协议是一个无连接地、不可靠的传输协议。

应用层面向不同的应用系统,引入基于 TCP 或 UDP 协议的不同的覆盖网络(Overlay Network)协议。例如,文件传输协议(File Transfer Protocol,FTP)、Telnet 虚拟终端协议、超文本传输协议(Hyper Text Transfer Protocol,HTTP)。

P2P 网络实际上是工作在 TCP/IP 网络模型的应用层的一个覆盖网络,因此,根据应用的需求,可以建立多种不同的 P2P 网络模型,主要有集中式 P2P 网络模型、纯分布式 P2P 网络模型、混合式 P2P 网络模型等。

三类 P2P 网络模型对比如表 8-1 所示。

表 8-1 三类 P2P 网络模型对比

比较项	网络模型			
	集中式 P2P 网络模型	纯分布式 P2P 网络模型		混合式 P2P 网络模型
		非结构化	结构化	
可靠性	差	好	好	中等
可扩展性	差	差	好	中等
可维护性	好	好	较好	中等
查找算法效率	高	中等	较高	中等
复杂查询	支持	支持	不支持	支持

8.2.2 集中式 P2P 网络模型

集中式 P2P 网络模型是最早出现的 P2P 网络模型。由于采用集中的索引服务器管理 P2P 网络各节点而得名,集中式 P2P 网络模型仍然具有中心化的特征,因此也被称为非纯粹的 P2P 网络。

集中式 P2P 网络模型一般采用星状拓扑结构(如图 8-2 所示),节点注册信息、服务索引信息都保存在中心索引服务器中,各对等节点都与中心索引服务器相连。中心索引服务器只存放索引信息,由对等节点实际保存各自提供的服务信息,如共享的图片、音频、视频文件。

在集中式 P2P 网络中,对等节点需要获得某个服务时,首先需要查找定位哪些节点能够提供该服务,这个过程称为"服务路由"。为了实现服务路由,服务请求节点可向中心索引服务器发起服务检索请求,对等节点与中心索引服务器节点之间会建立连接通道传输相关请求或响应消息,这种通道就称为 P2P 网络拓扑结构的"边"。所谓自组网技术就是一种在合适的节点之间建立连接通道的机制,从而让节点之间能够可靠传输消息。自组网构建的连接通道是建立在 TCP/IP 协议传输层之上的逻辑连接,因此由连接通道形成的 P2P 网络拓

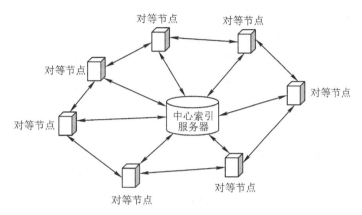

图 8-2　集中式 P2P 网络结构示意图

扑又称为"覆盖拓扑"。

服务请求节点受到中心索引服务器节点的响应后,将根据网络流量、延迟等信息选择合适的服务供应节点建立直接连接,而不必再经过中心索引服务器进行,此时服务请求/响应可直接在两个对等节点之间进行。

为了保证中心索引服务器节点实时拥有 P2P 网络全面、准确的节点与服务信息,所有对等节点必须定期向中心索引服务器报告服务索引信息。下面以 MP3 音乐文件 P2P 共享服务为例,中心索引服务器可为每个 MP3 音乐文件服务资源建立一个索引项,主要包括关键字、文件名、服务节点 IPv4 地址、服务端口号等信息,如表 8-2 所示。

表 8-2　集中式 P2P 网络中心索引信息示意

关键字	文件名	服务节点 IPv4 地址	服务端口号
……	……	……	……
青花瓷	09b6a07106f87d6c. mp3	182. 6. 20. 7	12341
双截棍	sjg. mp3	175. 15. 17. 212	1010
大中国	greatchina. mp3	109. 24. 80. 12	808
稻香	daoxiang. mp3	202. 16. 13. 145	50
……	……	……	……

当节点(109. 24. 80. 12)想要搜索下载"青花瓷. mpg"音乐文件,首先向中心索引服务发送关键字"青花瓷"查询请求,中心索引服务器受到请求后,根据上面的索引信息表找到节点(182. 6. 20. 7)可以提供"青花瓷. mpg"音乐文件共享下载服务,中心索引服务器将查询结果回复给服务请求节点(109. 24. 80. 12),节点(109. 24. 80. 12)直接向节点(182. 6. 20. 7)的 IP 地址和服务端口发出文件内容资源下载请求。

集中式 P2P 网络模型的优点是结构十分简单,易于实现,由于服务路由依赖中心索引服务器系统,可以灵活采用高效的存储结构和检索算法并能够实现复杂查询。此外,集中式

P2P 网络结构提高了网络的可管理性,使得对共享服务资源的查找和更新非常方便。最早的 Napster 系统采用的就是这种 P2P 网络模型。

集中式 P2P 网络模型的缺点是需要中心化的索引服务器存储大量的节点和服务索引信息,并且必须不断将对等节点的信息同步到索引服务器,中心索引服务器节点常常成为整个 P2P 网络的性能瓶颈。比如,P2P 网络中有 30 万个对等节点,每个节点平均提供 200 个共享文件服务资源,则中心索引服务器需要存储 2 亿个服务索引项,如果每个节点每 10 分钟向索引服务器同步一次索引数据,那么中心索引服务器每秒钟需要处理约 500 次同步请求;如果每个对等节点每分钟进行一次路由查询,那么中心索引服务器每秒钟需要处理 5000 次查询,这对中心索引服务器的存储与检索性能都提出了很高的要求。同时,因为整个 P2P 网络的服务索引数据都保存在中心索引服务器节点,该节点一旦出现故障或者遭受拒绝服务攻击,将导致整个 P2P 网络的服务瘫痪,大大降低了系统的可靠性和安全性。

因此,集中式 P2P 网络模型一般只适用于百级规模的小型网络,并不适合应用于中大型网络。

8.2.3　纯分布式 P2P 网络模型

纯分布式 P2P 网络模型的思想是去掉集中式 P2P 网络模型中的中心索引服务器节点,每个节点是完全对等的,每个节点同时提供客户端、服务路由查询和资源服务器三种功能,每个节点都维护着一个邻居节点列表。当节点想获取指定服务时,会向它的邻居节点列表中的所有节点发送服务查询请求,每个节点受到查询请求后,会先检索自身的服务资源列表,查看自己是否可以向请求节点提供服务。如果自己的服务资源列表中有对应的服务,则向请求节点回复查询结果;如果没有对应的服务,则继续向自己的邻居节点列表中的所有节点转发查询请求,这个过程称为"泛洪"。泛洪(Flooding)技术是路由协议中经常使用的一种消息广播机制,当一个节点需要向全网广播消息,首先向邻居节点广播,邻居节点受到广播后,再继续向自己的邻居节点广播,如果网络中所有节点都是连通的,这个广播消息可以很快被全网所有节点收到。

纯分布式 P2P 网络模型从网络拓扑结构上可以分为非结构化覆盖(Unstructured Overlay)P2P 网络和结构化覆盖(Structured Overlay)P2P 网络两类。

8.2.3.1　非结构化覆盖 P2P 网络模型

非结构化覆盖 P2P 网络模型简称为"非结构化 P2P 网络",在该 P2P 网络模型中,每个节点随机接入网络,节点维护的邻居节点列表是随意、无规则的,服务资源在 P2P 网络中的存放位置和网络本身的拓扑结构无关。没有一个对等节点知道整个网络的结构或者组成网络的每个对等节点的身份,对等节点必须使用它们所在的网络来定位其他对等节点。当节点希望知道网络中所需的服务资源的位置时,节点就发出一个查询请求并直接广播到所连接的邻居节点,这些邻居节点尝试满足这个请求。如果这些邻居不能完全满足这个请求,就以同样的方式广播到它们各自连接的邻居节点,以此类推。为防止环路的产生,每个节点还会记录搜索轨迹,直到收到应答或达到最大 TTL 值(通常设置值为 5～9),从而发起原始查询的终端即可直接向对等节点获取内容。

非结构化覆盖 P2P 网络模型的优点是实现简单,具有最大的容错性,没有性能瓶颈,不会出现单点故障。

非结构化覆盖 P2P 网络模型的缺点是:整个网络的扩展性较差,随着对等节点数量的增加,网络可能因过多的查询消息而发生拥塞;由于模型中没有中心索引服务器对节点进行管理,因此缺乏较好的集中控制策略;查询的有效期和正确性都不能保证,如果存在恶意节点,可能会提供错误的服务资源;虽然不存在中心索引服务器节点性能瓶颈,但是性能有限的对等节点也容易成为性能瓶颈;网络中对等节点的查找和定位比较复杂,效率低下。

8.2.3.2　结构化覆盖 P2P 网络模型

结构化覆盖 P2P 网络模型简称为"结构化 P2P 网络",该 P2P 网络模型与非结构化 P2P 网络模型的根本区别在于每个对等节点所维护的邻居节点列表不是随意、无序的,而是按照特定的全局方式进行组织,并通过分布式的消息传输机制和关键字进行服务快速查找定位。

在结构化覆盖 P2P 网络模型中,节点维护的邻居节点列表是有规则的,P2P 网络的拓扑结构是受到严格控制的,服务资源索引信息将依据规则被组织存放到合适的节点,确保服务查询请求将以较少的跳数,便可以路由到负责实际提供所查询的服务资源的节点上。

目前结构化覆盖 P2P 网络模型主要采用分布式哈希表(Distributed Hash Table,DHT)技术,来实现高效的邻居节点列表与服务资源索引信息的组织、分布式的消息传输以及关键字快速搜索。

DHT 的主要思路是每条服务索引信息被表示成一个(key,value)对,key 称为关键字,可以是任何服务资源名(如文件名)的哈希值,value 是实际提供服务资源的节点的 IP 地址(如 IPv4 或 IPv6 地址)。所有的服务索引(key,value)对组成一张局大的服务索引哈希表,只要输入目标服务的 key 值,就可以从这张表中查出所有实际提供该服务的节点地址。这张巨大的服务索引哈希表被分散存放在每个网络节点中,每个网络节点根据 DHT 算法与自身的不同性能被分配去维护部分哈希表。节点查询服务时,只要把服务关键字通过哈希计算转换为 key 值,就可以根据 key 快速查找到对应服务的节点位置。

结构化覆盖 P2P 网络模型的优点:一是由于各节点并不需要维护整个网络的信息,只在节点中根据 DHT 算法规则存储其邻近的服务索引信息,因此较少的路由信息就可以有效地实现到达某个节点;二是去除了效率低下的泛洪机制,利用分布式散列表进行定位查找,可以有效地减少节点查询信息的转发数量,从而增强了 P2P 网络的扩展性;三是 DHT 算法一般会在节点的虚拟标识与关键字最接近的节点上复制备份冗余信息,有效避免了节点单点故障,保证了网络的可靠性;四是支持匿名访问和数据传输加密,加强了网络的安全性和隐私保护。

结构化覆盖 P2P 网络模型的缺点主要是：DHT 算法对应分布式散列表维护机制复杂，尤其是节点频繁加入、退出造成的网络波动会大幅增加维护开销；仅支持精确关键字匹配查找，无法支持内容/语义等复杂查找。

因此，纯分布式 P2P 网络模型一般只适用于千级规模的中大型网络，并不适合应用于超大型网络。

8.2.4　混合式 P2P 网络模型

混合式 P2P 网络模型的主要思想是结合集中式 P2P 网络模型与纯分布式 P2P 网络模型的优点，对 P2P 网络的拓扑结构设计和处理能力进行优化，根据各节点的计算能力、内存大小、网络带宽、网络滞留时间等处理能力不同，将节点分为超级节点（SuperNode，SN）和普通节点（NormalNode，NN）。在服务资源共享方面，所有节点都对等，只是在超级节点上存储部分节点和服务的索引信息，服务路由算法仅在超级节点之间进行，超级节点再将查询请求转发给普通节点。混合式 P2P 网络模型的拓扑结构在整体上是分布式结构，但在局部上呈现为集中式结构，KaZaA 是目前应用广泛的一种混合式 P2P 网络协议，其网络拓扑结构如图 8-3 所示。

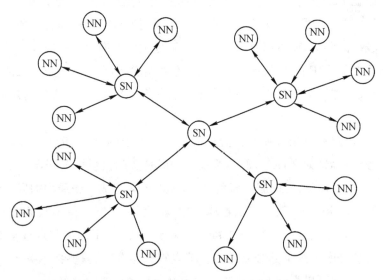

图 8-3　KaZaA 混合式 P2P 网络协议拓扑结构示意

在 KaZaA 混合式 P2P 网络中，整个网络可以分为两个层级，第一层级是由 SN 节点组成的一个类纯分布式 P2P 网络，每个 SN 节点下面连接若干个 NN 节点，每个 NN 节点与相邻的 SN 节点建立邻居关系，NN 节点之间没有直接的邻居关系，每个 SN 节点类似于与其相邻的 NN 节点的中心索引服务器节点。一个 NN 节点加入网络，会选择一个可访问的 SN 节点建立连接，SN 节点会把其他 SN 节点列表信息发送给这个新的 NN 节点，新的 NN 节点再从收到的 SN 节点列表中选择一个最合适的节点作为自己所属的 SN 节点。

每个 NN 节点选定了所属的 SN 节点后,会把 NN 节点自身提供的服务索引信息发送给 SN 节点,索引信息主要包括服务名、服务描述、服务 Hash(key 值)、NN 节点 IP 地址、NN 节点的服务端口号等。通过上述方法,KaZaA 网络中的所有 SN 节点将存放全网的服务索引信息。

当一个 NN 节点需要请求某个服务时,会向所属的 SN 节点发送查询请求,SN 节点再通过泛洪广播在所有 SN 节点内进行查询,当有 SN 节点查找到所申请的服务索引信息时,会将服务索引信息回复给 NN 节点所属的 SN 节点,最后由该 SN 节点向 NN 节点返回相关查找结果。NN 节点直接连接收到的服务索引信息对应的另一个 NN 节点,获取相关的服务资源。

由于网络中的 SN 节点数量会控制在一个较小的规模内,将限制泛洪广播的传输范围,从而避免在大规模泛洪广播风暴问题的发生。

在一个实际的 KaZaA 网络中,SN 节点一般会控制在 100 个以内,每个 SN 节点连接的 NN 节点一般不超过 200 个。因此,混合式 P2P 网络模型可应用于万级规模的超大型网络。

8.3　结构化 P2P 网络分布式哈希表技术

哈希表(Hash Table)又称为散列表,是一种利用哈希函数的计算特性,把关键码(key)值作为哈希函数的输入,把哈希函数的输出结果映射到表中的一个唯一确定的位置索引,从而实现在 $O(l)$ 量级的时间内对 <key, value> 对数据进行快速存取访问的表状数据结构。哈希表所使用的哈希函数又称为映射函数。一般来说,在哈希函数选取合适的情况下,不同的 key 值映射到同一个表项的概率非常小。

哈希表一般会提供三种基本操作。

(1)插入 <key, value> 对数据操作,首先计算 key 的哈希值 H_{key},以 H_{key} 为索引查找在哈希表 HT 中对应的位置 HT[H_{key}],将 value 保存到 HT[H_{key}] 中。

(2)删除 key 对应的数据操作,首先计算 key 的哈希值 H_{key},以 H_{key} 为索引查找在哈希表 HT 中对应的位置 HT[H_{key}],将 HT[H_{key}] 中存放的数据对象删除。如果 HT[H_{key}] 中没有任何数据,则返回。

(3)查找 key 对应的数据操作,首先计算 key 的哈希值 H_{key},以 H_{key} 为索引查找在哈希表 HT 中对应的位置 HT[H_{key}],将 HT[H_{key}] 中存放的数据对象作为查找结果返回。如果 HT[H_{key}] 中没有任何数据,则返回空。

8.3.1　分布式哈希表

分布式哈希表(DHT)的主要思想就是把哈希表分散存放在多个节点上,每个节点存储哈希表中的一部分数据和路由信息,并且能够容忍新增节点、删除节点以及节点故障,从而实现整个分布式系统的寻址和存储功能。分布式哈希表是实现结构化覆盖 P2P 网络模型的核心技术，也是一种分布式存储技术。在 P2P 网络中，每条服务索引信息可以被表示成一个 $<$key，value$>$ 对，key 是服务资源名（如文件名）的哈希值，value 是实际提供服务索引信息。这样，分布式哈希表在全网维护了一个巨大的服务索引哈希表，只要输入目标服务的 key 值，就可以从这张表中查出所有实际提供该服务的节点地址、服务端口号等信息。分布式哈希表能够有效地避免单点故障和泛洪广播风暴。

分布式哈希表一般具有以下特性：

（1）纯分布式：构成分布式哈希表系统的节点没有任何中心化的管理机制。

（2）大规模：分布式哈希表在拥有大量的节点时，系统各种操作仍保证在 $O(l)$ 量级的时间内高效完成。

（3）容错性：分布式哈希表在节点频繁地加入、退出或停止运行时，系统仍然确保可靠运行。

分布式哈希表的基本结构包括关键值（key）空间、关键值（key）空间分区和拓扑网络。关键值（key）空间是 key 的取值空间，是分布式哈希表最基础的结构，如某分布式哈希表采用 256 位长度的字符串作为 key 的取值空间。关键值（key）空间分区是根据一定的规则将 key 的取值空间划分为多个子空间，并指派给系统的节点。拓扑网络是系统各节点之间的连接，通过 key 的取值，可以快速查找定位拥有该值的节点。

例如，一个采用 256 位长度的字符串作为关键值（key）空间的分布式哈希表，要将一个名称为"青花瓷.mp3"的音乐文件保存到该分布式哈希表中，首先对文件名"青花瓷.mp3"进行 SHA256 哈希计算，得到一个 256 位的 key 值，value 为该音乐文件的内容，然后在分布式哈希表的任意节点上执行插入 $<$key，value$>$ 对数据操作，$<$key，value$>$ 对数据将在网络拓扑中被传输到关键值（key）空间分区中该 key 值对应的节点。

关键值（key）空间分区一般会采用某种稳定的哈希算法将 key 值映射到某个节点，每个节点都被指定一个 key 值，作为节点的唯一编号 ID。此外定义关键值距离函数 $\omega(x, y)$，参数 x 和 y 表示两个关键值，该函数的计算结果用于表示两个关键值之间的距离。

拓扑网络中，每个节点都拥有一些到其他邻居节点的连接，对于任何关键值 key，分布式哈希表的节点的 ID 要么等于 key 值，要么在拓扑网络中能连接到一个距离 key 更近的节点。在路由查找时一般可以使用简单贪婪算法，把 $<$key，value$>$ 对数据传输到节点 ID 比较接近 key 的邻居节点，则可更容易地将 $<$key，value$>$ 对数据传输到 ID 等于 key 值的节点。

目前已存在多种分布式哈希表的实现算法，如 Chord、CAN、Pastry、Tapestry、Kadelima 等，这些算法在关键值（key）空间的选择、关键值（key）空间分区规则及拓扑网络构建等方面存在不同之处，下面主要对经典的 Chord 算法和应用最广泛的 Kadelima 算法进行详细介绍。

8.3.2 Chord 算法

Chord 算法由美国麻省理工学院(MIT)于 2001 年提出,Chord 算法的目的是提供一种能在 P2P 网络快速定位资源的算法,其核心思想是在资源空间和节点空间之间寻找一种匹配关系,使请求节点能够利用有序的拓扑网络结构快速定位到相关索引所在节点。Chord 算法采用了环形的网络拓扑结构,所有对等节点根据编号大小关系组成一个环,先根据节点编号由小到大关系生成一个链表,将链表中节点编号最大的尾部节点的下一个节点指向链表中编号最小的头部节点,这样就构成了一个环,称之为"节点空间"。

Chord 算法的核心问题就是如何将服务资源索引放置到这个节点空间。假设有一个由 N 个空格位置构成的环形空间,每个空位按顺时针顺序进行编号,现有 x 个($x<N$)节点,节点编号取值范围为 $[0, N-1]$,且节点编号必须各不相同,将节点按照对应编号放入环形空间的空格位置中;同时有 y 条($y<N$)服务资源索引信息,索引编号取值范围为 $[0, N-1]$,且索引编号必须各不相同,将服务资源索信息按照对应编号也放入环形空间的空格位置。待节点和服务资源索引都放置完毕,此时环形空间的每个空格位置可能存在四种情况之一:①同时放入了节点和服务资源索引信息;②只放入了节点信息;③只放入了服务资源索引信息;④什么都没有。Chord 算法采用就近放置的机制来处理第③种情况,对于只有服务资源索引信息的位置,按照环中位置编号递增方向,将其中的服务资源索引信息放置到第一个有节点信息的位置。

Chord 算法实际采用了哈希函数来实现节点和服务资源索引信息到 Chord 环空间的映射,为了保证哈希的非重复性,可以选择 SHA-1 算法作为哈希函数,SHA-1 哈希算法对于长度小于 264 位(bit)的输入数据,SHA-1 的哈希值结果长度为 160 位(bit),由此会产生一个 2160 的空间,每项为一个 20 字节(160 位)的大整数,这些整数首尾相连便形成 Chord 环(如图 8-4 所示)。整数在 Chord 环上按大小顺时针排列,节点(节点主机的 IP 地址、服务端口等信息)与服务资源索引信息(服务主机的 IP 地址、服务端口等信息)都通过 SHA-1 哈希计算得到整数结果 key 值,直接映射到 Chord 环上位置,这样整个 P2P 网络拓扑结构就表示为一个环形的结构化网络。

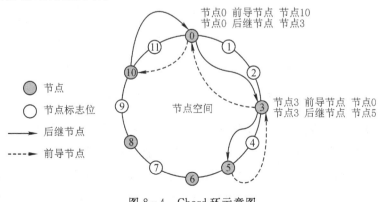

图 8-4 Chord 环示意图

在 Chord 环中,总共有 2^{160} 个节点位置,称为标志位,如图 8-4 上空心的节点,如果有节点映射到 Chord 环上对应的标志位,则该标志位后续就称为节点,如图 8-4 上实心的节点。在上图的 Chord 环中的某个节点 N_x 出发,按照顺时针方向遇到的节点,称为节点 N_x 的后继节点,第一个后继节点称为"直接后继节点";按照逆时针方向遇到的节点,称为节点 N_x 的前导节点,第一个前导节点称为"直接前导节点"。

任何查找只要沿 Chord 环一周肯定可以找到结果,这样查找的时间复杂度是 $O(N)$,N 为网络节点数。但是在一个拥有上百万个节点的超大型 P2P 网络中,并且节点可能经常加入或退出网络,$O(N)$ 是不可接受的,为了实现非线性快速查找,Chord 环中的节点具有以下数据结构要求:

(1)每个节点在加入 P2P 网络时,会在本地或由某个集中服务器生成节点编号 ID,比如使用 SHA-1 哈希函数计算节点的"MAC 地址+IP 地址+服务端口号"。

(2)每个节点都维护着直接前导节点和直接后继节点的 IP 地址和服务端口信息,能快速定位最近前导节点和最近后继节点,并能周期性检测和更新前导节点和后继节点的健康状态。

(3)每个节点都维护着一个服务资源索引表,用于存放 P2P 网络中部分服务资源的索引信息。

(4)每个节点都维护着一个路由表,称为"Finger 表",如果 Chord 环最大可容纳 2^m 个节点,则该 Finger 表的大小为 m 项(采用 SHA-1 哈希函数时 m 为 160)。假设节点编号 ID 为 n,Finger 表中的第 i 项指向节点 n 的后继节点中第一个大于等于 $(n+2^{i-1}) \bmod 2^m$ $(1\leqslant i\leqslant m)$ 的活动节点。Finger 路由表是 Chord 算法实现非线性快速搜索的关键数据结构。节点 0 的 Finger 路由表如图 8-5 所示。

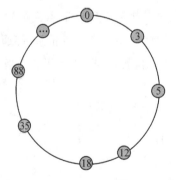

序号(i)	节点ID $(n+2^{i-1}) \bmod 2^m$	后继节点ID
1	$0+2^0=1$	3
2	$0+2^1=2$	3
3	$0+2^3=8$	12
4	$0+2^4=16$	18
5	$0+2^5=32$	35
6	$0+2^6=64$	88
7	……	……

图 8-5　节点 0 的 Finger 路由表

在 Chord 算法的查询的过程中,查询节点首先计算被请求的服务资源索引 key 值,如果发现自身存储了被请求的服务资源索引信息,可以直接回应;如果被查询的服务资源索引信息不在本地,则在 Finger 路由表中查找编号 ID 最接近 key 值的后继节点,把查询请求转发到该后继节点上,后继节点收到查询请求后,持续这样的过程一直到找到相应的节点为止。

Finger 路由表的作用实际上就是二分查找,虽然 Chord 算法中每个节点的 Finger 路由表需要维护多个后继节点信息,但是将路由查找和定位的效率从 $O(N)$ 提高到了 $O(\log(N))$,查询请求转发也减少到了 $O(\log(N))$。

Chord 算法的查找效率非常高,对于拥有成千上万个节点的 P2P 网络,通常只需要数次查询请求转发就可以找到相应的节点。但是,Chord 算法存在可靠性问题,因为 Chord 算法采用的是环形网络,假设环上的某个节点发生故障,不能正常处理请求,这时环就发生了断裂,如果很多查询都需要通过这个节点,网络就会无法正确响应。为了提高 Chord 算法的可靠性,可以在 Finger 路由表中增加前导节点的信息,同时沿着 Chord 环的顺时针和逆时针方向进行搜索,大大提高了网络的可靠性。

8.3.3　Kadelima 算法

Kademlia(简称 KAD)算法是由美国纽约大学的佩塔・梅蒙科夫(Petar Maymounkov)和大卫・马齐尔斯(David Mazières)在 2002 年发表的论文"Kademlia:A peer-to-peer information system based on the XOR metric"中提出的一种适用于结构化覆盖 P2P 网络模型的分布式哈希表算法,是目前应用最广泛、简洁、实用的一种分布式哈希表实现,电驴(eMule)、BT 下载(BitTorrent)等最具代表性的 P2P 文件交换系统均采用了 KAD 算法。

KAD 算法的基本思想是在 P2P 网络中,所有信息均以的哈希表条目形式加以存储,这些条目被分散地存储在各个节点上,从而以全网方式构成一张巨大的分布式哈希表。这张哈希表可以看作是一本字典,只要知道了服务资源索引信息对应的 key 值,便可以快速查询其所对应的 value 信息,而不需要知道这个 value 信息实际是存储在网络的哪一个节点之上。

8.3.3.1　网络拓扑结构

KAD 算法采用 <key, value> 对存储和查询对象信息,与 Chord 算法一样,服务资源索引信息对应的 key 值和网络节点的编号 ID 都是通过 SHA - 1 哈希函数计算得到的一个 160 位二进制大整数值,节点编号 ID 也可以采用随机生成。根据节点编号 ID 二进制值从最高到最低位 0 与 1 不同,可以把这些节点抽象看作是一棵二叉树的叶子节点,这棵二叉树中总共可以容纳 2^{160} 个叶子节点,每个节点的位置由其编号 ID 的最短唯一前缀决定,P2P 网络拓扑结构如图 8 - 6 所示。

任意节点 M(如图 8 - 6 上节点 0110),都可以按照以下规则将整棵二叉树分解为一些子树,这些子树必须是连续的且不包含节点 M,如图 8 - 7 中虚线框①~④所示。第一层①是最大的子树也是二叉树中不包含节点 M 的另一半节点,第二层②③子树是剩余一半中不包含节点 M 的另一半节点,以此类推,通过节点 M 可以将完整的二叉树划分为 160 棵子树。

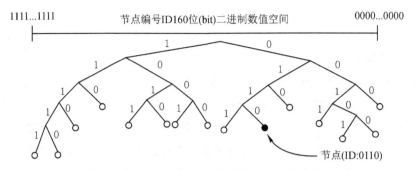

图 8-6　KAD 算法网络拓扑结构示意图

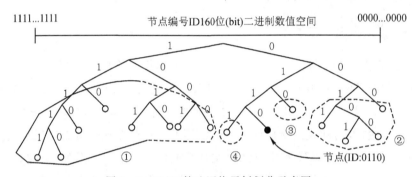

图 8-7　KAD 算法网络子树划分示意图

在 KAD 算法中,判断 2 个节点 N_x、N_y 的距离就是这 2 个节点的编号 ID 值进行异或 $d(ID_x, ID_y) = ID_x \oplus ID_y$,当 $d(ID_x, ID_y)$ 大时说明 2 个节点距离远,反之说明 2 个节点距离近。同理可以计算 key 值与节点编号 ID 的距离。每个<key, value> 对存储在节点编号 ID 与 key 值距离最接近的节点上。

例如,已知节点 N_x、N_y 的编号 ID 与服务资源索引对应的 key 值,计算 key 值与哪个节点的距离更近。

$ID_x = $ 0x1234567890123456789012345678901234567890

$ID_y = $ 0x1234567801234567890123456789012345678901

key$= $ 0x1234567891234567891234567891234567891234

因为 ID_x 与 key 值前 9 个十六进制位是一样的,$d(ID_x, key)$ 的计算结果前 9 个十六进制位是 0;ID_y 与 key 值前 8 个十六进制位是一样的,$d(ID_y, key)$ 的计算结果前 8 个十六进制位是 0;所以 $d(ID_x, key) < d(ID_y, key)$,因此 key 值与节点 N_x 的距离更近。

8.3.3.2　节点数据构成

在 KAD 算法中,网络中每个节点需要存储节点基本信息、节点保存的多条<key, value>对数据与邻居节点的路由信息。

每个网络节点的基本信息包括节点编号 ID、IP 地址、服务端口等,节点编号 ID 可以通过哈希计算或者随机生成。

每个网络节点可以保存多条＜key，value＞ 对数据，其中 key 值与节点 ID 距离最接近，可以基于 key 值的路由算法查找服务资源索引数据。

每个网络节点都维护了 160 张到网络中其他节点的路由信息表，这些路由表编号为 $i(0 \leqslant i < 160)$，第 i 张路由表中记录节点已知的与自身距离为 $2^i \sim 2^{i+1}$ 的其他节点的编号 ID、IP 地址、服务端口等信息，即第 i 张路由表中有 i 条记录。KAD 算法把每张路由信息表形象地称为"k桶"。1 个 k 桶在网络拓扑结构中正好对应图 8-7 中的 1 棵子树。k 桶内节点顺序是按照最后访问时间排序的，最近访问过的节点放 k 桶的尾部，最早访问过的节点放在 k 桶的头部。当 i 值比较小时，对应的 k 桶通常是空的。对于比较大的 i 值，k 桶记录的节点信息最大可以达到 i 的大小。

8.3.3.3　节点查找过程

在 KAD 算法中，查找节点是通过递归的方式将查询消息逐级发布到网络中，直到查找完成。递归查找过程如下：查询节点从自己的 k 桶路由表中找到离目标节点 ID 最近的 n 个节点，然后并行向这 n 个节点发起查询请求，其中 n 是网络最大并行查找参数；被查询节点收到请求后从自己的 k 桶路由表里找到离目标节点 ID 最近的 n 个节点返回给查询节点；查询节点收到结果后，从返回的 K 个最接近目标 ID 的节点中，再选择 n 个未曾发送过查询请求的节点继续发送查找请求；若返回的节点中没有比现有 K 个节点更接近目标 ID 的节点，则继续向剩余节点发送查找请求，直到所有节点都被查询。

例如：查询节点 X 的 ID 是 01010101010101…

目标节点 Y 的 ID 是 01010100011010…

X 和 Y 的 ID 值前 7 个高位是一致的，至少 X 的第 153 个 k 桶记录了高位是 01010100（8 位）的 K 个节点信息，X 向这 K 个节点发送查询请求。这 K 个节点的 k 桶里面又记录了高位是 010101000（9 位）的 K 个节点信息。不断的递归最终找到目标节点 Y。

在这个递归过程中，若 $n=1$，则查询效率与 Chord 算法相似，当 $n>1$ 时，KAD 算法可以通过同步发送 n 个查询信息达到了比 Chord 算法更低时延路由查找。

8.3.3.4　键值查找过程

在 KAD 算法中，查找＜key，value＞对信息，首先查找 K 个与 key 值距离最接近的节点，若其中任何节点返回被查找＜key，value＞对，则查找过程结束。同时将＜key，value＞对存储到距离最接近 key 值但没有返回＜key，value＞对的节点，对节点＜key，value＞对信息进行更新。

8.3.3.5　新节点加入网络过程

在 KAD 算法中，新节点 X 加入 P2P 网络之前，先通过哈希计算或随机生成自己的 160 位编号 ID 值，同时至少知道网络中一个活动节点 Y，然后连接节点 Y。节点 X 把节点 Y 的信息添加到对应的 k 桶路由表中，然后对自身的节点 ID 值进行查询。经过节点查找过程，首先向 k 桶路由表中唯一的节点 Y 发送查询请求，节点 Y 收到请求后从自己的 k 桶路由表里找到离目标节点 ID 最近的 n 个节点返回给查询节点 X;节点 X 从返回的最接近目标 ID 的节点中,再选择 n 个未曾发送过查询请求的节点继续发送查找请求;直到节点 X 的 k 桶路由表有足够多的信息。

8.4　非结构化 P2P 网络数据查询与分发技术

8.4.1　泛洪协议

泛洪(Flooding)最早是在网络交换机使用的一种数据流分发技术,将网络交换机某个接口收到的数据流向除该接口之外的所有接口发送出去。在非结构化 P2P 网络中,利用泛洪协议可以使各网络节点不需要了解网络拓扑结构和计算路由算法,节点接收新消息后,以广播的形式向所有已知邻居节点转发消息,直到包含消息的数据包到达目的节点或预先设定的 TTL 生命期限变为零为止或到所有节点拥有数据副本为止。

泛洪协议实现比较简单、健壮性也高,而且时延短、路径容错能力高,常被作为衡量标准去评价其他算法。需要注意的是,泛洪技术虽然十分简单,但是不受控制的泛洪会在 P2P 网络中造成环路问题,从而使节点耗尽资源来处理泛洪消息,导致整个 P2P 网络不可用,因此泛洪协议目前已很少在 P2P 网络中使用。

泛洪循环一般可以采用两种解决方法:第一种方法是在查询消息中包含一个 TTL 值(正整数),查询消息每被转发一次,消息中包含的 TTL 值便减 1,当 TTL 值为 0 时,不再转发;第二种方法是每个节点对一定时间内接收到的重复查询消息,不再转发。另外,P2P 网络在构建时如果采用树型结构,就会直接消除网络中的环,从而杜绝泛洪循环的存在。

8.4.2　Gossip 协议

Gossip 是一种不需要中心服务器的分布式系统数据交换协议,可用于实现分布式系统节点之间的信息交换,是分布式系统中广泛使用的一致性协议,也是当前应用最广泛的面向非结构化 P2P 网络的可扩展的数据分发协议。英文单词"Gossip"的中文意思是"流言",Gossip 协议可以直观地理解为借鉴流言蜚语在社会人群中传播的方式实现数据在非结构化 P2P 网络节点之间快速分发。例如,甲第一次听到一个流言,然后打电话给乙以分享,乙接着又打电话给丙,乙与丙分享流言的同时,甲同时又在联系丁分享流言。这个过程一直持续到每个人都知道这个流言。

从技术上,Gossip 协议是在网络中的某个节点将指定的数据发送到网络内的一组其他节点,数据通过节点像流言或病毒一样快速传播,最终扩散到网络中的每个节点,如图 8-8 所示。传统的 Gossip 协议数据分发的算法如下:

(1)节点 X 维护更新邻近的节点信息列表。

（2）节点 X 定时向邻近的节点发送自身存储的数据。

（3）节点 X 邻近的节点 Y 接收到节点 X 发送的数据后,如果其中存在节点 Y 中没有的数据,则对数据进行本地存储,并且重复上述（1）（2）步骤。

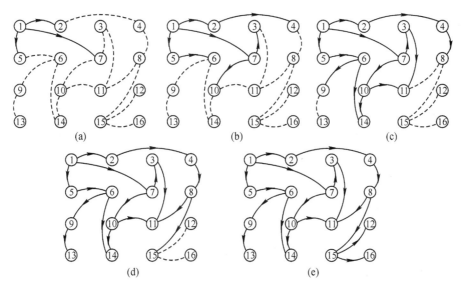

图 8－8　非结构化 P2P 网络 Gossip 协议数据分发过程示意图

在 Gossip 协议中,节点 X 向邻近节点发送数据可以采用 PUSH、PULL、PUSH/PULL 等三种不同模式。如果采用 PUSH 模式,节点 X 将数据 <键,值,版本号> 推送给邻近节点 Y,节点 Y 只保存版本号比本地更新的数据;如果采用 PULL 模式,节点 X 只将数据 <键,版本号>推送给邻近节点 Y,节点 Y 将本地版本号更新的数据推送给节点 X;如果采用 PUSH/PULL 模式,则首先采用 PUSH 模式更新邻近节点 Y 的数据,然后采用 PULL 模式更新节点 X 的数据。

Gossip 协议具有以下优点:

（1）高效率:发送节点不必确认接收节点是否已收到消息,保证时间收敛在 $O(\log(N))$。

（2）高扩展性:网络节点可以任意增加或减少,保证新节点与其他节点状态一致。

（3）实现简单:发送节点只需向已知的一定数量的接收节点发送消息。

（4）容错性好:网络中任何节点发生故障或掉线,都不会影响 Gossip 消息的传播,接收信息失败的节点不会阻止其他节点继续发送消息,节点可从其他多个节点接收消息的副本。

（5）去中心化:不需要中心服务器,所有网络节点对等,没有特定角色的节点。

本 章 小 结

通过对本章内容的学习,读者应该全面了解 P2P 网络技术相关定义、特点等基本概念以及 P2P 网络分类,深入理解集中式 P2P 网络、结构化分布式 P2P 网络、非结构化分布式 P2P 网络、混合式 P2P 网络等不同的 P2P 网络模型,重点掌握结构化 P2P 网络分布式哈希表技术及非结构化 P2P 网络数据查询与分发技术。

练习题

(一)填空题

1. P2P 网络的特点包括_____、_____、_____、强私密性和低成本。

2. TCP/IP 网络模型是一种分层模型,从下到上分为_____层、网际层、_____层和应用层。

3. P2P 网络模型包括_____、_____和混合式 P2P 网络模型。

4. 纯分布式 P2P 网络模型从网络拓扑结构上可以分为_____ P2P 网络和结构化覆盖 P2P 网络两类。

5. 在结构化 P2P 网络中,主要采用_____技术,来实现高效的邻居节点列表与服务资源索引信息的组织,分布式的消息传输以及关键字快速搜索。

6. 在 Chord 环中,总共有_____个节点位置,称为标志位。

7. Chord 算法使用 Finger 路由表后,查找的时间复杂度为_____。

(二)选择题

1. P2P 网络中的 P2P 是哪个选项的缩写( )。

A. Point-to-Point　　B. Person-to-Person　　C. Peer-to-Peer　　D. Part-to-Part

2. 下面不属于 TCP/IP 协议应用层的协议是( )。

A. FTP　　　　　B. Gossip　　　　C. UDP　　　　　D. HTTP

3. P2P 网络实质上是工作在 TCP/IP 网络模型的应用层之上的( )。

A. 应用网络　　　B. 覆盖网络　　　C. 虚拟网络　　　D. 传输网络

4. 集中式 P2P 网络模型一般只适用于( )。

A. 小型网络　　　B. 中大型网络　　　C. 大型网络　　　D. 超大型网络

5. 采用结构化 P2P 网络的区块链系统是( )。

A. 比特币　　　　B. 以太坊　　　　C. EOS　　　　　D. 超级账本 Fabric

6. 下面不属于哈希表的基本操作的选项是( )。

A. 插入　　　　　B. 删除　　　　　C. 查找　　　　　D. 排序

7. 如果不使用 Finger 路由表,Chord 算法查找的时间复杂度为( )。

A. $O(N)$　　　　B. $O(\log(N))$　　　C. $O(1/N)$　　　D. $O(N^2)$

(三)简答题

1. 请简述什么是 P2P 网络。

2. 请简要分析如何理解 P2P 网络的可扩展性和强私密性。

3. 请简述什么是 P2P 网络的自组网技术。

4. 请简要分析集中式 P2P 网络的缺点。

5. 请简要分析非结构化 P2P 网络的优点与缺点。

6. 请简述分布式哈希表的特点。

7. 请简要分析 Chord 算法的核心思想。

8. 请简要说明什么是泛洪协议的环路问题,提出一种泛洪协议环路问题的解决方法。

9. 请简要分析 Gossip 协议的优点。

10. 请简述 Gossip 协议数据分发的流程。

第九章　区块链即服务平台技术

区块链即服务（Blockchain as a Service，BaaS）是指将区块链系统与云计算服务平台技术相融合，利用云计算 IaaS 基础架构服务的快速部署和易管理优势，为区块链技术开发者、最终用户提供一体化的便捷、高效的区块链基础设施服务。BaaS 区块链服务平台概念最早由微软、IBM 等公司提出，本质上是一种结合区块链技术的云服务，如微软的 Azure 云计算平台、IBM 的 Bluemix Garage 云平台都率先推出了 BaaS。

与原生的区块链系统相比，BaaS 可以帮助开发者快速建立所需的开发环境，高效、简单地创建、部署、运行和监控区块链系统，提供基于区块链的搜索查询、交易提交、数据分析等一系列操作服务，这些服务既可以是中心化的，也可以是非中心化的，用来帮助开发者更快地验证自己的概念和模型。

本章从 BaaS 的基本概念入手，阐述 BaaS 的起源、定义与应用优势，然后对 BaaS 区块链即服务相关的云计算、Docker 容器、跨链访问管理等核心技术进行全面介绍，详细描述 BaaS 平台系统逻辑架构与主要功能（包含云资源管理、区块链部署配置管理、智能合约管理、联盟链管理、区块链共识机制管理、区块链模板镜像管理、区块链监控管理、区块链安全隐私保护等），最后简要介绍了微软、IBM、腾讯、百度等推出的典型的 BaaS 服务平台。

9.1　BaaS 概述

9.1.1　BaaS 的起源

目前，区块链技术已发展到 3.0 阶段，随着区块链应用范围不断扩大，区块链相关项目快速增长，但是原生区块链系统的安装部署过程一般比较复杂，搭建区块链开发调试环境，往往需要多台具有较高性能的计算机硬件节点及配套实用开发工具，因此造成了大量小规模创新技术团队难以开发区块链应用，阻碍了区块链技术生态系统的持续发展壮大。

针对上述区块链技术应用需求，微软、IBM 等技术巨头率先提出了区块链即服务

(BaaS)的概念,将区块链与云计算技术相结合,将区块链系统、区块链开发工具与运行环境等封装为云计算平台服务。用户通过租赁等方式实现高效便捷的区块链生态开发服务,同时支持链上业务运营及业务拓展的区块链云平台技术。

9.1.2 BaaS 的定义

BaaS 目前仍处于发展初期,本质上是一种云计算平台服务,根据中国信息通信研究院牵头组建的"可信区块链推进计划区块链即服务平台 BaaS 项目组"编制的《区块链即服务平台 BaaS 白皮书 1.0》中的描述,BaaS 是一种帮助用户创建、管理和维护企业级区块链网络及应用的服务平台。BaaS 通过把计算资源、网络资源、存储资源,以及上层的区块链记账能力、区块链应用开发能力、区块链配套设施能力转化为可编程接口,让应用开发过程和应用部署过程简单而高效,同时通过标准化的能力建设,保障区块链应用的安全可靠,对区块链业务的运营提供支撑,解决弹性、安全性、性能等运营问题,让开发者专注开发过程。

9.1.3 BaaS 的应用优势

与原生区块链系统相比,BaaS 具有降低区块链应用开发及使用成本,实现区块链开发、测试与生产系统快速部署、安全可控、方便易维护等特性,BaaS 应用优势主要体现在以下几个方面:

(1)方便易用。基于大量开源组件部署原生区块链系统比较复杂,不仅需要专业的区块链知识,也需要各种复杂的设计和配置,且极易出错。BaaS 可以实现自动化配置、部署区块链应用,并提供区块链全生命周期管理,让开发者能够容易地使用区块链系统,专注于上层应用的创新和开发。

(2)个性化定制。BaaS 提供了大量模块化的开发工具和接口的标准服务,支持开发者在线配置和自定义的功能扩展,提高了设计灵活性。智能合约引擎的存在适应了实际业务需求复杂多变这一特点,可支持智能合约的可视化编辑、部署与管理,支持开发者使用 Solidity、Java、Go 等多种编程语言开发智能合约,同时提供 Java、Go、JavaScript 等 SDK 接口。

(3)安全可靠。BaaS 一般具有高可用机制、清晰的安全边界、数据容错管理和安全隔离机制,支持同态加密、零知识证明、云安全管理、高速网络连接、海量存储等能力,提供完善的用户、密钥、权限管理、隔离处理、可靠的网络安全基础能力、分类分级故障恢复能力和运营安全。

(4)可视化运维。BaaS 一般提供故障分类分级报警体系和运维方法,提供必要的运维接口和运维授权的能力,为链代码和链上应用提供全天候的可视化资源监控能力,为基于权限的分权分域提供完善的用户管理体系。

(5)灵活扩展。BaaS 一般可以提供计算资源、存储资源、网络资源的按需扩展。区块链服务也可遵循秉承源于开源、优于开源、回馈开源的原则,积极投入和引领开源社区,为用户提供成熟先进的区块链系统。

9.2 BaaS 相关核心技术

9.2.1 云计算服务技术

9.2.1.1 云计算服务基本概念

云计算是一种按使用量付费的模式,这种模式提供可用的、便捷的、按需的网络访问,进入可配置的计算资源共享池(资源共享池包括网络、服务器、存储、应用软件、服务),这些资源能够被快速提供,只需投入很少的管理工作,或与服务供应商进行很少的交互。

云计算服务的类型主要有基础设施即服务(Infrastructure as a Service,IaaS)、平台即服务(Platform as a Service,PaaS)和软件即服务(Software as a Service,SaaS)。

(1)IaaS。

IaaS 的核心思想是以产品的形式向用户交付各种计算能力,而这些能力直接来自各种资源池,因此,IaaS 的技术构架对于资源池化、产品设计与封装以及产品交付等方面有一定要求。

IaaS 交付给用户的是 IT 基础设施资源。用户无须购买、维护硬件设备和相关系统软件,就可以直接在该层上构建自己的平台和应用。IaaS 云基础设施向用户提供虚拟化的计算资源、存储资源、网络资源和安全防护等,这些资源能够根据用户的需求动态地分配,支持该服务的技术体系主要包括虚拟化技术和相关的资源动态管理与调度技术。

在 IaaS 技术架构中,通过采用资源池构建、资源调度、服务封装等技术手段,可以将 IT 资源迅速转变为可交付的 IT 服务,从而实现 IaaS 云基础设施的按需自服务、资源池化、快速扩展和服务可度量。一般来讲,IaaS 的总体技术架构主要分为资源层、虚拟化层、资源调度管理层和服务层等逻辑层次。云计算 IaaS 参考技术架构如图 9-1 所示。

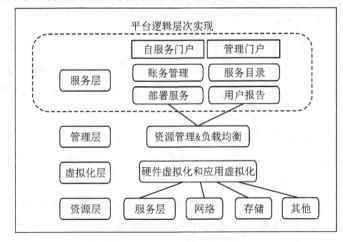

图 9-1 IaaS 技术架构示意图

从图 9-1 中可以看出，第一，对 IT 基础设施进行资源池化，即通过整合建立 IT 基础设施，采取相应技术形成动态资源池；第二，对资源池的各种资源进行管理，如调度、监控、计量等，为上层各类云计算服务提供基础支撑；第三，交付给用户可用的服务包，一般是用户通过网络访问统一的云计算服务门户界面，按照服务目录提供的相关服务包来选择并获取所需的服务。

为了有效地交付 IaaS 基础设施资源，云服务提供商需要搭建和部署拥有海量资源的资源池。当获取用户的需求后，服务提供商从资源池中选取用户所需的处理器、内存、磁盘、网络等资源，并将这些资源组织成虚拟服务器提供给用户。在虚拟化层，云服务提供商通过使用虚拟化技术，将各种物理资源抽象为能够被上层使用的虚拟化资源，以屏蔽底层硬件差异的影响，提高资源的利用率。在资源管理层，云服务提供商利用资源调度管理软件根据用户的需求对基础资源层的各种资源进行有效的组织，以构成用户需求的服务器硬件平台。在使用 IaaS 基础设施资源时，用户看到的就是一台能够通过网络访问的服务器。在这台服务器上，用户可以根据自己的实际需要安装软件，而不必关心该服务器底层硬件的实现细节，也无须控制底层的硬件资源。但是，用户需要对操作系统、系统软件和应用软件进行部署和管理。

① 资源层：资源层位于架构的最底层，主要包含数据中心所有的物理设备，如硬件服务器、网络设备、存储设备等其他设备，在云平台中，位于资源层中的资源不是独立的物理设备个体，而是将所有的资源形象地集中在"池"中，组成一个集中的资源池，因此，资源层中的所有资源都将以池化的概念出现。这种汇总或池化不是物理上的，只是概念上的，便于 IaaS 基础设施资源管理人员对资源池中的各种资源进行统一的、集中的运维和管理，并且可以按照需求随意地进行组合，形成一定规模的计算资源或计算能力。其中，资源层中的主要资源包括计算资源、存储资源和网络资源。

② 虚拟化层：虚拟化位于资源层之上，按照用户或者业务的需求，从池化资源中选择资源并打包，从而形成不同规模的计算资源，也就是常说的虚拟机。虚拟化层主要包含服务器虚拟化、容器虚拟化、存储器虚拟化和网络虚拟化等虚拟化技术，虚拟化技术是 IaaS 基础设施架构中的核心技术。

服务器虚拟化能够将一台物理服务器虚拟成多台虚拟服务器，供多个用户同时使用，并通过虚拟服务器进行隔离封装来保证其安全性，从而达到改善资源的利用率的目的。服务器虚拟化的实现依赖处理器虚拟化、内存虚拟化和 I/O 设备虚拟化等硬件资源虚拟化技术。

存储虚拟化将各个分散的存储系统进行整合和统一管理，并提供了方便用户调用资源的接口。存储虚拟化能够为后续的系统扩容提供便利，使资源规模动态扩大时无须考虑新增的物理存储资源之间可能存在的差异。

网络虚拟化可以满足在服务器虚拟化应用过程中产生的新的网络需求。服务器虚拟化使每台虚拟服务器都要拥有自己的虚拟网卡设备才能进行网络通信，运行在同一台物理服务器上的虚拟服务器的网络流量则统一经由物理网卡输入/输出。网络虚拟化能够为每台虚拟服务器提供专属的虚拟网络设备和虚拟网络通路。同时，还可以利用虚拟交换机等网络虚拟化技术提供更加灵活的虚拟组网。

虚拟化资源管理的目的是将系统中所有的虚拟硬件资源"池"化,实现海量资源的统一管理、动态扩放,以及对用户进行按需配合。同时,虚拟化资源管理技术还需要为虚拟化资源的可用性、安全性、可靠性提供保障。

③ 管理层:管理层位于虚拟化层之上,主要对下面的资源层进行统一的运维和管理,包括收集资源的信息,了解每种资源的运行状态和性能情况,选择如何借助虚拟化技术选择、打包不同的资源,以及如何保证打包后的计算资源——虚拟机的高可用性或者如何实现负载均衡等。通过管理层,一方面可以了解虚拟化层和资源层的运行情况和计算资源的对外提供情况;另一方面,管理层可以保证虚拟化层和资源层的稳定、可靠,从而为最上层的服务层 打下坚实的基础。

④ 服务层:服务层位于整体架构的最上层,主要面向用户提供使用管理层、虚拟化层以及资源层的能力。基于动态云方案构建的云计算包含了完善的自服务系统,为平台上的客户提供 7×24 小时资源支持,并可在线提交服务请求,与客户直接沟通。自服务云平台首先提供服务的自由选择,用户可以根据实际业务的需求选择不同的服务套餐,同时自服务云平台还将提供订阅资源的综合运行监控管理,一目了然地掌握系统实时运行状态。通过自服务系统,用户可以远程管理和维护已购买的产品和服务。

此外,对所有基于资源层、虚拟化层、管理层,但又不限于这几层资源的运维和管理任务,将被包含在服务层中。这些任务在面对不同的企业、业务时往往有很大差别,其中包含比较多的自定义、个性化因素。例如,用户账号管理、虚拟机权限设定等各类服务。

(2)PaaS。

PaaS是为用户提供应用软件的开发、测试、部署和运行环境的服务。所谓环境,是指支撑使用特定开发工具开发的、应用能够在其上有效运行的软件支撑系统平台,支撑该服务的技术体系主要是分布式系统。PaaS把软件开发环境当作服务提供给用户,用户可以通过网络将自己创建的或者从别处获取的应用软件部署到服务提供商提供的环境上运行。PaaS参考技术架构如图 9-2 所示。

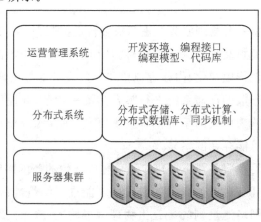

图 9-2　PaaS技术架构示意图

在 PaaS 技术架构中,PaaS 平台构建在物理服务器集群或虚拟服务器集群上,通过分布式技术解决集群系统的协同工作问题。从图 9-2 中可知,PaaS 相关分布式平台由分布式文件系统、分布式计算、分布式数据库和分布式同步机制等部分组成。分布式文件系统和分布式数据库共同完成 PaaS 平台结构化和非结构化数据的存取。分布式计算确定了 PaaS 平台的数据处理模型。分布式同步机制主要用于解决并发访问控制问题。

为了使用 PaaS 提供的环境,用户部署的应用软件需要使用该环境提供的接口进行编程。运营管理系统针对 PaaS 服务特性,解决用户接口和平台运营相关问题。在用户接口方面,需要提供代码库、编程模型、编程接口、开发环境等在内的工具。PaaS 平台除完成计费、认证等运营管理系统基本功能外,还需要解决用户应用程序运营过程中所需要的存储、计算、网络基础资源的供给和管理问题,需要根据应用程序实际的运行情况动态地增加或减少运行实例。同时,PaaS 还需要保证应用程序的可靠运行。

大多数 Paas 服务提供商都将分布式系统作为其开放平台的基础构架,并且分布式基础平台能直接集成到运行环境中,使利用 Paas 服务运行的应用在数据存储和处理方面具有很强大的可扩展能力。分布式技术主要包括分布式文件系统、分布式数据库、并行计算模型和分布式同步等。

分布式文件系统的目的是在分布式系统中以文件的方式实现数据的共享。分布式文件系统实现了对底层存储资源的管理,屏蔽了存储过程的细节,实现了位置透明和性能透明,使用户无须关心文件在云中的存储位置。与传统的分布式文件系统相比,云计算分布式文件系统具有更为海量的存储能力,更强的系统可扩展性和可靠性,也更为经济。

分布式文件系统偏向于对非结构化的文件进行存储和管理,分布式数据库利用分布式系统对结构化/半结构化数据实现存储和管理,是分布式系统的有益补充,它能够便捷地实现对数据的随机访问和快速查询。

分布式计算研究如何把一个需要非常巨大的计算能力才能解决的问题分解成许多小的部分,并由许多相互独立的计算机进行协同处理,以得到最终结果。如同将一个大的应用程序分解为若干可以并行处理的子程序,有两种可能的处理方法:一种是分割计算,即把应用程序的功能分割成若干个模块,由网络上的多台机器协调完成;另一种是分割数据,即把数据分割成小块,由网络上的计算机分别计算。对于海量数据分析等数据密集型问题,通常采取分割数据的分布式计算方法;对于大规模分布式系统,可能同时采取这两种方法。

分布式计算的目的是充分利用分布式系统进行高效的并行计算。之前的分布式并行计算普遍采用将数据移动到计算节点进行处理的方法,但在云计算中,计算资源和存储资源分布的更为广泛并通过网络互联互通,海量数据的移动将导致巨大的性能损失。因此,在云计算系统中,分布式计算通常采用把计算移动到存储节点的方式完成数据处理任务,具有更高的性能。

(3)SaaS。

SaaS 是一种以互联网为载体,以 Web 浏览器为交互方式,把服务器端的程序软件传给远程用户来提供软件服务的应用模式。在服务器端，SaaS 供应商为用户搭建信息化所需要的所有网络基础设施及软硬件运作平台，负责所有前期的实施，后期的维护等一系列工作。SaaS 用户只需要根据自己的需要，向 SaaS 供应商租赁软件服务，无须购买软硬件、建设机房和招聘运维人员。

　　SaaS 软件即服务一般可以分为两大类：一是 ToC 类 SaaS 是面向个人消费者的服务，这类服务通常是把软件服务免费提供给用户，一般只是通过广告来赚取收入；二是 ToB 类 SaaS 是面向企业的服务，这种服务通常采用用户预定的销售方式，为各种具有一定规模的企业和组织提供可定制的大型商务解决方案。

　　SaaS 软件即服务的关键技术主要包括 Web 交互技术、多租户技术和元数据管理技术。

　　① Web 交互技术。人们之所以开始使用 SaaS，是因为 SaaS 随时随地都可以使用，但是人们仍然希望保持原有的用户体验，即像使用本地应用程序那样使用 SaaS 应用。因此，Web 交互技术就决定了云应用是否能够实现本地应用那样的用户体验。

　　基于浏览器的 Web 交互技术具体包括 HTML5、CSS3、Ajax 等。HTML5 是对传统 HTML 语言的改进，其新增加的特性能较好地满足 SaaS 应用的需要。CSS3 是对 CSS2 样式表技术的升级，使页面显示呈现出更炫酷的效果，Ajax 技术的应用改变了用户提交请求后全页面刷新的长时间等待问题，可以使用户感受到更好的交互性。

　　② 多租户技术。采用多租户方式开发的应用软件，一个实例可以同时处理多个用户的请求，即所有的应用共享一组高性能的服务器集群，成千上万的用户通过这组服务器集群访问应用，共享一套软件系统，同时可以通过配置的方式改变特性。

　　多租户技术具有以下特点：一是软件部署在软件托管方，软件的安装、维护、升级对于用户是透明的，这些工作由软件供应商来完成；二是采用先进的数据存储技术，保证了各租户之间的数据相互隔离，使得各租户之间在保证自身数据安全的情况下能共享同一程序软件，因此租户之间是相互安全隔离的。

　　数据存储问题是多租户技术的关键问题，在 SaaS 应用设计中，多租户架构在数据存储上主要有独立数据库、共享数据库单独模式和共享数据库共享模式等 3 种解决方案。

　　单独数据库：每个租户的数据单独存放在一个独立数据库，从而实现数据完全隔离。在应用这种数据模型的 SaaS 系统中，租户共享大部分系统资源和应用程序，但物理上有单独存放的一整套数据。系统根据元数据来记录数据库与租户的对应关系，并部署一定的数据库访问策略来确保数据安全。这种方法简单便捷，数据隔离级别高，安全性好，又能很好地满足用户个性化需求，但是成本和维护费高。因此，适合安全性要求高的用户。

　　共享数据库单独模式：所有租户使用同一数据库，但是各自拥有一套不同的数据表组合存在于其单独的模式之内。当租户第一次使用 SaaS 系统时，系统在创建用户环境时会创建一整套默认的表结构，并将其关联到租户的独立模式。这种方式在数据共享和隔离之间获得了一定的平衡，它既通过数据库共享使得一台服务器就可以支持更多的用户，大幅减少了数据库系统软件授权的数量，又实现了一定程度的数据隔离以确保数据安全，不足之处是当数据库系统出现故障时,对租户的影响范围比较大,数据恢复比较困难。

共享数据库共享模式:用一个数据库和一套数据表来存放所有租户的数据。在这种模式下一个数据表内可以包含多个租户记录,由一个租户 ID 来确认哪条记录是属于哪个租户的。这种方案共享程度最高,支持的客户数量最多,维护和购置成本也最低,但隔离级别最低。

③ 元数据管理技术。元数据是一种对信息资源进行有效组织、管理、利用的基础命令集和工具。使用元数据开发模式,可以提高应用开发人员的生产效率,提高程序的可靠性,具有良好的功能可扩展性。

元数据以非特定语言的方式描述在代码中定义的每一类型和成员。元数据可以存储以下信息:程序集的说明、标识、导出的类型、依赖的其他程序集,运行程序所需的安全权限、类型的说明、名称、基类和实现的接口、成员、属性,修饰的类型和成员的其他说明性元素等。

元数据被广泛地应用在 SaaS 模式中,应用程序的基本功能以元数据的形式存储在数据库中,当用户在 SaaS 平台上选择自己的配置时,SaaS 系统就会根据用户的设置,把相应的元数据组合并呈现在用户的界面上。

9.2.1.2　云计算服务部署模式

云计算服务的部署模式可以分为公有云、私有云、社区云和混合云等 4 种类型。不同的部署模式对基础架构提出了不同的要求。

(1)公有云模式。

公有云由某个组织拥有,其云基础设施对公众或某个很大的业界群组提供云服务。这种模式下,应用程序、资源、存储和其他服务都由云服务提供商统一建设,通过互联网向用户提供服务,这些服务有部分是免费的,大部分是按需按使用量来付费使用的。目前典型的公共云包括微软的 Azure、亚马逊的 AWS、腾讯云、阿里云等。

对使用者而言,公共云的最大优点是其所应用的程序、服务以及相关的数据都存放在公共云的提供者处,自己无须做相应大的投资和建设。但由于数据不存储在自己的数据中心,其安全性存在一定的风险。同时,公共云的可用性不受使用者控制,这方面也存在一定的不确定性。

(2)私有云模式。

私有云的建设、运营和使用都在某个组织或企业内部完成,其服务的对象被限制在这个企业内部,没有对外公开接口。私有云不对组织外的用户提供服务,但是私有云的设计、部署与维护可以交由组织外部的第三方完成。私有云的部署比较适合于有众多分支机构的大型企业或政府部门。随着这些大型企业数据中心的集中化,私有云将会成为他们部署 IT 应用系统的主流模式。

相对于公有云,私有云部署在企业自身内部,其数据安全性、系统可用性都可由企业自身控制,但是投资较大,尤其是前期一次性建设的投资较大。

(3)社区云模式。

社区云是面向一群由共同目标与利益的用户群体提供服务的云计算类型。社区云的用户可能来自不同的组织或企业，因为共同的需求如任务、安全要求、策略和准则等走到一起，社区云向这些用户提供特定的服务，满足他们的共同需求。

由教育机构维护的教育云就是一个社区云业务，大学和其他的教育机构将自己的资源放到云平台上，向校内外的用户提供服务。在这个模型中，用户除了在校学生，还可能有在职进修学生，其他机构的科研人员，这些来自不同机构的用户，因为共同的课程作业或研究课题走到一起。

社区云虽然也面向公众提供服务，但与公有云比较起来，更具有目的性。社区云的发起者往往是具有共同目的和利益的机构，而公共云则是面向公众提供特定类型的服务，这个服务可以被用作不同的目的，一般没有限制。所以，社区云规模一般比公共云小。

(4)混合云模式。

混合云也是云基础设施，由两个或多个云（公有云、私有云或社区云）通过标准通用的或私有的技术绑定在一起，这些技术促成数据和应用的可移植性。

混合云服务的对象非常广，包括特定组织内部的成员，以及互联网上的开放受众。混合云架构中有一个统一的接口和管理平面，不同的云计算模式通过这个结构一致的方式向最终用户提供服务。同单独的公有云、私有云和社区云相比较，混合云具有更大的灵活性和可扩展性，在应对需求的快速变化时具有无可比拟的优势。

9.2.2　容器管理技术

容器技术的出现，可追溯至 20 世纪 80 年代。容器技术的早期代表有 FreeBSD jail 以及 Linux 上的 Linux VServer 和 OpenVZ。BaaS 相关的容器管理的对象是指基于 Linux Container(LXC)项目的 Docker 容器。Docker 容器是在 Linux 内核的特性之上，实现了具有扩展性的容器化方案，并由此被集成到了主流 Linux 内核之中，进而成为 Linux 系统容器技术的事实标准。

容器是操作系统级虚拟化的环境，它可在独立的 Linux 宿主机上为容器提供相互独立的运行空间，同时所有容器共享同一个操作系统和同一个内核。类似于沙盒，每个容器里面运行一个应用，容器间虽然相互隔离，但有其特定的通信方式。容器能有效地将由单个操作系统管理的资源划分到孤立的组中，以便更好地在孤立的组之间平衡有冲突的资源使用需求。与虚拟化相比，容器技术既不需要指令级模拟，也不需要即时编译。容器可以在核心CPU 本地运行指令而不需要任何专口的解释机制，也避免了虚拟化和系统调用替换中的复杂性。除此之外，容器还具有启动、停止非常迅速的特点，相比较于虚拟机其对内存、硬盘等资源的消耗非常小。

9.2.2.1　Docker 容器技术

Docker 是 dotcland 公司（后改名为 Docker.Inc）开源的一个基于 Linux 系统 LXC 技术

的高级容器引擎，基于 Go 语言开发并遵从 Apache 2.0 协议开源。Docker 提供了一种在安全、可重复的环境中自动部署软件的方式。

在每一次的软件应用开发实践中，程序员们都很期待出现一种可以像集装箱般方便地打包程序、迁移应用、远离干扰、最终使应用能够流畅地运行在各个平台下的技术，而 Docker 容器技术正是应运而生。如果说操作系统是一个依赖于硬件的软件运行环境，那么 Docker 就是"粒度"更小的软件运行环境。Docker 容器技术的源代码托管在 GitHub 上。

Docker 的出现解决了软件的依赖、部署和管理问题。在一个软件的开发过程中，软件的编译和运行需要很多依赖环境，而且有的依赖环境复杂，搭建成本高、极易出错，开发者在忙于软件编译过程的同时还需要准备随时解决这些依赖。即使是在软件开发完毕后，将其部署到测试环境又需要再次配置依赖环境，导致软件版本升级变得烦琐，这些问题常常使得开发人员十分头疼。Docker 容器技术出现后，开发环境、运行环境可以更方便地一起打包，迁移和部署也同样变得轻而易举。Docker 很好地实现了"一次构建，到处运行"的理念。

9.2.2.2　Docker 容器虚拟化基本原理

Docker 容器作为基于 Linux 内核的可移植的轻量容器，是一种不受底层操作系统限制即可在任何运行 Docker 引擎的机器上运行的轻量虚拟化解决方案，可以将应用程序、开发软件包、依赖环境等统一打包到容器中，将整个容器部署至其他平台或者服务器上。

主机虚拟化是遵循"冯·诺依曼"计算机体系结构，将物理计算、网络、存储资源转变为逻辑上可以管理的虚拟资源（虚拟机），操作系统及应用程序运行在虚拟机上，而不是直接运行在物理机上。因此，主机虚拟化的实现方式一般是基于物理资源模拟出虚拟的 CPU、内存、硬盘、网卡等虚拟资源，然后在这些虚拟资源之上安装的客户操作系统（GuestOS）来控制管理资源，对于客户操作系统来说，就像直接安装运行在物理机上一样。如图 9-3 所示，在主机虚拟化系统中，每台物理主机上可以同时运行多个虚拟机，每个虚拟机中可以安装运行不同的客户操作系统与应用程序，主机虚拟化系统保证虚拟机之间安全隔离。

Docker 容器虚拟化与主机虚拟化不同，主机虚拟化是以客户操作系统为中心，而 Docker 是以应用程序为中心，直接将一个应用程序所需的相关程序代码、函式库、环境配置文件都打包起来建立沙盒执行环境，Docker 直接运行在安装了 Docker 引擎的操作系统之上。所有的 Docker 容器共享 Linux 内核与文件系统等特性，Docker 容器主要采用 Linux 内核的 cgroups(linux control group)功能来完成资源控制，基于用户空间 namespace 来实现资源之间的隔离。cgroups 可让系统中所运行任务（进程）的用户定义组群分配资源，完成系统资源的分配、优先顺序、拒绝、管理和监控。而 namespace 可实现进程、网络、IPC、文件系统和用户角度的隔离。

Docker 容器虚拟化系统包含镜像（Image）、容器（Container）、仓库（Repository）等三大基础组件。

镜像就是一个 Linux 的文件系统，这个文件系统里面包含可以运行在 Linux 内核的程序以及相应的数据。镜像可用于创建容器,实质上就是将镜像定义好的用户空间作为独立隔离的进程运行在主机的 Linux 内核之上。镜像是只读的,镜像在构建完成之后,便不可以再修改。镜像是可以分层(Layer)的,一个镜像可以由多个中间层组成,多个镜像也可以共享同一中间层,可以通过在已有镜像上新增一层来生成一个新的镜像,如图 9 - 4 所示。

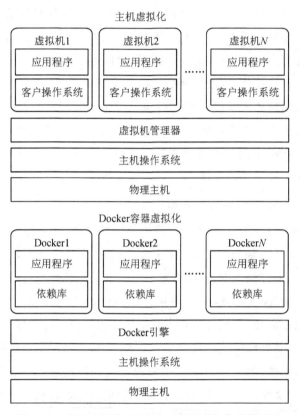

图 9 - 3　主机虚拟化与 Docker 容器虚拟化系统对比

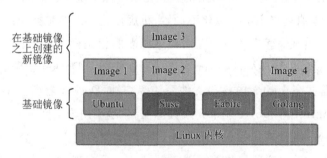

图 9 - 4　Docker 镜像分层结构示意图

　　容器是通过镜像来创建的,容器就是一个在主机操作系统上运行的独立隔离进程,每个容器都有属于自己的网络和命名空间。镜像是只读的,但容器却是可读写的,可以简单地认为容器就是在镜像之上添加一层读写层(Read-Write Layer)来实现的,如图9 - 5所示。

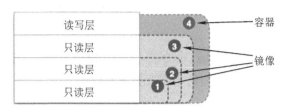

图 9-5 容器与镜像的结构关系示意图

Docker 容器直接运行在宿主机平台的系统内核之上,除添加少量必要的工具和库之外,直接结合 Linux 文件系统,通过文件系统层层的叠加修改镜像文件,从而运行完整的虚拟文件系统。这样的设计下,Docker 容器虚拟机运行时,如升级某个程序到新的版本,一个新的文件系统层会被创建并叠加到原有的文件层之上,不替换整个原先的镜像,确保容器虚拟化的隔离性。容器可以有运行、停止等多种状态,一个运行态容器被定义为一个可读写的统一文件系统加上隔离的进程空间和包含其中的进程。

仓库可以简单理解为一种专门用于集中存储镜像的数据库,镜像需要先上传到仓库中,需要创建容器的时候,再从仓库中下载使用。仓库一般可以分为公共仓库与私有仓库。

公共仓库一般是由 Docker 开源技术官方或第三方高校或企业构建,如官方仓库 Docker Hub(https://hub.docker.com/)、中国科学技术大学的第三方仓库(https://docker.mirrors.ustc.edu.cn/)和腾讯云、阿里云等第三方仓库。

9.2.2.3 基于 Kubernetes 的容器调度管理

Kubernetes(简称"K8s")中文意思是"舵手",是由 Joe Beda、Brendan Burns 和 Craig McLuckie 等建立,并于 2014 年被谷歌(Google)公司作为开源项目发布。Kubernetes 的设计目标是提供对大规模运行 Docker 容器的主机集群进行管理,构建一个能够自动化部署、可拓展的容器运行与调度管理平台。在 Kubernetes 的设计和发展过程中,主要受到谷歌(Google)公司的 Borg 系统的影响,Kubernetes 项目的许多主要贡献者都来自 Borg 项目。随着 Kubernetes v1.0 版本的发布,谷歌(Google)公司和 Linux 基金会合作成立了云原生计算基金会(Cloud Native Computing Foundation,CNCF),并提议使 Kubernetes 成为种子技术。

(1)Kubernetes 的技术架构。

Kubernetes 在技术上采用主从分布式架构(如图 9-6 所示),主要由主节点和工作节点组成,在主节点上可以通过客户端命令行工具 kubectl 进行配置管理。

主节点:主节点作为控制节点,对集群进行调度管理;主节点由 API 服务器、调度器、集群状态存储 etcd 和控制管理器等组件构成。

工作节点:工作节点负责实际运行业务应用的容器,工作节点包含 kubelet、kube-proxy、Pod 和容器运行环境。图 9-6 中的 Pod 是 Kubernetes 的基本调度单位,一个 Pod 由一个或者多个容器组成,这些容器能够部署在同一个工作节点上面,并能够共享资源。Kubernetes 中的每一个 Pod 都被指定了唯一的 IP 地址,可以通过相应的端口号无冲突地连接各个 Pod。Pod 可以将本地磁盘目录或者一个网络磁盘定义为一个卷（Volume），然后把卷提供给 Pod 中的容器。

kubectl 客户端：kubectl 用于通过命令行与 API 服务器进行交互，面对 Kubernetes 进行操作，实现在集群中进行各种资源的增删改查等操作。

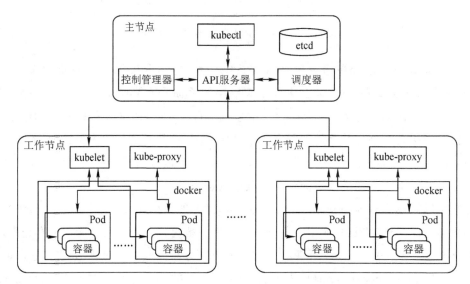

图 9-6　Kubernetes 技术架构示意图

（2）Kubernetes 的关键特性。

Kubernetes 对 Docker 容器运行和调度管理的关键特性包括：

自动化装箱：在确保可用性的前提下，可以基于容器对资源的要求和调度策略自动化部署容器。

自愈能力：当容器失败时，会对容器进行自动重启；当所部署的工作节点有问题时，会对容器进行重新部署和重新调度；当容器未通过监控检查时，会关闭此容器；直到容器正常运行时，才会对外提供服务。

水平扩容：通过命令行、用户界面或基于 CPU 的使用情况，能够对应用进行扩容和缩容。

服务发现和负载均衡：使用 Kubernetes 内置功能，不需要使用第三方的服务发现机制，就能够便捷实现服务发现和负载均衡。

自动发布和回滚：Kubernetes 能够流程化、向导式地发布应用和相关的配置。如果发布过程中出现问题，Kubernetes 将能够对发生的变更进行回滚。

存储编排：Kubernetes 能够自动挂接存储系统，这些存储系统可以来自于本地磁盘、网络存储（如 NFS、iSCSI、Gluster、Ceph、Cinder 和 Floker 等）和公有云存储（如 AWS、腾讯云、阿里云）。

（3）Kubernetes 容器资源调度机制。

Kubernetes 主要通过在主节点中运行的 Scheduler 调度器组件实现对 Docker 容器资源

调度控制。在 Kubernetes 的早期版本中，Scheduler 调度器的默认调度算法为简单的 Round-Robin 算法，即按照顺序选择可用的工作节点，将 Docker 容器在被选中的节点上启动运行，这个过程也称为"绑定"。但是，这个 Round-Robin 调度没有充分考虑到工作节点（物理服务器或虚拟机）的运行负载以及资源配置情况。因此，早期 Kubernetes 的资源调度机制并不适用于高并发情况。在 Kubernetes v1.6 版本中，实现了插件式的 Scheduler 调度器，可以灵活定义调度规则，其基本调度过程是资源调度器将需要创建的 Pod 和可用工作节点作为输入，通过调度算法对可用工作节点资源进行计算筛选，选出最合适的工作节点，将待创建的 Pod 与该工作节点进行绑定，如图 9-7 所示。

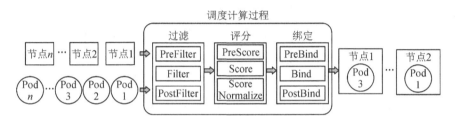

图 9-7　Kubernetes 容器资源调度过程示意图

Kubernetes 容器资源调度过程主要分为过滤（Filter）、评分（Score）和绑定（Bind）三个阶段，三个阶段共同构成了每个 Pod 的调度上下文，调度上下文又可以视为由一系列扩展点构成，每个扩展点负责一部分功能，最重要的扩展点是过滤扩展点、评分扩展点和绑定扩展点。

过滤扩展点：负责判断每个节点是否能够满足待创建的 Pod 的资源需求，如果节点不满足就过滤掉该节点。

评分扩展点：负责对每个 Pod 进行多维评分计算，并且将最终评分加权汇总，得到最后所有节点的综合评分。调度器会选择综合评分最高的节点，如果有多个节点评分相同且最高，调度器会在多个节点中随机选择一个作为调度结果，然后将该节点上 Pod 申请的资源用量进行保留操作，防止被其他 Pod 使用。

绑定扩展点：负责将 Pod 绑定到评分最高的节点上，本质是对 Pod 对象中相关节点信息进行修改，并且更新到集群状态存储 etcd 中。

9.2.2.4　基于 Docker 的 BaaS 平台技术优势

基于 Docker 容器技术的 BaaS 平台具有以下优势：

（1）简化部署与运维管理：传统的区块链系统安装、配置到全生命周期运维管理，都需要技术人员根据应用实际运行情况进行大量人工操作，整个过程难于管理，采用 Docker 可以大幅简化区块链系统部署与扩展工作。比如，将超级账本 Fabric 区块链系统的 Peer 节点、Orderer 节点、Client 客户端节点等不同节点角色都可以预先制作成镜像，通过镜像实现自动化节点部署。

（2）简化区块链应用配置：传统应用软件配置和管理是根据实际运行环境进行设置，Docker 可在镜像模板的制作与发布阶段将业务参数配置完成，以软件管理方法来简化解决应用配置问题。

（3）服务器资源按需分配：传统区块链系统部署完成后，其资源即分配完成，无法根据应用运行负载实时动态进行调整，而 Docker 使用虚拟化手段来满足区块链系统按需分配的资源需求，根据系统负载情况，实时分配新的服务器资源启动新的 Docker 实例，Docker 实例的启动可以实现秒级启动，从而实现区块链系统节点的按需扩展。

（4）安全性：Docker 容器技术早在 Linux 2.6 的 Kernel 里就已经存在，每个 Docker 实例都运行在其各自的 Linux 用户空间内部，保证每个 Docker 进程间的隔离性与安全性。

9.2.3　跨链访问管理技术

BaaS 区块链即服务平台需要支持多链架构，提供区块链跨链访问管理能力，为公有链之间提供跨链资产传输，为联盟链之间提供跨链信息交互。

跨链访问技术可视为一种链与链间的通信协议，BaaS 平台可用的跨链技术包括多种方法：公证人模式（Notary Schemes）、侧链（Sidechains）、中继链（Relays）和哈希锁定（Hash-Locking）。不同跨链技术之间的特性对比如表 9 - 1 所示。

表 9 - 1　不同跨链技术之间特性对比

特性	跨链技术		
	公证人模式	侧链/中继链	哈希锁定
互操作性	所有	所有	所有
信任模型	多数公证人诚实	链不会失效或遭受 51％攻击	链不会失效或遭受 51％攻击
跨链交换	支持	支持	支持
跨链资产转移	支持（需长期公证人可信）	支持	支持
跨链资产抵押	支持（需长期公证人可信）	支持	支持
实现难度	单签名（容易） 多重签名（中等） 分布式签名（难）	难	中等

9.2.3.1　公证人模式

公证人模式是解决跨链交易确认时，由一个或者一组节点作为公证人参与到双方交易确认的事件中。基于中心化交易所的跨链资产交换就是最简单的公证人模式。例如，张三想用他持有的比特币交换李四持有的以太币，可以使用交易所按照以下步骤实现：

（1）张三和李四共同找一个双方都认可的交易所。

（2）张三将自己的比特币转入交易所的比特币系统地址。

（3）张三在交易所上挂上将自己的比特币兑换以太币的卖单。

（4）李四将自己的以太币转入交易所的以太坊系统地址。

（5）李四通过交易所挂出使用自己的以太币购买比特币的买单。

（6）交易所将张三的卖单和李四的卖单进行撮合。

（7）交易所将张三在交易所存储的比特币转给李四的比特币系统地址。

（8）交易所将李四在交易所存储的以太币转给张三的以太坊系统地址。

在上面的例子中交易所就扮演了公证人的角色，当然现实的交易所还会收取张三和李四的交易佣金。

公证人模式具有可分为单签名公证人机制、多重签名公证人机制和分布式签名公证人机制。

单签名公证人机制也叫中心化公证人机制，通常由单一指定的独立节点或者机构充当，它同时承担了数据收集、交易确认、验证的任务。这是最简单的模式。其优点在于处理速度较快，技术结构相对简单，但是这种方式的问题也很明显，即中心化的公证人的安全风险。

多重签名公证人机制通常由多位公证人在各自账本上共同签名达成共识后才能完成交易，多重签名公证人的每一个节点都拥有自己的一个密钥，只有当达到一定的公证人签名数量或比例时，跨链交易才能被确认。

分布式签名公证人机制和多重签名公证人机制最大的区别在于签名方式不同，它采用了多方计算的思想，安全性更高，实现也更复杂。系统基于密码学生成且仅产生一个密钥，并将密钥拆分成多个碎片分发给随机抽取的公证人，公证人组中谁都不会拥有完整的密钥，由于密钥碎片经过加密，即使所有公证人将碎片拼凑在一起也无法得知完整的密钥，允许一定比例的公证人共同签名后才可拼凑出完整的密钥，跨链交易才能被确认。

9.2.3.2 侧链/中继链

侧链是一种允许资产在链和链之间互转的协议。例如，以比特币区块链为主链，以其他区块链为侧链，实现比特币从主链转移到侧链进行流通。侧链可以是一个独立的区块链，有自身的账本、共识机制、交易类型、脚本和合约的支持等。但是，侧链不能发行主链的加密货币，只能通过与主链双向挂钩来引入和流通一定数量的比特币。当比特币在侧链流通时，主链上对应的比特币会被锁定，直到比特币从侧链回到主链。

中继链是通过在两个链之间加入一个通道，通道内创建一种特定的数据结构，使得两个链可以通过该通道内的数据结构进行跨链数据交互，这个通道就称之为中继链。

9.2.3.3 哈希锁定

哈希锁定的基本思想是跨链交易的两人之间通过共用一个密码获取资产，使用时间锁和智能合约保证交易的原子性，即要么同时发生，要么不发生。下面假设用户甲在链 A，用户乙在链 B，使用哈希锁定实现跨链交易的流程如下：

（1）甲生成随机数 s，并计算哈希值 $H = SHA256(s)$，将 H 发送给乙。

（2）甲在链 A 生成锁定合约，设定解锁条件：如果在时间 T 内乙猜出随机数 s，则取走合约中约定的资产，否则被锁定的资产退回到甲的账户中。

（3）乙在链 B 中部署智能合约，如果任何人能在 t＜T 时间内提供一个随机数 s，使得 SHA256(s)等于接收到的 H，则取走锁定的资产，否则被锁定的资产退回到乙的账户中。

（4）甲使用 H 锁住合约，同时乙也用相同的 H 锁住自己的资产。这样甲和乙都有相同的锁 H，但只有甲有钥匙 s。

（5）甲调用乙部署的智能合约提供正确的 s，取走乙在链 B 中的资产，乙也获得了 s。

（6）在甲锁定资产的剩余的时间内，乙可以使用 s 解锁甲的锁定合约，获得甲在链 A 中的资产。

9.3　BaaS 平台系统架构

9.3.1　BaaS 系统逻辑架构

BaaS 系统一般基于云计算服务平台，采用分层逻辑架构设计，自底向上主要包含云计算资源层、区块链核心层、区块链管理层、区块链服务接口层，如图 9-8 所示。

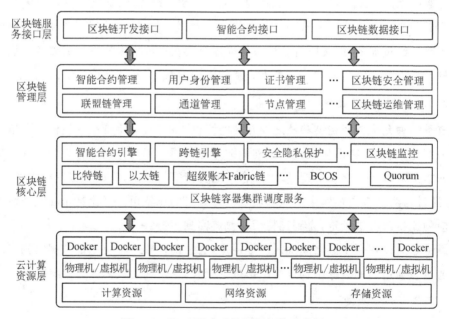

图 9-8　BaaS 平台系统逻辑架构示意图

云计算资源层一般采用云计算虚拟化基础架构系统，对计算资源、网络资源、存储资源进行集中化资源管理，为 BaaS 区块链即服务平台系统提供所需的物理机/虚拟机节点，并为构建区块链网络节点所需的 Docker 容器提供基础运行支撑环境。

区块链核心层一般基于 Kubernetes 容器管理技术构建区块链容器集群调度服务,在底层云计算资源的运行支撑基础上,实现对公有链、联盟链等多种区块链系统的多链自动化部署运行,并面向多链提供统一的智能合约引擎、跨链引擎、安全隐私保护、区块链监控等核心功能,为区块链管理层及区块链服务接口层提供支撑。

区块链管理层在区块链核心层基础上,一般采用可视化交互方式提供对 BaaS 区块链即服务平台支持的多种区块链全生命周期管理,具体包括区块链资源管理、区块链安全管理、区块链运维管理、智能合约管理、区块链审计管理等管理服务,良好的管理层服务将有效地降低区块链应用的开发复杂性和业务接入成本。

区块链服务接口层将区块链管理层的功能与服务封装,为各种类型的区块链相关应用系统提供标准化的 SDK 和 API 接口,一般包括区块链开发接口、智能合约接口、区块链数据接口等,有效提高各类公有链、联盟链、跨链应用系统与底层区块链的集成开发效率。

9.3.2　BaaS 系统主要功能

9.3.2.1　云资源管理

云资源管理功能主要负责实现 BaaS 平台所需的云计算资源的统一管理与调度控制,具体包括对资源池、物理机资源、虚拟机资源、Docker 容器资源、网络资源、存储资源、模板镜像资源的集中一体化、自动化、可视化管理。

资源池管理提供对多个资源池的管理功能,能创新、删除资源池,能对资源池总体资源(CPU、内存、存储、物理服务器、虚拟机)利用状态进行监视,能对资源池中物理服务器、虚拟机的运行健康状态进行监控。

物理机管理提供对多个物理服务器资源的基本管理功能,能新增、删除物理服务器资源,能对物理服务器详细配置(CPU 型号、主频、内存容量、磁盘、网卡)、实时运行负载状态信息(CPU 负载、内存占用率、磁盘 I/O、网络 I/O、进程数量、线程数量)和历史负载数据进行监控。

虚拟机管理提供对多个虚拟机资源的基本管理功能,能对虚拟机进行启动、停止、暂停、暂停恢复、修改名称控制操作,能对虚拟机详细配置(名称、所属资源池、所属宿主服务器、操作系统类型、vCPU 数量、内存容量、磁盘、网卡)、虚拟机实时运行负载状态信息(CPU 负载、内存占用率、磁盘 I/O、网络 I/O、进程数量、线程数量、持续运行时间)和历史负载数据进行监控。

Docker 容器管理基于 Kubernetes 提供对 Docker 容器编排与资源调度管理,具体包括 Docker 节点的启动和停止、Docker 节点运行监控、Docker Pod 创建、Docker Pod 创建启动、Docker Pod 停止、Docker Pod 删除、Docker 容器创建、Docker 容器启动、Docker 容器停止、Docker 容器删除等。

网络管理提供分布式虚拟交换机和 SDN 网络管理,使用户或管理员可通过创建虚拟二层交换机与虚拟三层路由器,并将其与多个虚拟机相连来组建二层或三层虚拟网络。每个用户可创建一个或多个虚拟网络,每个虚拟网络中可配置一个或多个虚拟交换机,每个虚拟交换机可配置不同的 IP 网段及动态主机配置协议(Dynamic Host Confiquration Protocol, DHCP),不同网段的虚拟交换机可通过虚拟路由器连接实现其不同网络的互通。

存储管理提供对集中式存储、分布式存储和本地存储等多级存储资源池,支持不同服务等级和性价比的虚拟机存储模式,可以对存储进行自动化管理,包括发现、纳管、同步、忽略、挂载、卸载、销毁。

同时,云资源管理还负责实现对不同公有云、私有云的云计算虚拟化基础架构相关的资源池、物理机、虚拟机、Docker 容器等资源调度 API 的封装,封装不同云平台 API 的差异性,对上层区块链核心层调用模块提供统一的资源管理接口。

9.3.2.2　区块链部署配置管理

区块链部署管理功能主要负责对 BaaS 平台支持的区块链系统进行自动化快速安装、配置、部署以及初始化等管理操作,同时也提供对区块链节点进行动态增减及系统升级等管理。区块链部署配置管理功能一般需要较强的多链多节点并行处理能力,大幅提升在 BaaS 中对多链、联盟链的安装部署效率,以便支撑对大规模区块链网络的管理能力。

区块链部署配置管理需要满足业务应用需求的个性化,支撑 BaaS 提供对符合特定业务场景的区块链系统及节点配置的定制化能力。例如,对于只支持静态初始化配置的区块链系统,提供对指定区块链系统初始化或系统运行参数(共识机制、出块周期、区块大小等)的配置管理,对区块链节点模板、Docker 镜像及不同类型的区块链节点的数量与配置(CPU、内存、存储、网络等)可以进行个性化定制。对于支持动态配置的区块链系统,提供按需及时调整运行中的区块链的配置信息,如根据业务应用的访问量变化情况,快速调整计算资源,如扩大存储容量、加大网络带宽等。

9.3.2.3　智能合约管理

智能合约管理功能主要负责对 BaaS 平台支持的不同区块链系统的智能合约进行在线编程、上传、发布、审核、安装、初始化、升级、权限设置等可视化、流程化交互管理功能。

针对 BaaS 支持的不同的区块链系统,智能合约管理可以提供内置的智能合约源代码的在线编程工具,为开发者提供一体化的智能合约开发、调试、测试与发布环境支持,大幅提高智能合约的开发效率。同时,智能合约管理也提供对智能合约源代码、二进制文件的上传与版本库管理,不管是在线开发的智能合约,还是上传的智能合约,都提交保存到 BaaS 平台的智能合约版本库中,入库的智能合约在 BaaS 平台中经过测试和审核后,才允许被发布到区块链上,才可以被该区块链上的符合安全策略的账户或节点调用执行。

智能合约在发布上线前,必须经过严格的测试与审核,BaaS 平台可以向开发者提供一体化的测试与审核功能,如智能合约源代码合规性测试、单元测试、功能测试等,同时,区块链上的各个成员可以通过 BaaS 平台对智能合约的源代码及测试情况进行检查,确保智能合约功能正确无误。

智能合约在发布过程中,BaaS 平台可以对智能合约的使用权限做相应的控制,如设置智能合约所属通道信息,智能合约在区块链系统中可访问节点的黑白名单等。

智能合约在初始化过程中,BaaS 平台可以对智能合约的状态变量与初始化参数、背书策略、安全策略进行设置管理。

智能合约在升级过程中,BaaS 平台要确保升级前老版本的智能合约可以正常使用。合约升级之后,新版本的合约可以查询到旧版合约的历史数据。

智能合约在发布和运行过程中,BaaS 平台可以提供对智能合约多维度、细粒度的权限管理,例如对智能合约的状态变量、功能函数的访问权限控制。

9.3.2.4　联盟链管理

联盟链管理功能主要负责对 BaaS 平台支持的不同联盟区块链系统及其相关的组织成员、通道、节点进行全过程、可视化交互管理。

联盟链一般都有多个组织成员参与,联盟链管理提供对联盟区块链在创建之初和运行过程中,由联盟链的发起主管方对联盟组织成员的新增、修改、删除等进行管理。为了防止管理过于集中,BaaS 平台可以提供联盟成员投票管理,对准备加入联盟的新组织成员,必须经过联盟内多数组织成员投票同意的情况下,才能最终允许该组织成员加入联盟链。

联盟链管理可以根据联盟组织成员之间可信协同的业务需要,建立多个独立的通道及对应的区块链与账本。联盟链的各个组织成员可以对自身的节点进行新增、修改配置、删除等管理。

9.3.2.5　区块链共识机制管理

目前,区块链系统的共识机制逐渐从单一固定共识算法向插拔式多共识算法方向发展,共识算法一般应具备"少数服从多数"以及公平的特点,其中"少数服从多数"除了区块链节点数量以外,也可以包含算力、存储容量、在线时间、加密货币持有量等多种权益要素的综合可比较的量化特征。共识算法的"公平"体现在任何节点只要达到要求,都有权提出共识结果,并被其他节点无差别的接收。但是,随着区块链技术应用的深入和扩大范围,单一固定的共识算法很难满足各种应用对共识机制的需求,BaaS 平台区块链共识机制管理功能主要负责对于支持可插拔共识算法的区块链系统,允许用户根据不同的应用场景选择合适的共识算法创建区块链,目前业界常见的共识算法包括 PoW、PoS、DPoS、PBFT、Raft 等。

9.3.2.6　区块链模板镜像管理

区块链系统一般依赖多种开源系统组件,其安装配置与调优过程比较复杂,对大部分的区块链应用开发者来说很难全面掌握,带来较大的使用难度。

为了方便用户使用,区块链模板镜像管理功能主要负责将一些标准或常用的区块链系统节点配置,预先制作为相关的区块链模板或 Docker 镜像,形成区块链模板镜像库。用户在 BaaS 平台创建区块链时,可以根据业务应用场景需要从模板镜像库中选择预定义的模板或镜像,"一键式"快速创建出满足要求的区块链,大幅提升 BaaS 平台的易用性和可定制性。

9.3.2.7　区块链监控管理

区块链监控管理功能主要负责对区块链系统状态、区块链网络与节点的运行情况进行实时监控及告警管理。

区块链系统状态包括但不限于区块链高度、交易数量、节点数量、智能合约列表、账本数据容量等区块链系统相关各类详细信息,帮助 BaaS 平台管理员或授权用户更全面地了解区块链系统运行状态。

区块链网络与节点运行情况包括但不限于网络拓扑结构与网络连通性,区块链相关计算资源使用情况以及节点健康状态等,BaaS 平台一旦发现有故障或者异常情况发生,可以自动给相关管理员通过系统界面、邮件、短信等方式告警报警。基于云计算资源高可用与区块链容器集群调度能力,BaaS 平台可以对大部分区块链网络或节点故障自动进行故障排除和恢复。

9.3.2.8　区块链安全隐私保护

信息安全技术是区块链系统的基石,密码学原理是区块链安全性的最为核心与关键的支撑技术,区块链系统通过多种密码学原理进行数据加密及隐私保护。BaaS 平台的区块链安全隐私保护管理功能主要负责隐私数据保护、信息流转和网络传输的安全可控。BaaS 平台在区块链采用的安全哈希、对称加密、非对称加密等密码学技术基础上,基于抗量子加密算法、零知识证明算法、安全多方计算等技术提供更完善的安全隐私保护功能,进一步强化数据隐私的安全,提高区块链系统抗攻击能力。在充分考虑可监管性和授权追踪要求的前提下,对交易身份及内容的隐私保护,可以提供零知识证明、环/群签名、同态加密、安全多方计算等多种密码学技术方案。同时,针对国内涉及政务、金融应用的公有链或联盟链系统,BaaS 平台应对区块链采用的安全哈希、对称加密、非对称加密等加密算法提供选择采用国密加密算法。

9.3.3　典型的 BaaS 平台

9.3.3.1　微软 Azure BaaS 服务平台

2015 年 1 月,微软(Microsoft)与一家专注于区块链软件技术的 ConsenSys 公司合作在微软 Azure 云上推出了面向联盟链应用的 BaaS 云服务平台,微软 Azure BaaS 平台主要支持以太坊、Quorum 等区块链系统。微软 Azure BaaS 平台通过整合相关 Azure 云服务功能,帮助开发者在 Azure 云平台上快速创建和部署区块链应用程序,实现多组织机构之间的业务流程和数据可信共享。微软 Azure BaaS 平台可提供用于创建区块链应用程序的基础框架,使开发者能够专注于创建业务逻辑和智能合约。同时,通过集成多种 Azure 云服务功能,帮助开发者便捷完成应用开发任务,可更高效地创建区块链应用程序。微软 Azure BaaS

平台区块链应用参考架构如图 9-9 所示。

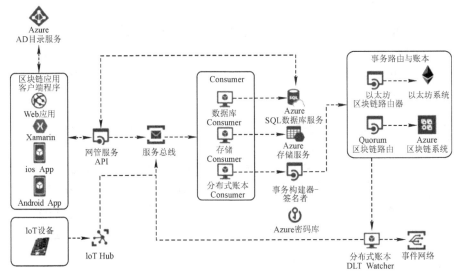

图 9-9　微软 Azure BaaS 平台区块链应用参考架构示意图

（1）区块链应用客户端程序。区块链应用客户端程序提供面向用户的业务前端,客户端程序通过 Azure AD(Active Directory)目录服务对用户进行身份认证,然后提供基于智能合约表示的业务流程中的相应阶段执行特定类型的事务。

（2）网关服务 API。当对区块链进行写入操作是,基于 REST 的网关服务 API 会生成消息并将其传送到事件中转站。当 API 请求数据时,会向链外数据库发送查询。数据库包含链中数据和元数据的副本,查询以合约元数据指定的格式从链外副本返回所需的数据。

（3）消息使用者(Consumer)。消息使用者从服务总线提取消息。Azure BaaS 平台提供分布式账本、数据库、存储等三种类型的消息使用者。

分布式账本消息使用者:分布式账本消息包含要写入区块链的事务数据。分布式账本消息使用者接收该类消息,并检索包含需要执行的事务的元数据的消息,然后将数据推送到事务构建器、签名器和事务路由器,最终将消息写入区块链系统。

数据库消息使用者:从服务总线提取数据库消息,并将数据推送到 Azure SQL 云数据库服务,例如在 Azure SQL 云数据库服务中存储非结构化文件。

存储消息使用者:从服务总线提取存储消息,并将数据推送到 Azure 云存储服务,例如可以在 Azure 云存储中存储经过哈希处理的文档。

（4）事务生成器与签名器。事务生成器和签名器根据数据和所需的目标区块链系统,对区块链事务进行汇编,并从 Azure 密钥库(Key Vault)检索相应的私钥,对事务进行签名。事务经过签名后,将发送到事务路由器和账本。

（5）事务路由器与账本。事务路由器和账本提取已签名的事务,并将其路由到相应的区块链系统。目前,微软 Azure BaaS 平台支持以太坊与 Quorum 两种目标区块链系统。

9.3.3.2 IBM BaaS 服务平台

IBM BaaS 平台基于超级账本 Fabric 区块链系统,提供了全栈式、可管理的区块链服务,帮助开发者高效开发、运营、管理兼顾高性能与高安全的区块链网络。IBM BaaS 平台提供一个易于使用的界面来管理超级账本 Fabric 区块链网络、通道和智能合约,提供添加新成员、创建通道、定制管理策略、管理网络参与者的身份凭证等功能。IBM BaaS 平台组件和核心功能架构如图 9-10 所示。

图 9-10 IBM BaaS 平台组件和核心功能架构示意图

IBM BaaS 平台建立在开源和开放技术之上,利用超级账本 Fabric 的模块性、性能、隐私性和可扩展性,为开发、运营、管理和发展企业级区块链解决方案提供必要的组件。IBM BaaS 平台区块链应用参考架构如图 9-11 所示。

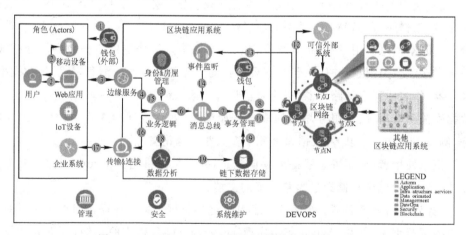

图 9-11 IBM BaaS 平台区块链应用参考架构示意图

9.3.3.3　腾讯云 TBaaS 服务平台

腾讯云 TBaaS(Tencent Blockchain as a Service)服务平台基于腾讯云计算服务基础设施,为企业及开发者提供一站式、高安全性、简单易用的区块链服务。TBaaS 服务平台集成开发、管理和运维等功能,支持开发者在云上快速部署联盟区块链网络环境。基于 TBaaS 服务平台,客户可以降低对区块链底层技术的获取成本,专注在区块链业务模式创新及业务应用的开发和运营之中。

腾讯云 TBaaS 平台是一个企业级的区块链开放平台,可一键式快速部署接入、拥有去中心化信任机制、支持多组织资源分配模式,拥有私有化部署与网络运维管理能力。腾讯云 TBaaS 平台组件和核心功能架构如图 9-12 所示。

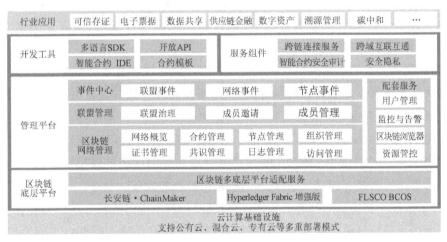

图 9-12　腾讯 TBaaS 平台组件和核心功能架构示意图

(1)云上服务。TBaaS 云上服务为用户所提供的区块链服务,遵循一个联盟一个系统的原则,不同的用户或者联盟链,不仅在逻辑上是严格隔离的,在机器硬件、网络、存储等物理资源上同样也是互相独立的系统,完全符合金融安全监管需求。TBaaS 云服务遵循标准的区块链底层协议搭建,可以兼容网络协议一致的友商云平台。在多云融合的环境中,用户可以按照业务需求搭建真正的跨云平台联盟链,让用户解耦对底层技术平台的强依赖性,提升区块链平台自身的可信度。

(2)私有云服务。在金融、电信、政府、能源、教育、交通等行业中,用户的核心业务需要自主可控。为了更好满足这个诉求,TBaaS 支持企业级容器云平台 TKE 或腾讯云专有云 TCE 私有化部署方式。腾讯云容器服务 TKE 是基于原生 Kubernetes 提供以容器为核心的、高度可扩展的高性能容器管理服务。TCE 是腾讯云企业级私有云解决方案,经过工信部可信云认证,达到金融行业高标准级别。TBaaS 专有云部署方式搭建在稳健的 TCE 或 TKE 平台,用户可以自主管控整个 TBaaS 云平台。

(3)隐私保护。腾讯云区块链平台采用基于数字证书的 PKI 的身份管理、多链隔离、信息加密、智能合约控制等手段保护私密信息。其中,基于 PKI 的身份管理是指 TBaaS 平台采用双重身份认证机制。先通过腾讯云官网完成账号验证,再进入到区块链的权限管理体系。TBaaS 平台所使用的用户必须通过区块链用户管理中心注册才能获得相应身份证书,只有使用该安全证书签名的客户端节点才能发起交易请求或提案。

(4)合约管理。鉴于智能合约开发是区块链应用的主要功能,所有区块链业务能力围绕智能合约为核心,来实现智能合同、自动触发、安全隔离、业务定义、数字协议等功能。客户需要花费大量的精力去编写和调试智能合约。为了解决这一困难,TBaaS 平台提供完备的智能合约集成开发调试环境,大大缩短了用户开发周期并减轻了开发压力,以更便捷的方式辅助软件开发。

与其他平台不同,腾讯云 TBaaS 平台不仅可以对智能合约进行词法分析、语法检查,还专门提供了智能合约安全检查服务,对合规性和安全性进行校验,以防止类似于以太坊 DAO 安全事件的再次发生。

(5)共识机制。共识机制决定了区块链的数据一致性的实现方式和适用场景,腾讯云区块链目前支持超级账本原生共识机制的同时,未来也将支持用户自定义的共识插件和背书插件,方便用户根据自身业务需要进行灵活选择和切换。

(6)开放机制。腾讯云 TBaaS 平台是一个开放的服务平台,目前已支持长安链 Chain-Maker、超级账本 Fabric、FICOS BCOS 等优秀合作伙伴的区块链底层平台,未来也将支持企业以太坊等区块链技术,并积极关注区块链前沿科技的发展。

(7)证书管理。与传统的公有链不同,联盟链对用户身份的管理要求和隐私保护要求更高。腾讯云区块链与目前国内领先的证书服务提供商中国金融认证中心(CFCA)进行深度的战略合作,支持在腾讯云区块链中使用 CFCA 签发企业所需的各类证书,如电子签名、身份认证、SSL 证书、交易监控、反欺诈等。为客户带来自有业务系统及腾讯云区块链平台的证书可识别,几乎透明的权威 CA 证书使用体验以及一体化的用户与证书管理服务。

(8)硬件加密。腾讯云具备成熟的硬件加密能力和产品。腾讯云区块链可以直接与其无缝对接,帮助银行、保险、证券等企业充分保护其数据存储安全和传输安全,提升加密解密和签名验签效率,实现密钥安全管理,帮助客户符合监管和等级保护要求。目前腾讯云硬件加密支持绝大部分主流的国密算法和各类国际通用算法,如 SM1、SM2、SM3、SM4、DES、AES、RSA。

(9)按需存储。区块链在不同场景下的对存储系统要求不同,腾讯云区块链提供了多种存储层解决方案,以适应不同的需求。以 Hyperledger Fabric 为例,存储分为三部分,即账本数据、状态数据和历史数据。账本数据支持使用传统块存储解决方案,如性能更好的 CBS 云硬盘或者成本更低、运维更简便的 CFS,并支持快照镜像等备份和快速拷贝需求,方便新节点加入区块链后快速同步账本。状态数据和历史数据除了支持 LevelDB 和 CouchDB 以外,后续还计划支持 MongoDB 方案。

(10)企业互联。云端企业用户通常拥有若干个自己的虚拟私有云(Virtual Private

Cloud,VPC),VPC 之间天然隔离。腾讯云区块链以 VPC 的形式部署和提供服务,将区块链部署于一个独立的 VPC 中,不占用用户的 VPC 配额,同时支持将区块链 VPC 与其他多个用户的 VPC 快速打通,不受限于网络地址重叠与烦琐的路由配置等因素的影响,方便用户直接通过自己的 VPC 访问自己的组织和节点,让用户无须为用户网络互联和后续拓展担心。

9.3.3.4　百度超级链 BaaS 服务平台

百度超级链 BaaS 平台为用户提供全面区块链服务,能快速地为企业和开发者在公有云、私有云中搭建区块链网络,支持多底链框架,包括百度超级链(XuperChain)、Fabric、Quorum 以及以太坊。百度超级链 BaaS 平台基于百度智能云的技术与服务,可以帮助企业和开发者快速、规范的搭建企业级去中心化业务系统,辅助企业建立企业内外的业务可信协作。同时将区块链落地行业中积累的创新实践,通过产品和技术输出赋能至合作伙伴,助力合作伙伴加速落地区块链,包括多链架构、跨链数据同步、可信计算、链上链下安全、多层级激励体系等。百度超级链 BaaS 平台组件和核心功能架构如图 9-13 所示。

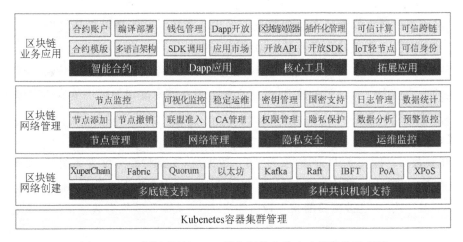

图 9-13　百度超级链 BaaS 平台组件和核心功能架构示意图

(1)可信计算环境。

超级链 BaaS 平台基于多个维度的可信计算环境支持,实现全方位区块链网络安全保护,全时段维护业务链上应用信息、数据、执行逻辑的安全可信。

多级加密技术:支持数据上链、数据传输、合约调用等多流程多种加密算法逐级加密及验证。

国际/国密标准的加密算法支持:非对称加密算法(SM2、ECC)、哈希算法(SM3、SHA-2、SHA-3)、对称加密算法(SM4、AES、DES)。

跨链网安全代理:多架构、多类别跨链数据交互及合约调用通过安全代理模块支持跨链数据安全加密及安全准入、审计控制。

超级链 BaaS 平台基于 SGX 安全硬件及百度 MesaTEE 安全框架在合约层采用 Baidu

AI Security Stack（BASS）的 Hybrid Memory Safety（HMS）机制，免疫内存安全漏洞；同时额外加强了侧信道防御，领先业界。结合 TPM 2.0 与 MesaLock Linux，纵深防御未知侧信道等攻击。用内存安全语言构建 TLS 协议栈，支持 SGX Enclave-to-Enclave 和 Untrusted-to-Enclave 两种可信验证模式。

（2）高性能高吞吐。

超级链 BaaS 平台基于多链架构，支持区块链网络及链上应用规模性增长。用户可根据业务场景需求选择区块链架构，进行链网参数优化及共识机制切换，实现区块链网络的高性能与高吞吐。

公链场景下百度超级链实现基于时序的 TDPoS 共识算法，支持 20000＋TPS。

联盟链场景实现基于 Paxos/Raft/PBFT 等多种共识机制，最大可支持 10000＋TPS。

（3）可扩展的存储。

区块链通过节点间存储的高冗余来保障链上数据的高可用及安全性，相比于中心化的存储系统，区块链网络保存的数据副本基本随节点规模线性增长。同时，由于世界状态的不可破坏性，区块链中每个节点都会尽量多地保存原始的全局数据，包括状态数据、交易数据、交易凭证甚至事件数据都会持久化到节点存储中。在实际区块链网络环境中，区块链节点需要的存储空间大小会随着交易数量增加而持续增长。

超级链 BaaS 平台基于百度智能云提供无限量的存储空间，并且能达到数据可用性和数据安全性的业界标准。同时超级链 BaaS 平台结合云存储深度定制区块链节点存储机制，实现区块链专有的存储技术。

超级链 BaaS 平台可以实现冷热数据自适应调度，将低频数据存储在 SATA 介质或者云存储，高频数据存储在 SSD 介质；实现 DFS 适配层，支持分布式文件系统，存储容量理论上可以扩展到 PB 级别。状态数据一般位于块头，是链上各区块的索引数据。系统通过标记块头状态索引计数，将已被覆盖的状态索引踢出块头，从而保证状态数据量与高频覆写交易量解耦；将低频变更的状态数据分代迁移到成本更低的 SATA 介质或者云存储。高频变更的状态数据存放在内存和 SSD 介质的数据库中。同样，从数据库中读取状态节点时，本着最小 I/O 开销的原则，仅需要读取那些需要用到的节点数据即可。根据读取频率，状态节点的索引路径也会根据热度进行打分，状态树被划分冷热区，冷区状态节点会迁移到成本更低的存储介质中。

交易数据是区块中数据空间比重最大的部分。各个区块中都会包含交易信息。这些交易信息会在监督节点或新启动节点中被回溯验算。超级链 BaaS 平台系统会根据链长存储比，进行轻量级的计算。当区块高度大于某阈值后，交易验算将只抽取一定比例的最新区块中。快速验算机制保证高度小于某阈值的区块将不需要参与验算，这些区块中的交易数据可以被归档保存。只需核心节点拥有这部分的数据，系统会将归档交易数据推送到 DFS，当需要做全量审计或系统需要全量恢复数据时可以从归档 DFS 中读取。由于百度智能云 DFS 无容量上限，并且有成熟的可用性技术保障，归档后的交易数据可以从区块链中卸载。

即使高度进一步增加,区块链节点本地存储的交易数据将被稳定在一个合理的空间范围内。

(4)智能合约管理。

由于区块链上的数据具有不可篡改的特性,使得以太坊智能合约的开发需要异常的谨慎,智能合约程序所产生的 bug 无法轻易修复,并且可能产生巨大的代价。针对智能合约的上述问题,超级链 BaaS 平台提供了常用智能合约库、内置标准库和合约安全审计等功能。

超级链 BaaS 平台提供常用的经过生产验证的智能合约库,包括数学计算、数组、链表、字符串操作、RBAC 等。开源、模块化的设计方便用户二次开发。

超级链 BaaS 平台完全支持原生的 Solidity 合约开发,在此基础上,为了方便合约的开发,增加了更多标准库的支持,包括 JSON 解析库、XML 解析库、base64 编解码等,使开发者把更多的精力放在业务的实现上。

任何有意义的智能合约或多或少都存在错误,超级链 BaaS 平台的代码分析器不仅可以对智能合约进行词法分析、语法检查,还专门提供了智能合约安全检查服务,将智能合约解析成 AST 来进行合约的漏洞模型筛选,其中包含死循环、数值溢出等常见漏洞模式,给用户提供全面的智能合约审计报告,大大减少了智能合约漏洞的出现。

(5)跨链可信交互。

跨链可信交互的技术难点包括绝对确定性(Absolute Finality)锚定与跨链预言机。超级链 BaaS 平台可在概率性确定共识场景中动态计算得到区块的稳固系数;同时也支持将概率性确定共识升级为绝对确定性共识。当区块足够稳定时,会被跨链预言机锚定。跨链预言机承担对接多链 I/O 接口的作用,通过将预言机制放大到多链上工作来实现。跨链预言机包括跨链协议转换、交易数据转义、状态数据过滤等逻辑组件。基于 Plasma 侧链交互模型,跨链交互分为锁定期、同步期、挑战期、解锁期。实验室状态下可在百毫秒内完成跨链数据的单周期交互。

本 章 小 结

通过对本章内容的学习,读者应该对 BaaS 区块链即服务平台技术的起源,相关概念与定义及应用优势有一个全面的了解,同时加深对 BaaS 区块链即服务平台相关的核心技术,如云计算技术、Docker 容器技术、跨链访问管理技术等的认识;深入理解 BaaS 区块链即服务平台系统的参考逻辑架构与主要功能,重点理解区块链部署配置管理、智能合约管理、联盟链管理、区块链共识机制管理、区块链监控管理等功能特点;最后概要性地了解代表性的微软、IBM、腾讯、百度等公司推出的 BaaS 服务平台技术。

练习题

(一)填空题

1. BaaS 区块链即服务本质上是一种＿＿＿＿＿＿服务。

2. 云计算服务的类型包括＿＿＿＿＿服务、PaaS 平台即服务和＿＿＿＿＿服务。

3. 云计算服务部署模式包括＿＿＿＿、私有云、＿＿＿＿和＿＿＿＿。

4. SaaS 软件即服务一般可以分为两大类：＿＿＿＿和＿＿＿＿。

5. Docker 容器虚拟化系统包含＿＿＿＿、＿＿＿＿、＿＿＿＿等三大基础组件。

(二)选择题

1. 下面不属于 BaaS 区块链即服务平台的应用优势的选项是(　　)。

A. 简单易用　　　　B. 高效维护　　　C. 降低成本　　　　D. 安全可靠

2. 下面不属于 Docker 容器虚拟化系统基础组件的是(　　)。

A. 镜像　　　　　　B. 虚拟机　　　　C. 仓库　　　　　　D. 容器

3. 下面不属于 BaaS 区块链即服务平台可用的跨链技术的选项是(　　)。

A. 公证人模式　　　B. 哈希锁定　　　C. 侧链　　　　　　D. 哈希路由

4. 在下面的跨链访问技术中,最简单易实现的是(　　)。

A. 公证人模式　　　B. 侧链　　　　　C. 中继链　　　　　D. 分布式私钥控制

5. 下面不属于 BaaS 区块链即服务平台可用的安全隐私保护技术是(　　)。

A. 同态加密　　　　B. 零知识证明　　C. 数字水印　　　　D. 安全多方计算

6. 下面不属于区块链系统状态的选项是(　　)。

A. 区块链高度　　　B. 节点数量　　　C. 容器数量　　　　D. 交易数量

(三)简答题

1. 请简要分析 BaaS 区块链即服务平台技术产生的原因。

2. 请简要分析如何使用公证人模式实现跨链交易。

3. 请简要分析如何使用哈希锁定机制实现跨链交易。

4. 请简述 BaaS 区块链即服务平台的区块链配置管理主要有什么功能。

5. 请简述 BaaS 区块链即服务平台的智能合约管理主要有什么功能。

6. 请简述 BaaS 区块链即服务平台有哪些应用优势。

第十章　区块链技术的应用

区块链技术面向由陌生主体构成的开放网络环境的价值创造、价值交换与价值记录过程,提供一种在不可信环境中,由多方集体维护、不可篡改、可追溯、公开透明的链式数据存储与分布式账本服务,有效降低第三方信任服务的成本和中心化信任服务的风险,实现了一种新型的、高效的信息与价值传递交换基础服务网络,是发展数字经济,构建变革性的价值生态系统的重要基础设施,具有广阔的应用前景与价值。

区块链技术为智能合约的可靠实现提供了平台支撑,智能合约机制也使区块链从最初单一的数字货币应用,融合到金融服务、政务服务、权属管理、征信管理、共享经济、供应链管理、物联网等各个应用领域。区块链系统智能合约的功能范围也从早期的合同执行,创造性拓展到各类应用场景,几乎各种类别的应用都可以智能合约的形式,运行在不同的公有链、联盟链、私有链平台上。

本章从基于区块链的应用系统相关概念入手,首先阐述了区块链系统的基础功能原语,基于区块链的应用分类与评估方法,以及基于区块链的应用系统参考框架;然后重点介绍了多个区块链技术应用方向,包括数据共享、电子证据、电子票据、物流管理、商品溯源、版权保护、征信管理、审计管理、供应链金融、数字身份、物联网应用等;最后描述了几个典型的区块链技术参考应用方案。

10.1　基于区块链的应用系统

区块链系统的核心目标就是为各类应用系统提供分布式账本、智能合约等基础服务,如果没有丰富的各类基于区块链的应用,区块链系统就没有真正的使用价值。同时,由于区块链系统存在公有链、联盟链、私有链等不同的构建与服务模式,不同的区块链实现技术可支撑的应用系统的功能用途、接入方式、终端形态都会有所差异。

10.1.1　区块链系统的基础功能原语

比特币系统最初被设计为一个去中心化的加密数字货币系统,比特币系统采用了UTXO模型,类似于财务会计记账的方式,通过生成不可篡改的区块,在区块中打包交易信息来构成分布式账本。比特币系统虽然没有账户、余额、支付等在应用系统中常用的实体对象,但是可以在比特币系统的基础特性上进行抽象封装,作为构建应用系统的功能原语(Primitive),随着后续以太坊、超级账本等对区块链系统分布式账本、共识机制、智能合约等核心功能的不断创新改进,目前,区块链系统已发展成为一种向应用程序提供信任服务的应用平台,远远超出了作为加密数字货币和支付系统的功能范畴。

区块链系统作为一种提供信任服务的应用平台,可以为应用系统提供多种基础功能原语,应用系统基于区块链不仅可以提高开发效率、降低实现成本,更重要的是可以通过区块链的引入实现对传统的业务流程与技术手段进行突破创新,下面是区块链系统可为应用系统提供的基础功能原语:

(1)交易原子性与不可改变性。交易是原子的,交易也不存在中间状态。交易一旦被记录在区块中,交易数据就变得不可篡改。不可改变性是由区块链系统的分布式共识机制保证的,要恶意篡改交易数据,必须要掌控比特币网络超过较大比例的节点资源,并需要消耗巨大的能源,使恶意篡改数据获得的收益变得没有意义。

(2)杜绝双重支出。区块链系统的分布式共识机制确保系统中的加密数字货币不会被花费两次。

(3)基于数字证书的授权。区块链系统使用数字签名提供参与各方的授权保证,包含着数字签名的交易脚本或智能合约不能在没有私钥拥有者授权的情况下被执行。多重签名约束可规定授权的法定人数,M-of-N的必要条件由共识规则强制执行。

(4)可审计与溯源。区块链系统所有交易都是公开的,可以被审查。所有的交易和区块都可以在未损坏的区块链中进行溯源,直至创世区块。

(5)多副本。区块链系统的分布式存储确保了交易在被写入区块前,经过足够的确认数,它被复制到整个网络上,具有多个数据副本,数据具有灾备和可恢复能力。

(6)可预测的增长。比特币、以太坊等区块链系统以可预测的速度产生区块、发行加密货币。

10.1.2　基于区块链的应用分类

根据区块链系统的类型,可以将基于区块链的应用系统分为公有链应用、联盟链应用与私有链应用:

(1)公有链应用。应用系统利用比特币、以太坊等公有链系统的分布式账本、智能合约、点对点传输等特点,通过公有链系统执行交易、保存交易与关键业务数据,实现各类依赖去中心化信任服务的应用创新,这类应用系统也称为"去中心化应用DApp"。

（2）联盟链应用。大多数需多方协作的传统信息化系统的业务流程，很难支持没有强力中心、风险不可控的业务场景。应用系统利用超级账本 Fabric 系统构建的联盟链的多通道、分布式账本、智能合约机制，可以大幅降低上述场景中的恶意篡改、抵赖、造假等信任风险，提高数据获取效率与容错能力。传统政务主体之间、政务与企业主体之间、企业与企业主体之间的多方业务协同应用可以改造升级为联盟链应用，基于区块链系统去中心化、分布式存储、信息可追溯、数据不可篡改、数据安全等特点及区块链服务网络优势，可有效解决行业业务痛点，帮助政、企实现业务模式创新。

（3）私有链应用。大多数政府、企业内部传统信息化系统的业务流程很难支持需多部门协作、没有负责部门、风险不可控的业务场景。与联盟链应用类似，传统跨部门协作的政务、企业内部应用可以改造升级为私有链应用，基于区块链系统去中心化、分布式存储、信息可追溯、数据不可篡改、数据安全等特点及区块链服务网络优势，可有效解决行业业务痛点，帮助政、企实现业务模式创新。

10.1.3　区块链应用评估方法

区块链作为一种新型的底层信任服务基础平台技术，仍处于初期发展阶段，区块链不是万能的，并非任何业务场景中都适合区块链，区块链作为解决方案所面向的行业适用于多状态、多环节下的环境，需要多参与方协同完成。一个业务中的多个合作方相互不信任，同时无法使用可信第三方来解决时，才有使用区块链技术的意义。

下面介绍一种对区块链应用可行性进行评估的方法，如图 10-1 所示，该方法可用于判断一个应用场景是否满足区块链应用条件及可采用哪种类型的区块链（公有链/联盟链）。

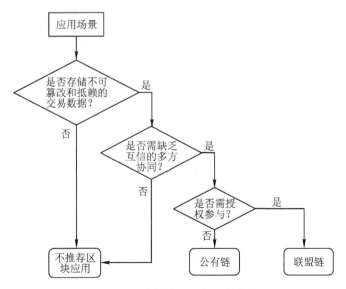

图 10-1　区块链应用可行性评估流程

10.1.3.1　数据存储

区块链可以简单地理解为一个分布式账本,使用账本的各方都可以存储不可篡改和抵赖的交易数据。区块链最重要的用途就是记账,记录每笔交易的重要数据,以便将来以此作为查账和避免纠纷的依据。区块结构中最核心的部分就是用来存储交易的信息,因此可以说没有交易存储需求就不需要应用区块链。需要注意的是,这里的交易是指广义的交易,并不限于货币和金融的交易,一切会产生数据状态变化的事务都称之为交易,如账户余额的修改、商品价格的变化,甚至对于一次查询的审计信息的记录都可以算作交易。

鉴于应用的多样性以及用户需求的不确定性,不同应用场景需要保存的数据可能很多,什么样的数据适合用区块链来存储?

从业务角度看,不需要共享的数据不适合上链。例如,私钥是用户绝对不想与其他人分享的信息,如果上链,就意味着私钥会被每一个参与者获取并存储,即便是被加密也会有泄漏的风险,因此没有必要上链。

从性能角度看,过于庞大的数据和更新过于频繁的数据也不适合上链。例如,用户上传的一些二进制的非结构化的音视频、日志文件等。因为区块上存储的数据作为链的一部分是会被永久保存并同步到每一个网络节点用来保证完整性的,如果存储的数据过于庞大,则会严重影响同步性能,占用巨量的存储空间。另外,由于当前区块链的交易需要进行哈希和签名运算,交易的最终数据也需要通过共识算法进行排序才能最终出块,因此过于频繁地写入操作还不太适用区块链。

那么什么样的数据适合上链呢?简单来说,就是需要在互信程度较低甚至陌生的多方共享的,不能被篡改并且可被追溯的交易数据。例如,保险行业的保单信息,用户签署了什么样的保险协议,需要被妥善保存,将来出险的时候必须以此为依据进行理赔,因为不可篡改,保险公司无从抵赖,也因为可以共享和追溯,一旦产生纠纷也可以由监管部门追溯取证。

10.1.3.2　多方协同

如果应用场景需要存储交易数据,则可以进一步分析是否需要多方协同。区块链的一个突出的特点就是去中心化或多中心化,而多方协同才能够将区块链这种特点的充分发挥出来。

当前,大量的中心化系统和用户日益增长的去中心化需求产生了越来越严重的矛盾。首先,中心化系统管理过于集中。中心化系统的一切数据的来源都是数据中心,数据中心拥有至高无上的权力,数据的存储逻辑全部由中心决定,数据权限集中的地方就容易发生对数据的篡改行为。由于只有一套中心化的系统,如果没有额外的监督审查机制,数据可以很轻易地被篡改。其次,数据中心化导致任何使用数据的单位或者个人都要从数据中心获取数据,这种数据同步模式有两个问题:其一,随着使用数据的部门增多,给数据中心带来极大的数据访问压力,数据中心会形成数据访问的性能瓶颈,这对数据中心的性能和扩展性提出了极高的要求;其二,新的部门想使用数据必须和数据中心进行对接,无形中增加了数据使用的成本,给数据的扩散造成了障碍,极大地影响了数据价值。最后,集中的系统抗攻击能力差。数据集中意味着黑客只要攻陷了一个数据中心,就得到了全部的数据权限,可以为所欲为,而防护部门必定绞尽脑汁花费高额成本进行防范。这样做不仅提高了成本,还只能在一定程度上降低风险但又不能彻底消除。

如果一个区块链只有一个写入方,那么无论拥有多少共识节点都是没有意义的,因为写入方可以随意写入、随意变更数据,本质上又变成了一个集中式的系统。因此,一个合理的区块链应用是要求参与的各方都可以具备预先规定好的写入权限,并且相互制衡,从而达到去中心化的目的。

10.1.3.3　参与方式

如果应用场景需要存储多方协同共享不可篡改的交易数据,就可以基本确定该应用场景适合应用区块链。但是,是应该适合使用公有链还是联盟链,就需要进一步分析参与各方是否有准入要求和权限控制。

公有链一般对用户的参与完全开放,如比特币或以太坊系统,任何人任何机构只要进行简单的注册,生成私钥和证书即可参与。而联盟链则不同,只有经过授权的机构才能参与,是建立在一定的联盟信任基础之上的。例如,多家供应链相关企业建立了一个产业联盟,相互之间使用区块链共享一些供应链信息,但是这些企业之间又不是完全信任的,在这种情况下,联盟链就比较合适。总之,公有链和联盟链都有各自适应的应用场景。

10.1.4　基于区块链的应用系统模型

尽管基于区块链的应用系统存在公有链、联盟链、私有链等不同类型,涉及数字货币、金融资产交易结算、数字政务、存证防伪、数据服务等多种应用场景,为了便于研究与理解基于区块链的应用系统的设计原理,从区块链服务供应与系统组件化设计角度出发,可以将现有的大量不同类型的基于区块链的应用系统相关功能组件构成抽象为一个基于区块链的应用系统参考模型(如图 10-2 所示),从图 10-2 中可以看到,一个基于区块链的典型应用,一般需要包括区块链平台、区块链监管方、区块链参与方、信任服务主体、信任服务客体、上链数据实体结构、链下数据实体关联等系统组成要素。

(1)区块链平台。一个基于区块链的应用系统在策划设计阶段,要先确定所选择的区块链的类型与区块链平台。如果是公有链应用,可以考虑选择比特币、以太坊等主流开放的公有链平台;如果是联盟链或私有链应用,可以考虑选择超级账本 Fabric 等主流的联盟链或私有链平台。当然,为了进一步加强区块链平台的自主可控性,对于一些行业主管部门、大型集团企业,也可以基于开源的区块链系统定制开发专用的区块链平台。

(2)区块链监管方。区块链的去中心化特性,并不等同于无任何监管,一个基于区块链的应用系统在可行性研究与需求阶段都必须充分考虑技术规范和相关法律法规,明确监管方并设计区块链与应用相应的监管功能,使区块链应用可以被监管以确保不会违反任何法

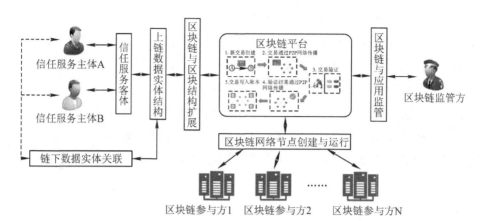

图10-2　基于区块链的应用系统参考模型

律法规。

（3）区块链参与方。区块链参与方是指为参与区块链网络节点创建与运行维护的机构或个体，一个基于区块链的应用系统在可行性研究与需求阶段，应充分考虑在指定应用领域有哪些区块链网络创建维护参与对象，以及参与方接入区块链网络的方式，是作为区块链网络的对等节点还是轻客户端节点？另外，在很多基于区块链的应用中，区块链参与方不仅是网络节点的提供者，也是信任服务主体之一。

（4）信任服务主体。区块链系统是为应用系统提供信任服务的平台，因此信任服务主体是任何一个基于区块链的应用系统需求设计的关键点之一。信任服务主体简单理解就是需要通过区块链应用建立某种信任联系的对象，可以是机构、人、物。例如，在基于区块链的物联网应用中，信任服务主体包括物联网数据采集设备、输入录入终端、数据网关设备、数据存储设备等。信任服务主体一般应具有可信的、不可抵赖、唯一的、可隐私保护的身份标识。

（5）信任服务客体。信任服务客体是信任服务主体之间建立信任联系的载体，与信任服务主体同等重要，也是任何一个基于区块链的应用系统需求设计的关键点之一。例如，基于区块链的版权保护应用系统中，作品的版权信息就是信任服务客体。信任服务客体与信任服务主体之间还需要明确定义信任服务相关操作与规则，设计出上链实体数据结构、链下数据实体关联及相关的信任管理处理流程。

（6）上链数据实体结构。上链数据实体结构是对信任服务客体在区块链中的数据存储实现，是应用区块链实现信任管理的核心技术环节之一。上链数据实体结构的设计，一方面需要依据信任服务客体的现实数据需求，另一方面也需要充分考虑所选的区块链平台的区块数据结构与可扩展能力，以及上链数据在区块链网络中传播效率与节点容量限制。例如，比特币、以太坊系统中的交易数据结构就是一种极佳的上链数据实体结构设计，既完整表示了信任服务客体所需的数据信息，又只占用很少的存储空间。

（7）链下数据实体关联。一种区块链应用设计的误区是试图把大量的业务数据都上链，区块链系统并不能完全替代传统的关系型或非关系型数据库，在区块链系统中应只存放与信任服务直接相关的数据,一般需要在链下建立链上信任服务主/客体数据与应用业务数据的实体关联,如建立映射关系表。

10.2　区块链＋应用方向

　　区块链解决的核心问题是去中心化信任体系的构建,技术本质是基于群体共识创建和维护公共账本。因此,区块链可适用于大多数依托于信任的商业与社会活动应用,并由于信任体系构建的变革,而优化甚至重构现有的商业与社会活动模式。

　　根据区块链技术特征及其所解决的核心问题,所有直接或间接依赖于第三方担保机构的活动,均可能从区块链技术中获益,可以涉及金融、政务服务、社会治理、教育、供应链、版权、医疗、溯源、公益、等社会经济各个领域,如图 10-3 所示。

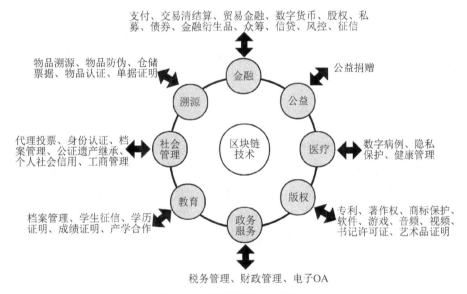

图 10-3　区块链技术应用方向

10.2.1　区块链＋数据共享

　　随着大数据信息技术的深入应用,政府、企业等社会各领域数据规模快速增长,通过数据共享挖掘数据的潜在价值变得越来越有重要,但不同行业与领域之间仍然存在"数据孤岛"问题,数据拥有者之间往往缺乏相互信任,如何有效地解决数据拥有者之间的互信问题,并在开放共享数据的同时,一方面保护敏感信息数据等不被非法获取利用,另一方面充分保障数据开发使用者与数据拥有者各自的权利,是大数据开放共享需要进一步迫切解决的问题。

　　现有的数据共享技术方案,主要包括传统数据共享方法和中心化数据共享方法。传统数据共享方法是为降低暴露隐私数据的风险选择拒绝对外开放共享,同时使用加密、数字签名等隐私保护手段实现最小范围的共享。中心化数据共享方法是以可信第三方(如大数据交易中心等)为数据共享交换平台,数据开发使用者向可信第三方提出数据使用或交易申请,可信第三方对数据拥有者进行数据资源调度和背书,相关数据拥有者基于对第三方的信任向第三方开放数据,再由可信第三方向数据开发使用者共享数据。

以政务数据共享为例,随着电子政务的进一步推进,政务数据不断积累,不同部门之间的数据打通对于提升政务管理工作能力显得越发重要。然而,电子政务实现数据共享存在着安全与效率的矛盾。政务服务平台涉及大量人员、企业的敏感信息,且数据交互共享过程复杂,不仅易出现人为失误,还容易遭受恶意黑客攻击,导致信息泄露或存在内部人员泄密等情况。出于数据安全等原因考虑,数据共享在现实情况下往往难以高效开展。

区块链技术为解决安全、高效数据共享交换问题提供了新的技术手段,区块链具有的去/多中心化、去信任、时间戳、非对称加密和智能合约等机制,在技术层面保证了可以实现有限度、可管控的数据共享、访问审计和可靠溯源。在政务数据共享方面,利用联盟区块链技术在政府机构之间、政府企业之间、政府个人之间建立多方协同的数据共享平台,利用智能合约实现灵活可定制的数据共享交换或交易规则,并可自动跟踪访问权限的转移,从而安全地实现数据互联互通。

10.2.2 区块链+电子证据

电子证据是指案件发生过程中形成的,以数字化形式存储、处理、传输的,能够证明案件事实的电子数据材料。电子证据的范围十分广泛,包括但不限于网络平台发布的信息(如网页、微博等)、网络应用服务通信信息(如手机短信、电子邮件、微信通信记录、QQ通信记录等)、身份认证信息(如用户注册信息、系统登录日志等)、电子交易记录、电子合同、电子发票、电子处方、电子病历、电子文件(如文档、图片、音频、视频、数字证书、软件程序等)。

目前绝大部分的电子证据被存储在自建服务器或云服务器中,电子证据容易被人为篡改或销毁,电子证据在备份、传输等过程中经常非人为受损,导致证据不完整或遭到破坏。即使是附加了电子签名的电子合同的数据在被传输到云服务器的过程中也有可能遭受攻击和被伪造篡改的风险,严重影响和降低了现有电子证据的可信度。

区块链技术为安全、高效存取电子证据提供了一种更加有效的技术手段。例如,在电子证据产生时生成时间戳和SHA-256哈希值,通过加密传输机制将电子证据提交到公开的电子存证区块链系统中,区块链系统再次对电子证据进行验证,验证通过后完成电子证据上链,并向提交方返回唯一的存证编号及由电子证据时间戳、哈希值等生成的电子存证证书,通过该电子存证证书可以随时在电子存证区块链系统查询与验证对应的电子证据。

在取证环节,允许司法机构、仲裁机构、审计机构等多个节点在电子存证区块链系统上共享电子证据,理论上可以实现秒级查询与验证,大幅降低取证的时间成本,优化仲裁流程,提高了与电子证据相关的多方协作效率。

10.2.3 区块链十电子票据

电子票据是一种有价凭证,将实物票据电子化,可以如同实物票据一样进行转让、贴现、质押、托收等行为。当前我国票据市场法律、法规体系还不健全,要真正实现票据市场电子化,还需要相关配套的法规和技术手段来保障。国内票据市场上,长期存在票据不透明、高杠杆错配、违规交易等问题。首先,"一票多卖""打款背书不同步"的现象时有发生。其次,当前票据信息传递需要依赖中心化的服务系统,存在中心化带来的中间成本和管控风险。最后,中介市场大量的资产错配不仅导致了自身损失,还捆绑了银行的利益。此外,当前的票据市场在信息交流上更多是单对单,容易导致信息的不对称和时效差,且操作方式各异,监管只能通过现场审核的方式来进行,对业务模式和流转缺乏全流程的快速审查、调阅手段。

区块链技术为解决上述电子票据相关问题提供了新的技术手段,区块链具有的去/多中心化、链上数据防篡改、时间戳、非对称加密和智能合约等机制,可以对现在依赖系统来办理业务的票据体系进行根本性优化,让经营的决策更加简单、直接和有效,提高整个票据市场的运作效率。区块链数据前后相连构成的不可篡改的时间戳,使得监管的调阅成本大大降低,完全透明的数据管理体系也提供了可信任的追溯途径。

同时,基于区块链中智能合约的使用,利用可编程的特点在票据流转的同时,通过编辑程序可以控制价值的限定和流转方向,可有效控制参与者资产端和负债端的平衡,形成更真实的市场价格指数,从而更好地把控市场风险。

10.2.4 区块链十物流管理

物流是供应链活动的一部分,是为了满足客户需要而对商品、服务消费以及相关信息从产地到消费地的高效、低成本流动和储存进行的规划、实施与控制的过程。物流管理是将运输、储存、装卸、搬运、包装、流通 加工、配送、信息处理等基本功能实现有机结合。

我国物流行业具有市场规模巨大、高度分散、物流总体效率较低的特点。造成物流行业整体运行效率低下的因素很多,但缺乏规范管理与信息不透明是两个主要原因。首先,物流行业目前缺乏统一的运输标准,中小物流企业缺乏有效的供应链管理手段,这导致货主和货车供需关系长期没有良好匹配,空车运输、多次转运、无效运输等情况十分常见,造成了较大的物流资源浪费。其次,传统供应链管理采用GPS追踪系统,然而该模式存在信息造假和位置不准确等问题,造成供应链管理中数据造假、信息丢失和信息孤岛等问题。

区块链技术为解决上述物流管理问题提供了新的技术手段,区块链的去/多中心化、数据防篡改、数据可追溯、时间戳、非对称加密和智能合约等机制,尤其是区块链的去中心化与供应链的多方协作十分契合,物流信息被存储在分布式账本中,信息公开透明可追溯,减少了低效缓慢和人为失误,同时也为优化物流管理提供了可信数据支撑,可以安全、高效地加强供应链上下游数据共享,优化供应链管理效率,同时也可实时查看运输状态,降低信任和管理成本。

10.2.5　区块链十商品溯源

溯源是指对农产品、工业品等商品的生产、加工、运输、流通、零售等环节的追踪记录,最早是1997年欧盟为应对"疯牛病"问题而逐步建立并完善起来的食品安全管理制度。溯源一般需要商品产业链条的上下游的各参与方紧密协同来实现。

2015年,《国务院办公厅关于加快推进重要产品追溯体系建设的意见》鼓励在食用农产品、食品、药品、农业生产资料、特种设备、危险品、稀土产品等七个领域发展追溯服务产业。目前,溯源服务应用除了食品领域外,在药品、服饰、电子等领域都得到了广泛应用。但是,我国商品溯源领域总体仍处于早期发展阶段,产业链条上下游信任缺失的情况十分普遍,溯源链条上下游的参与方维护各自的商品相关生产、加工、销售、流通数据,各参与方可能出于利益相关而随意地对数据进行篡改或集中事后编造。

区块链技术为商品溯源系统的建设提供了一个新的思路,区块链的去/多中心化、数据防篡改、数据可追溯、时间戳、非对称加密和智能合约等机制,通过商品产业链上下游各方数据上链的记账方式,可以实现所有批次产品从原料到成品、从成品到原料100%的双向追溯功能,即便有中间环节想恶意造假,也几乎不可能在技术上实现,保证上链数据的真实性、连续性和安全性。商品溯源区块链系统建立后,一旦发生相关商品质量问题,监管人员就能够通过区块链系统判断中间环节是否存在过失行为,产业链上下游各参与方也可借助该系统查找是哪个环节、哪个步骤出现了问题、责任人是谁,使问题得到快速定位与解决。

10.2.6　区块链十版权保护

版权是对计算机软件程序、文学著作、影视作品、音乐作品、照片、游戏等的复制权利的合法所有权。数字内容产业也称内容产业、信息内容产业、创意产业。近年来,我国内容产业步入高速发展阶段,网络游戏、动漫、网络视频、短视频、直播、在线音乐、数字阅读、新闻资讯App、在线教育、知识付费等内容产业细分领域多元发展。但是,伴随内容产业的蓬勃发展而生的是越来越多的版权被侵犯问题,尽管国家先后出台多项知识产权保护的政策与法律法规,但侵权现象仍屡禁不止,并造成了巨大的经济损失。

区块链技术为解决上述版权保护问题提供了新的技术手段,区块链的去/多中心化、数据防篡改、数据可追溯、时间戳、非对称加密和智能合约等机制,可以为数字版权保护提供更加安全、高效的确权服务。例如,版权拥有者在数字内容作品产生时生成时间戳和SHA-256哈希值,通过加密传输机制将数字作品全部或关键内容提交到公开的版权保护区块链系统中,区块链系统再次对版权保护内容进行验证,验证通过后完成版权确权上链,并向版权保护申请方返回唯一的版权编号及证书,版权拥有者可以方便快捷地完成确权这一流程,解决了传统确权机制效率低下的问题。

10.2.7　区块链＋征信管理

征信记录了个人或企业过去的信用行为,这些行为将影响个人或企业未来的经济活动。征信活动的产生源于信用交易的产生和发展。当市场经济发展到一定程度,信用交易的范围日益广泛时,特别是当信用交易扩散至全国、全球时,信用交易的一方想要了解对方的资信状况就会极为困难。征信实际上是随着商品经济的产生和发展而产生、发展的,是为信用活动提供的信用信息服务。2012 年 12 月,国务院颁布《征信业管理条例》,对采集、整理、保存、加工个人或企业信用信息、并向信息使用者提供的征信业务活动做了规范。规定由中国人民银行及其派出机构依法对征信业务进行监督管理。截至 2021 年,中国已建立全球规模最大的征信系统,征信系统累计收录 11 亿自然人、6092.3 万户企业和其他组织的有关信息,个人和企业信用报告日均查询量分别达 988 万次和 26 万次。但是,我国征信领域仍然面临许多迫切需要解决的问题。

现有征信管理一般通过大数据技术从各种维度获取了海量的用户信息,但这些数据仍然存在数据量不足、相关度较差、时效性不足等若干问题。同时,征信机构与用户信息不对称,正规市场化数据采集渠道有限,数据源争夺战耗费大量成本,数据隐私保护问题突出。以征信行业突出的黑名单共享业务场景为例,在跨领域、跨行业、跨机构的环境下,用传统的技术实现黑名单共享实现难度大且成本高,很难实现多方互信。同时,传统中心化的技术实现共享黑名单还存在的问题有信息容易被篡改、且数据无法追溯,共享信息的真实性无法保证。可见,现有技术已经难以满足征信服务发展的新要求。

区块链技术为解决征信领域存在的上述问题提供了新的技术手段,区块链的去/多中心化、数据防篡改、数据可追溯、时间戳、非对称加密和智能合约等机制,可以在跨领域、跨行业、跨机构的环境下,安全、高效地实现征信数据的多方互信共享。同时,区块链平台将可能提供前所未有规模的、相关性极高的数据,这些数据可以在时空中准确定位,并严格关联到用户。因此,基于区块链提供数据进行征信管理,将大大提高信用评估的准确率,同时有效降低评估成本。

10.2.8　区块链＋审计管理

审计是由专设机关(国家审计机关、会计师事务所其人员等)依照法律对国家各级政府、金融机构、企业或事业组织的重大项目和财务收支进行事前、事后审查的独立性经济监督活动。审计通过评价财政和财务收支的真实性、合法性及有效性,能够对企业管理和发展起到监督和改进的作用。

区块链能提高对企业财务信息的监督水平。虚假交易和账目欺诈是审计重点排查的问题,使用区块链记录交易和账目信息,录入链上的数据无法被篡改,且数据库的修改需要整个系统中多数节点确认才能实现,使得财务数据造假和欺诈难度大幅提升。

区块链技术可以提高审计效率。一方面,通过区块链网络获取审计需求信息更加便捷容易,如果企业能够在区块链开放 API 数据接口,使审计请求实现分钟级甚至秒级响应,能够节省大量信息收集和整理时间,从而提高审计效率,同时,基于区块链的加密算法也解除了企业对数据隐私的担忧。另一方面,区块链技术的共识机制使所有数据在第一时间得到共同确认,保障数据的实时性和准确性。区块链审计平台也能够大幅提升数据真实性和完整度,省去大量询问和函证程序,从而提高审计效率,节约人力成本。

区块链能显著降低审计数据被攻击的风险。传统的审计资料被存储在中心化的云服务器上,极易受到黑客攻击,导致文件丢失或者数据被篡改。而通过区块链技术将数据分布式存储,多个节点备份数据,即便单个节点遭到黑客攻击,也不会影响数据在全网的共识状态。并且,分布式存储也将降低硬件维护成本和数据库软件升级成本。

10.2.9　区块链十供应链金融

供应链金融是银行将核心企业和上下游企业联系在一起提供灵活运用的金融产品和服务的一种融资模式。供应链金融是一个新兴的、规模巨大的存量市场。根据相关研究数据显示,2021 年中国供应链金融市场规模增长至 28.6 万亿元。供应链金融能够为上游供应商注入资金,提高供应链的运营效率和整体竞争力,对于激活供应链条运转有重要意义。供应链金融的融资模式主要包括应收账款融资、保兑仓融资和融通仓融资等。其中,提供融资服务的主体包括银行、龙头企业、供应链公司服务商、B2B 平台等多方参与者。

供应链金融参与方主要包括核心企业、中小企业、金融机构和第三方支持服务。其中,在供应链链条上下游中拥有较强议价能力的一方被称为核心企业,供应链金融上下游的融资服务通常围绕核心企业所展开。由于核心企业通常对上下游的供应商、经销商在定价、账期等方面要求苛刻,供应链中的中小企业常出现现金紧张、周转困难等情况,导致供应链效率大幅降低甚至停止运转。因此,供应链金融产业面临的核心问题是中小企业融资难、融资贵、成本高、周转效率低。供应链金融平台、核心企业系统交易本身的真实性难以验证,导致资金端风控成本居高不下。供应链中各个参与方之间的信息相互割裂,缺乏技术手段把供应链生态中的信息流、商流、物流和资金流打通,信息无法共享从而导致信任传导困难、流程手续繁杂、增信成本高昂,链上的各级数字资产更是无法实现拆分、传递和流传。世界银行报告显示,中国的中小微企业中有 40% 存在信贷困难或无法从正规金融体系获得外部融资的问题。尤其是小微实体经济企业,由于受限于自身公司业务、资金和规模,存在抗风险能力低、财务数据不规范、企业信息缺乏透明度等问题,信用难以达到企业融资标准。另外,由于担保体系和社会信用体系发展落后,中小微实体经济企业获得贷款的可能性更低,利率更高。

区块链技术可以实现供应链金融体系的信用穿透,有助于为中小微企业解决融资难、融资贵的问题。区块链在其中发挥两个作用,一是核心企业确权过程,包括整个票据真实有效性的核对与确认;二是证明债权凭证流转的真实有效性,保证债权凭证本身不能造假,实现信用打通,进而解决中小微企业的授信融资困境。在这个信任的生态中,核心企业的信用

（票据、授信额度或应付款项确权）可以转化为数字权证，通过智能合约防范履约风险，使信用可沿供应链条有效传导，降低合作成本，提高履约效率。更为重要的是，当数字权证能够在链上被锚定后，通过智能合约还可以实现对上下游企业资金的拆分和流转，极大地提高了资金的转速，解决了中小企业融资难、融资贵的问题。

10.2.10 区块链＋数字身份

随着互联网的迅速发展，数字身份在各行各业中的应用变得越来越普遍。数字身份是计算机系统用于代表一个外部代理的实体信息，该实体可以是个人、企业或者政府等。数字身份以存储在计算机中的人员信息与他们的社会身份相关联的方式使用。数字身份常被用于代表一个人在线活动所产生的全部信息，并且这些信息可以被他人用来发现该人的公民身份，包括用户名、密码、在线搜索活动、出生日期、购买历史等。简单地理解，数字身份是互联网场景中用于确认"我是谁？"的一系列特征的组合。

目前，数字身份缺乏良好的信任环境，我们难以精确地确认是谁在网络上发出请求或做出行动。由于存在账户被盗用或多人操作同一个账户的情况，我们无法仅通过账号密码登录来确认这个行为背后的主体。数字身份面临的另一个问题是个人隐私与数据主权。例如，个体在各个网站填写个人信息建立数字身份时，数据被重复存储在各个网站中，一方面造成了资源浪费，另一方面使个人隐私无法得到保障。在上述情况下，个人信息数据被存储在第三方网站中而非属于个人，存在数据被滥用、盗用的可能性。

区块链技术能够大幅提升数字身份的可信度。个人数字身份信息分布存储在不同节点上，数据源记录不可被篡改。除非区块链网络达成一致的更改意见，否则区块链上实体的当前状态不能更改，保证了现有信息状态是实体身份的有效代表。另外，数字身份对应的实体持有私钥，授权过程中可以通过验证密钥来确定数字身份的真实性。

区块链还可以解决数字身份中的数据主权与隐私问题。在验证环节，利用不对称加密技术，验证请求方无须原始数据，仅通过比对数字身份的哈希值即可完成身份验证，消除了个人隐私泄露的风险。此外，区块链可以消除由单方使用虚假信息的可能性，如地址信息、电话号码等。这有助于防止身份盗用，消除了个人数字身份在不同场景使用时信息不一致的风险。

10.2.11 区块链＋物联网应用

物联网是指物物相连的互联网，它以计算机互联网技术为基础，通过射频设备、通信模组和智能芯片等技术实现物品自动识别和信息共享。物联网通过无线传输系统对物体信息进行数据采集、传输，形成大数据分析系统，可广泛应用在智能电网、智能家居、智慧交通、智能制造等多个物联网领域。

物联网是继计算机、互联网与移动通信网之后的又一次信息产业浪潮。近年来，我国相继推出《中国制造2025》《国务院关于积极推进"互联网＋"行动的指导意见》《智能制造工程实施指南》等政策,提出利用物联网等技术,推动跨地域、跨类型交通信息的互联互通,积极推广物联网在车联网等领域的智能化技术应用。在政策、技术双驱动的情况下,物联网成为企业发展新动能。

尽管物联网已经有了多样的应用场景,但距离物联网技术发展成熟仍需解决以下问题:首先,受限于云服务和维护成本,物联网难以实现大规模商用。传统物联网实现物物通信是经由中心化的云服务器。该模式的弊端是,随着接入设备的增多,服务器面临的负载也更多,需要企业投入大量资金来维持物联网体系的正常运转。因此在过去的几十年中,"中心化的云服务器+小范围部署"是物联网主要的通信形式。然而,物联网技术为产业升级带来变革的前提是海量设备的入网。当接入设备达到数百亿或数千亿,云存储服务将带来巨额成本,阻碍物联网进一步发展。区块链可以解决物联网的规模化问题,以较低成本让数十亿、百亿的设备共享同一个网络。使用区块链技术的物联网体系通过多个节点参与验证,将全网达成的交易记录在分布式账本中,取代了中央服务器的作用。

随着物联网设备的增多,边缘计算需求的增强,大量设备之间形成分布式自组织的管理模式,并且对容错性要求很高。区块链所具备的分布式和抗攻击特点可以解决其中的问题。

10.2.12　区块链＋医疗

目前,我国医疗数据共享的痛点主要在于患者敏感信息的隐私保护与多方机构对数据的安全共享。区块链作为一种多方维护、全量备份、信息安全的分布式记账技术,为医疗数据共享带来的创新思路将是一个很好的突破点。区块链无中心服务器的特性使得系统不会出现单点失效的情况,很好地维护系统稳定性。区块链在医疗领域的应用可以实现多方在区块链平台上对数据进行共享,满足获取患者历史数据、将共享数据用于建模和图像检索、辅助医生治疗和健康咨询等。

患者在不同医疗机构之间的历史就医记录都可以上传到共享平台上,不同的数据提供者可以授权平台上的用户在其允许的渠道上对数据进行公开访问。例如,第三方医疗机构就可以通过医院共享的患者数据对特定类型的疾病进行建模分析,从而达到更好地辅助决策和治疗的目的,或者利用大量的患者数据来研制新药。利用智能合约的流程自动化,既降低了成本也解决了信任问题。

传输的医疗数据经过加密处理,安全地存储在区块中,难以篡改。所有的用户真实信息都是匿名的,难以追溯数据源头。还有在存储的数据形式和内容方面,可以根据数据共享类型的需要进行改变。医疗保险流程复杂、结算难、各个医疗机构之间存在访问壁垒、信息不流通的问题都有望通过区块链技术来解决。

10.2.13　区块链＋公益

随着中国经济和人均收入水平的稳定增长,中国公益事业也迎来了快速发展期。据《2016 年度中国慈善捐赠报告》统计,我国内地接受款物捐赠共计 2086.13 亿元,首次超过

2000 亿元,同比增长 38.21% 。公益行业快速发展代表着中国经济社会环境发展走向健全,有益于解决社会问题、减小贫富差距。但是,慈善行业存在低效和贪污腐败问题。区块链上存储的数据,高度可靠且不可篡改,天然适合应用在社会公益场景。公益流程中的相关信息,如募集明细、捐赠项目、受助人反馈、资金流向等,均可以存放于区块链上,在满足项目参与者隐私保护及其他相关法律法规要求的前提下,有条件地进行公开公示,方便公众和社会监督,助力社会公益的健康发展。

区块链技术能够很好地解决慈善行业中信任缺失和信息不透明的问题。利用区块链追踪资金流转过程,捐赠者能清楚地了解善款的去向、钱是如何被使用的以及是否真正帮助到了需要帮助的人。另外,区块链不可篡改的特性使得无论是捐赠方、受赠方、还是慈善机构在区块链上登记相关信息都能够提升公益行业的透明度和可信度。

10.3　区块链技术参考应用方案

10.3.1　基于区块链的 DC/EP 数字人民币

我国作为全世界最早研究央行数字货币的国家,在 2014 年就成立了央行数字货币研究所,开始研究法定数字货币。2017 年底,经国务院批准,人民银行组织部分实力雄厚的商业银行和有关机构共同开展 DC/EP(Digital Currency Electronic Payment)数字人民币体系的研发。DC/EP 是中国人民银行未来将推出的央行法定数字货币,是一种数字货币和电子支付工具,目前数字人民币已开始流通。

10.3.1.1　DC/EP 数字人民币基本理念

(1)法定货币。数字人民币由人民银行发行,是有国家信用背书、有法偿能力的法定货币。与比特币等虚拟货币相比,数字人民币是法币,与法定货币等值,其效力和安全性是最高的,而比特币是一种虚拟资产,没有任何价值基础,也不享受任何主权信用担保,无法保证价值稳定。这是央行数字货币与比特币等加密资产的最根本区别。

(2)双层运营体系。数字人民币采取了双层运营体系。即人民银行不直接对公众发行和兑换央行数字货币,而是先把数字人民币兑换给指定的运营机构,如商业银行或者其他商业机构,再由这些机构兑换给公众。运营机构需要向人民银行缴纳 100% 准备金,这就是1:1的兑换过程。这种双层运营体系和纸钞发行基本一样,因此不会对现有金融体系产生大的影响,也不会对实体经济或者金融稳定产生大的影响。

(3)广义账户体系为基础。央行数字货币体系下,任何能够形成个人身份唯一标识的东西都可以成为账户。比如,车牌号就可以成为数字人民币的一个子钱包,通过高速公路或者停车的时候进行支付,这就是广义账户体系的概念。银行账户体系是非常严格的体系,一般需要提交很多文件和个人信息才能开立银行账户。

(4)支持银行账户松耦合。支持银行账户松耦合是指不需要银行账户就可以开立数字人民币钱包。对于一些农村地区或者偏远山区群众、来华境外旅游者等不能或者不便持有银行账户的人群,也可以通过数字钱包享受相应的金融服务,有助于实现普惠金融。

10.3.1.2 DC/EP 数字人民币应用展望

为避免读者在现金电子化、数字货币、电子支付等概念中产生混淆,在此介绍一个概念:货币供应量(money supply)M。货币供应量 M 是指国家经济中,一定时期可用于交易的货币总量,按照流动性的强弱可以划分为不同类型:

M0:流通中的现金。

M1:M0+企业活期存款+机关团体部队存款+农村存款+个人持有的信用卡类存款。

M2:M1+城乡居民储蓄存款+企业存款中具有定期性质的存款+外币存款+信托类存款。

M3:M2+金融债券+商业票据+大额可转让存单等。

M4:M3+其他短期流动资产。

其中 M3 与 M4 在统计中使用较少,一般以 M0 流通现金、M1 狭义货币、M2 广义货币为参考。

虽然 DC/EP 人民币数字化这个概念相对前沿,但实际上,我国在 M1 及 M2 范畴下的数字化应用已经非常成熟,像银行账户中的电子存款,手机中的微信钱包、支付宝、余额宝已经完全满足流通环节的需求,但是 M1 与 M2 的流通都掌握在第三方机构中,对于监管和货币政策的制定仍然是存在风险性的,其并不具备 M0 级别的法定偿还能力。另外从功能上看,微信和支付宝所使用的商业银行货币结算方法是需要依赖网络环境支撑的,而 DC/EP 所具备离线支付的能力是前者无法具备的,即无须网络环境即可完成支付存储。

根据《中国数字人民币的研发进展白皮书》中的描述,DC/EP 本身定位为现金支付凭证(M0),同时可控匿名性也作为设计特性被重点强调。现金本身即具备强匿名属性特点,用户之所以使用现金也有着隐私匿名的考量,而区块链技术所具备的加密特性,具备保护用户隐私的特征天然符合数字人民币的要求。这意味着虽然 DC/EP 本身不一定采用区块链技术,但在 DC/EP 发行流通环节中应用区块链技术仍然是一个可选的选项。同时,DC/EP 所具有的现金属性,持有者对于资产具有完全掌控权这一特点,同样也是区块链技术可以满足的,未经持有者同意,其他任何主体均无法动用 DC/EP,这点会与存款类货币本质上有所不同。随着无现金社会的需求越来越强烈,人们对于带着现金出行的习惯逐渐减少,国家推出数字货币取代现金,达成 M0 电子化的目的也越发重要。我们有理由相信随着 DC/EP 未来发展落地,区块链行业发展也会极大受益,共同进入新型数字经济时代。

10.3.2　基于区块链的网络联合营销应用方案

在互联网营销领域,数据一直被视作为核心要素,数据通过不同行业、领域的机构来完成流通,实现价值释放,从而完成精准客户营销。然而实际上,受制于相关制度并未健全,数据合理合规流通方式尚未明确、企业间出于维护商业机密的互不信任、个人信息在流通过程中遭遇滥用和反推、行业中仍然存在着"数据孤岛"这一核心问题,导致行业发展受限。在这个背景下,区块链因其数据可溯源验证、流程可记录的特点给联合营销这个行业提供了破局思路。

10.3.2.1 应用背景

互联网时代,用户在各类应用及网络工具的使用,其数据维度也呈现丰富、沉淀、多样化的特征,这些数据被众多平台收集和使用,数据在时间和空间里流动产生了价值。互联网公司利用自身拥有的大量用户行为信息和基础画像数据,与广告方进行数据合作,完成营销目的。然而,在实际的过程中,由于用户画像的数据并非存在于单一机构中,通过单一数据源进行的营销行为,用户需求的触达方式不够精准,使得转化效果差。只有整合多个互联网公司的数据才能构建更立体的用户画像,实现资源的优势互补,产生联合营销。联合营销即参与机构分享各自用户数据进行营销模型计算,根据建模的结果制定营销策略,从而实现多赢的联合营销目的。当前联合营销的应用主要集中于以数据驱动为核心的领域,如金融、医疗、保险、游戏、教育。

10.3.2.2 现状与问题分析

联合营销,简而言之是圈出合作双方可以相互营销的客户。传统的联合营销方式一般有两种:

(1)参与方将各自的数据统一放在同一个安全服务器上,同时进行整体数据的建模,最后由几方数据融合所产出的结果做投放。

(2)参与方相互以撞库的手段完成数据交互。

联合营销模型如图 10-4 所示。

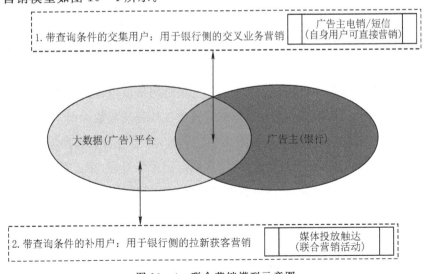

图 10-4 联合营销模型示意图

传统的联合营销方式长期存在以下问题：

(1)建模成本高。

(2)安全性差，容易产生数据泄露和模型泄露。

(3)第三方可获得原始数据，难以系统管控数据流通问题。

在传统的联合营销方式中，各个合作方往往因为担心数据泄露隐患，很难提供敏感数据，甚至无法提供融合数据，从而导致建模数据本身信息精度有限，最终导致传统的联合营销方法实际上距离精准化营销这个概念仍有差距。

10.3.2.3　区块链技术应用方案

如何使得参与方在无须共享数据资源时即可以完成数据交互目的，区块链技术所赋能的隐私计算则给予了解决方案。隐私计算技术核心所达成的目的是"数据可用不可见"，可在不泄露隐私的情况下让多方数据共同参与数据计算，提供数据的机构仍然控制数据的所有权，包括用途及用量，同时参与数据计算的使用方也可获得精准的计算结果。

隐私计算中的三大关键核心技术是多方安全计算、联邦学习、区块链。其中，多方安全计算所解决的问题是在无可信第三方情况下，多个参与方共同计算同一目标数，保证每一方仅获取自己的计算结果，且无法通过集散过程推测其他任意一方的数据情况。联邦学习，又名联邦机器学习，在实现本地原始数据不出库的情况下，通过对中间加密数据的流通及处理，完成多方联合的机器学习训练，其参与方分为数据方、算法方、协调方、计算方、结果方和任务发起方。区块链技术在隐私计算框架中，可以为数据共享过程中的实现全流程记录、数据可验证、数据可信、数据溯源、数据确权等目的。同时实现数据参与多方的链上认证，确保参与多方身份真实准确，从而实现数据融合任务定向授权，即计算任务经由身份验证后执行任务。所有的数据查询及授权记录都将被记录且无法篡改。而区块链技术的分布式架构则提供了额外的数据安全性，数据无须集中于单一节点中，具备更强的防攻击、容灾能力。最后结合授权管理、跨域治理等能力，对于与参与各方的权限及能力制定提供了明确的解决方案。

如图10-5所示，这是一个联合营销场景下区块链网络所设计的合作方数据查询流程，可以看到当客户授权之后，数据使用方可以联合通过区块链发起数据请求的任务，各数据合作方则通过隐私计算节点以数据本地化不出库的形式，联合进行数据建模。同时数据请求方的每次的数据请求都可存证至区块链中，实现数据记录可追溯，无法篡改。最终达成数据可用而不可见，可参与方提升合作互信，营销结果精准化等目的。

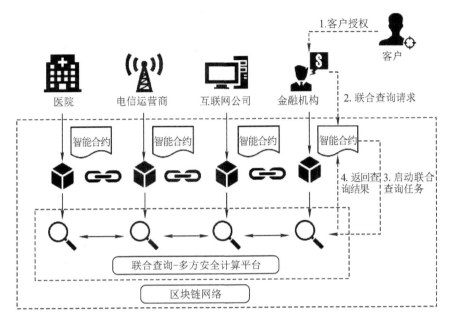

图 10 - 5　基于区块链的联合营销应用方案示意图

10.3.3　基于区块链的供应链金融应用方案

10.3.3.1　应用背景

供应链金融(Supply Chain Finance,SCF)是商业银行信贷业务的一个专业领域,也是企业尤其是中小企业的一种融资渠道,即银行围绕核心企业,管理其上下游中小企业的资金流、物流和信息流,通过立体获取各类信息,把单个企业的不可控风险转变为供应链企业整体的可控风险,将风险控制在最低的金融服务。

传统的供应链金融方案是在供应链的业务流程中,金融机构依托核心企业,通过自偿性贸易融资的方式,对产业链上下游企业提供综合性金融产品和服务。如图 10 - 6 所示,银行的一家核心企业与供应商 A 签订采购合同,合同金额为 2000 万元,合同在 6 个月后到期,核心企业在 6 个月后向供应商 A 付清合同款,然而供应商 A 为了生产出合同中规定的产品,需要 1000 万元的生产成本,还缺少 500 万的资金。传统融资方法是供应商想办法找银行进行短期贷款,并支付高额的利息,从而间接增加了生产成本,同时可能由于供应商 A 规模较小,银行不愿向其发放贷款或者不能足额放款,使供应商 A 不得不去寻求高风险、高利息的民间借贷。而供应链金融使用新的方法来解决供应商 A 融资难的问题,供应商 A 可以将与核心企业签订的采购合同作为抵押物,金融机构与核心企业验证合同的真实性后,就可以向供应商 A 发放贷款,供应商 A 收到合同款项后,向金融机构支付贷款本金和相应的利息,一方面极大降低了金融机构的信贷风险,另一方面也有效降低了供应商 A 的生产成本。

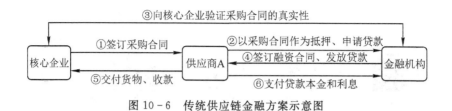

图 10 - 6   传统供应链金融方案示意图

10.3.3.2   现状与问题分析

供应链金融方案从理论上是一个多赢的局面,核心企业的业务可以正常开展,供应商的资金缺口可以快速融资解决,金融机构也可以较低风险从中受益,所以供应链金融思路的核心就是打通传统供应链中的上下游各参与方的业务流,让业务流中的资金都可以顺利地流动起来。但是,在供应链金融方案执行过程中必须处理好很多关键问题。例如,合同是否真实有效,合同金额是否被放大篡改,核心企业和供应商有没有不诚信记录,合同到期后核心企业能否按时顺利地付款等。

目前,国内供应链金融服务发展面临的主要业务痛点如下:

(1)服务模式单一。国内供应链金融服务主要有商业银行结构性贸易融资业务模式、商业银行和第三方物流企业合作的供应链融资模式。但是,以大型企业为主导的供应链金融模式发展缓慢。

在现有服务模式中,商业银行为了加强风控,一般需要对贷款企业及质押物的各种有关情况都进行详细了解。此外,商业银行还要识别合同等文件的真伪,这显然超出了银行的日常业务和专业范畴,耗费了银行大量的人力、物力和财力,严重影响供应链金融运作效率。

(2)风控机制不健全。在供应链金融中,金融机构需要考虑与贷款企业相关的更多情况,不仅需要监控供应链上下游各环节的风险,关注核心企业与供应商的信用风险,还要关注融资审批、信息审核、出账以及授信管理等操作风险,以及核心企业能够按时支付贷款的风险等。由于业务和信息链条很长,国内供应链金融的风险控制机制还难以对上述如此多的风险进行全面、有效的风险防范。

(3)核心企业能力不足。在供应链金融方案中,核心企业应该在供应链中拥有绝对主动权,应该负责组合供应链资源,具备集成功能,可以使整条供应链价值和利润得以提升的主体对象。但是,国内很多核心企业对供应链上下游的控制力比较弱,对供应链条上下游相关企业缺乏规范的管理和约束,核心企业资源组合和集成功能大幅度削弱,严重影响供应链金融的发展。

(4)高度依赖人工的交叉核查。银行需要花费大量时间和人工判定各种纸质贸易单据的真实性和准确性,且纸质贸易单据的传递或差错会延迟货物的转移以及资金的收付,造成业务的高度不确定性。

(5)资金管理监管难度大。由于银行间信息互不联通,监管数据获取滞后,导致资金管理监管难度大,如不法企业"钻空子",以同一单据重复融资,或虚构交易背景和物权凭证。

(6)创新能力不足。与国外相比,国内供应链金融服务产品的种类比较少,业务创新能力不足。国内供应链金融主要以应收账款融资、保兑仓融资和仓单质押为主,在供应链金融服务创新产品的种类上与国外已存在不小差距。

10.3.3.3　区块链技术应用方案

区块链技术提供的数据不可篡改、智能合约、多方参与维护等特性与供应链金融所需要的建立供应链相关企业互信,供应链各方合同履约后保障执行,有效降低数据可信度核验成本,打通企业信贷信息壁垒,提升融资效率,使资金的流转更加透明等需求高度吻合。如图10-7所示,可以采用联盟链技术构建供应链金融应用方案,在核心企业、供应链上下游相关供应商、供应链金融机构之间建立供应链交易通道、供应链融资通道等多个通道,在每个区块链通道中实现组织机构之间的可信数据共享。基于区块链分布式账本与智能合约,可以有效地解决数据互信问题,降低核心成本,同时提升各方交易与融资效率。

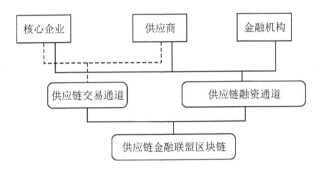

图 10-7　基于区块链的供应链金融应用方案示意图

10.3.4　基于区块链的客户数据共享应用方案

10.3.4.1　应用背景

目前,以银行为代表的金融机构普遍都建设有 KYC(Know Your Customer)——"客户身份信息管理"系统,银行的 KYC 系统十分复杂,而且业务相似度也较高。KYC 系统允许企业客户创建、管理自己的身份数据,包括相关资料文档等,然后可以授予多个参与者访问这些身份数据的权限。

KYC 系统应用场景不仅适用于金融领域,大量的企业也需要知道谁是他们的客户或潜在客户。例如,集团公司内,各个子公司之间用户交叉共享,不同金融机构之间用户背书等情况,都需要涉及用户身份的确认。

10.3.4.2　现状与问题分析

目前 KYC 系统已经成为金融机构、大型企业商业实体中不可缺少的系统。但是,KYC

系统为了满足了商业与监管的要求,其业务流程越来越复杂,开发维护成本也越来越高。同时,由于很多监管的需求,信息流通不畅已成为业务创新的阻碍。现阶段 KYC 的标准流程一般分为四个部分:

(1)获取用户信息:根据业务要求提交客户的姓名、账户开户信息、联系方式等信息。

(2)审核用户信息:金融机构根据联网数据进行用户数据的核实。

(3)存储用户信息:基于单点或者中心化的结构进行用户数据的存储。

(4)管理用户信息:对用户信息进行持续监控、更新及使用管理。

基于上述的业务流程,KYC 系统最大的业务痛点是数据获取与数据监管。用户数据属于隐私保护范畴,当前政府对个人隐私保护的监管要求越来越高。金融机构之间如何理解、执行 KYC 程序造成很多业务对接困难以及数据监管困难的情况。另外,如何在既保障用户隐私的前提下,同时提供可信的数据共享,是当前迫切需要解决的问题。

10.3.4.3　区块链技术应用方案

区块链技术为解决上述跨金融机构之间安全、高效共享客户身份信息难题提供了一种新的技术思路,利用联盟区块链的多中心化、分布式账本、哈希加密、数据防篡改、智能合约等机制,可以在多个银行金融机构之间构建一个"KYC 身份认证区块链"系统,每个银行作为联盟链中的组织,可以为区块链系统提供一定数量的节点,同时银行将需要在不同银行间共享的客户身份信息(如姓名、身份证号、账户信息、联系方式等)经过 SHA-256 哈希计算后再写入区块中,最后被加到区块链与分布式账本中。如果某银行或金融机构需要对同一客户的身份信息进行确认,无须再直接从其他银行获取敏感的客户身份信息,而是将客户提供的身份信息(如姓名、身份证号、账户信息、联系方式等)经过哈希计算后,再向区块链系统进行查询,如果在区块链系统中查询到对应的哈希值,则验证成功,否则验证失败。如果客户在另一个银行中办理了新的账户并更新了部分身份信息,该银行也将客户最新的身份信息使用相同的机制写入区块链系统中,基于区块链的 KYC 系统应用方案如图 10-8 所示。

在图 10-8 中,银行 A 将客户的 I 类账户身份信息通过哈希生成唯一的密文数据后,存入区块链中。过了一段时间,该客户到银行 B 申请办理 II 类账户,银行 B 不再需要向银行 A 查询实际的客户身份数据,只需要客户再提供基本的身份信息,通过哈希计算及区块链查询两个步骤就可以对客户的身份进行验证。KYC 身份认证区块链系统有效解决了跨金融机构之间安全、高效共享客户身份信息难题,降低了金融机构之间共享客户身份信息的风险与成本,同时为客户提供了更好的用户体验。

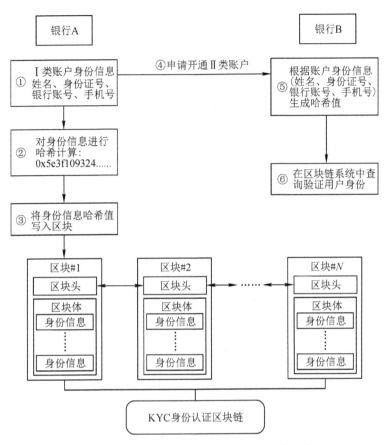

图 10-8　基于区块链的 KYC 系统应用方案示意图

10.3.5　基于区块链的供应链管理应用方案

10.3.5.1　应用背景

供应链是指围绕核心企业,从配套零件开始,制成中间产品以及最终产品,最后由销售网络把产品送到消费者手中的,将供应商、制造商、分销商直到最终用户连成一个整体的功能网链结构。供应链是一个包含原料供货商、供应商、制造商、仓储商、运输商、分销商、零售商以及终端客户等多个主体的系统。

以制造业供应链为例,如图 10-9 所示,制造业的供应链从采购的原料开始会涉及生产、加工、包装、运输、销售等环节,所以供应链在主体上会涉及不同的行业和不同的企业,在地域上可能会跨越不同的城市、省份甚至是国家,供应链整个流程中的上下游本质上是一层层供应商和一层层客户的关系,每个前方的业务和发展都和后方的供应有密切的关系。

图 10-9　制造业供应链流程示意图

供应链可以根据业务分为制造供应链、食品供应链、危化品供应链等多种类型,它们的共同特点就是不同的企业相互合作,结合自身优势组合成一个规模庞大的、有竞争力的商业联盟在市场上为用户提供商品或服务。整体表面是一条供应链,同时它也是一条价值链,通过每个节点的加工、运输、包装都提高了整个商品的价值,也为每个节点带来了利润。每个环节对整个业务参与方都至关重要,每个节点的材料质量、供应效率都会直接影响整体的效率和收益。例如,2000 年 3 月 17 日,一场暴风雨导致飞利浦设在美国新墨西哥州的芯片厂发生大火。由于该工厂生产的 40% 的芯片由诺基亚和爱立信订购,这起火灾势必对当时两个世界上最大的移动电话生产商造成巨大的影响。诺基亚根据自己在供应链管理中的经验和敏锐性迅速调整,增加芯片供应商,将损失降到最少。而爱立信由于上游厂家无法及时供货,没有及时识别风险,供应链响应机制迟缓,导致后续业务上的损失。

10.3.5.2　现状与问题分析

供应链管理就是指对整个供应链系统进行计划、协调、操作、控制和优化的各种活动和过程,其目标是将顾客所需的正确的产品,能够在正确的时间,按照正确的数量、质量和状态送到正确的地点,并使这一过程所耗费的总成本最小。

供应链管理对于链条上下游的企业都至关重要,高效且低成本的运作是供应链管理的目标,现有的供应链管理已构建在信息化技术的基础上,SCM 供应链管理系统、ERP 企业资源计划系统、OA 协同办公系统等信息系统都有效地支撑了供应链系统的运转,然而由于传统数据库系统技术架构的限制,供应链上下游各参与方的信息系统的业务数据很难实现有效可信的共享同步,同时各参与方系统的数据都是各自集中的管理,存在遭受到数据损坏或被恶意篡改的风险。因此,供应链信息孤岛问题是严重影响供应链整体效率提高的痛点难题。

10.3.5.3　区块链技术应用方案

区块链技术为解决上述供应链管理中信息孤岛难题提供了一种新的技术思路,利用联盟区块链的多中心化、分布式账本、哈希加密、数据防篡改、智能合约等机制,可以在供应链上下游的多个企业参与方之间构建一个“供应链管理联盟区块链”系统,如图 10 - 10 所示,区块链中联盟各方都持有账本数据,并且数据的增加、修改、删除等动作都必须执行各方共同制定的智能合约并共识后才能落入最后的数据账本中。由于账本数据会存储在联盟各方中,这种方式很好地保证了数据的高可靠性,任意一方数据的丢失和损坏都不会造成太多影响,它可以快速从其他地方恢复数据。另外,这种技术架构也可以很好地保证任意一方都不能私自对数据进行变更,所以和各方的相关业务方面的权利义务都可以通过智能合约来保障,有效地解决了公平、安全的问题。

供应链管理联盟区块链系统可以有效解决供应链和溯源类场景的两大问题:一是提高业务参与方的造假成本;二是在出现商品事故后可以提高定位和召回效率。由于联盟链的加入有准入机制,而且特殊的行业中业务参与方会包括政府的监管单位,加上写入区块链的

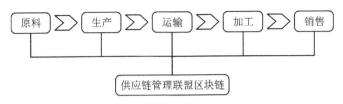

图 10 - 10　基于区块链的供应链管理示意图

数据都会包含参与方的数字签名,所以一旦发现数据真实性问题,相关的企业和组织无法抵赖,假数据的操作会对其诚信和品牌造成极大恶劣影响,甚至要负法律责任,因此提高了企业的数据造假成本。溯源的区块链系统会对商品的基础属性、检验信息、物流和加工信息做详细的记录,出现事故后可以在区块链上快速找到商品的销售地域情况,对控制事故影响范围和召回工作有很大帮助。

本 章 小 结

通过对本章内容的学习,读者应该对区块链技术的应用价值与应用方向形成总体认识,掌握区块链系统的基础功能原语,基于区块链的应用分类与评估方法,以及基于区块链的应用系统技术架构,结合案例深入理解多个区块链技术应用方向(如数据共享、电子存证、票据管理、物流管理、商品溯源、版权保护、征信管理、供应链金融、数字身份、物联网应用等)的应用场景与技术优势。

练 习 题

(一)填空题

1.根据区块链系统的类型,可以将基于区块链的应用系统分为_____、_____与私有链应用。

2.基于区块链的典型应用一般需要包括_____、_____、区块链参与方、信任服务主体、_____ 、_____、链下数据实体关联等系统组成要素。

3.DC/EP 是中国人民银行未来将推出的央行法定数字货币,是一种_____ 和电子支付工具。

(二)选择题

1. 2016 年,中国国家工信部发布了(　　)。

A.《中国区块链技术和应用发展白皮书(2016)》

B.《软件和信息技术服务业发展规划(2016—2020 年)》

C.《国务院关于印发"十三五"国家信息化规划的通知》

D.《2018 中国区块链产业白皮书》

2. 中共中央政治局就区块链技术发展现状和趋势进行第十八次集体学习的时间是(   )。

A. 2019 年 10 月 24 日　　　　　　　　B. 2018 年 10 月 24 日

C. 2017 年 10 月 4 日　　　　　　　　 D. 2018 年 10 月 4 日

3. 习近平总书记指出"以区块链为代表的新一代信息技术加速突破应用"是在(   )。

A. 2006 年 5 月　　B. 2007 年 5 月　　C. 2008 年 5 月　　D. 2009 年 5 月

4. 关于区块链在数据共享方面的优势,下列表述不正确的是(   )。

A. 去中心化　　　B. 可自由篡改　　　C. 访问控制权　　　D. 不可篡改性

5. 区块链纳入"新基建"的时间是(   )。

A. 2015 年　　　　　B. 2017 年　　　　　C. 2018 年　　　　　D. 2020 年

6. 区块链作为"新基建"的建设,必须与5G、物联网(IOT)、工业互联网、人工智能(AI)、云计算等结合,推动新的(   )等产生。

A. 生产模式　　　B. 消费模式　　　C. 商业模式　　　D. 投融资模式

7. 基于联盟链的身份认证的应用场景包括(   )。

A. 身份信息记录在公共分类账中,且不可更改

B. 去中心化架构能够有效应对网络攻击

C. 用户不依赖第三方平台验证加密信

D. 区块链系统中地址是由用户自行生成,与用户自身信息无关

8. 区块链作为信任工具,可以有效解决"新基建"中"数据"这个核心生产要素的哪些痛点问题(   )。

A. 可信认证　　　B. 可靠存储　　　C.安全共享　　　D. 隐私计算

9. 习近平总书记在中共中央政治局第十八次集体学习时指明了区块链技术的发展方向,主要包括(   )。

A. 要强化基础研究

B. 要推动协同攻关,加快推进核心技术突破

C. 要加快产业发展

D. 要加强人才队伍建设

10. 区块链赋能"新基建"的一个重点是围绕"数据"这个核心生产要素的(   )方面进行技术经济活动、资源配置和制度安排等方面的创新。

A. 感知、采集　　　B. 传输、存储　　　C. 共享、计算　　　D. 分析、应用

11. 区块链的应用领域包括(   )。

A. 金融服务　　　B. 征信和权属管理　　　C. 数据共享　　　D. 物联网

12. 下列表述正确的是( )。

A. 区块链是一项颠覆性科技,没有任何局限性

B. 区块链无法支持监管要求

C. 区块链能够保证写入数据的真实性

D. 区块链只能保证数据上链后不能篡改

13. 根据《中国数字人民币研发进展白皮书》中的描述,DC/EP定位为( )货币,同时可控匿名性也作为设计特性被重点强调。

A. M0   B. M1   C. M2   D. M3

(三)简答题

1. 请简要分析区块链系统可以为应用系统提供哪些基础服务功能。

2. 请简要分析如何理解区块链系统的交易原子性与不可改变性。

3. 请简要分析联盟链应用主要运用区块链实现哪些功能场景。

4. 请简述什么是去中心化应用 DApp。

5. 请简要分析区块链应用可行性的评估过程。

6. 请列举 5 个区块链技术的应用方向。

7. 请描述一个你所想象的未来社会经济活动如何与区块链技术相结合的场景。

参考文献

[1] CHAUM D. Blind Signatures for Untraceable Payments[C]//CHAUM D,RIVEST R L,SHERMAN A T. Advances in Cryptology:Proceedings of Crypto 82. New York: Springer US,1983:199 – 203.

[2] BACK A. Hashcash—A Denial of Service Counter-Measure[EB/OL]. (2002 – 08 – 01) [2022 – 06 – 15]. http://www. hashcash. org/papers/hashcash. pdf.

[3] YLI-HUUMO J,KO D,CHOI S,et al. Where Is Current Research on Blockchain Technology? —A Systematic Review[J]. PLoS ONE,2016,11(10):e0163477.

[4] UNDERWOOD S. Blockchain beyond Bitcoin[J]. Communications of the ACM,2016, 59(11):15 – 17.

[5] 曾诗钦,霍如,黄韬,等. 区块链技术研究综述:原理、进展与应用[J]. 通信学报,2020,41 (1):134 – 151.

[6] MELANIE S. Blockchain Thinking:The Brain as a Decentralized Autonomous Corporation[J]. IEEE Technology & Society Magazine,2015,34(4):41 – 52.

[7] KRAFT D. Dif? culty control for blockchain-based consensus systems[J]. Peer-to-Peer Networking & Ap-plications,2016,9(2):397 – 413.

[8] LIN I C,LIAO T C. A Survey of Blockchain Security Issues and Challenges[J]. International Journal of Network Security,2017,19:653 – 659.

[9] 胡腾,王艳平,张小松,等. 基于区块链的 DApp 数据与行为分析[J]. 计算机科学,2021, 48(11):8.

[10] BODKHE U,MEHTA D,TANWAR S,et al. A Survey on Decentralized Consensus Mechanisms for Cyber Physical Systems[J]. IEEE Access,2020,8:54371 – 54401.

[11] WANG W B,HOANG D T,HU P Z,et al. A Survey on Consensus Mechanisms and Mining Strategy Management in Blockchain Networks[J]. IEEE Access, 2019, 7: 22328 – 22370.

[12] ONGARO D,OUSTERHOUT J K. In search of an understandable consensus algorithm[C]//USENIX Association. USENIX ATC '14:2014 USENIX Annual Technical Conference,2014:305 – 320.

[13] LAMPORT L,SHOSTAK R,PEASE M. The Byzantine Generals Problem[J]. ACM Transactions on Programming Languages and Systems,1982,4(3):382 – 401.

[14] 范捷,易乐天,舒继武. 拜占庭系统技术研究综述[J]. 软件学报,2013,24(6):1346－1360.

[15] LAMPORT L. Fast Paxos[J]. Distributed Computing,2006,19(2):79－103.

[16] MIGUEL,CASTRO,BARBARA,et al. Practical byzantine fault tolerance and proactive recovery[J]. ACM Transactions on Computer Systems,2002,20(4):398－461.

[17] VUKOLI M. The quest for scalable blockchain fabric:proof-of-work vs. BFT replication[M]//Open Problems in Network Security. Cham:Springer International Publishing,2016:112－125.

[18] KIAYIAS A,KONSTANTINOU I,RUSSELL A,et al. Ouroboros:a provably secure proof-of-stake blockchain protocol[C]//Proceedings of the 2017 Annual International Cryptology Conference,2017:357－388.

[19] SYAPUTRA R. Survey of Smart Contract Framework and Its Application[J]. Information,2021,12(7):257.

[20] LIN S Y, ZHANG L, LI J, et al. A survey of application research based on blockchain smart contract[J]. Wireless Networks, 2022, 28(2):635－690.

[21] HE H, YAN A, CHEN Z. Survey of Smart Contract Technology and Application Based on Blockchain[J]. Journal of Computer Research and Development,2018,55(11):2452－2466.

[22] WATANABE H,FUJIMURA S,NAKADAIRA A,et al. Blockchain contract:Securing a blockchain applied to smart contracts[C]//IEEE International Conference on Consumer Electronics,2016:467－468.

[23] RYAN P. Smart Contract Relations in e-Commerce:Legal Implications of Exchanges Conducted on the Blockchain[J]. Technology Innovation Management Review,2017,7(10):14－21.

[24] YUAN R,XIA Y B,CHEN H B,et al. ShadowEth:Private Smart Contract on Public Blockchain[J]. Journal of Computer Science and Technology,2018,33(3):542－556.

[25] HUANG Y X,WANG B,WANG Y G. Research and Application of Smart Contract Based on Ethereum Blockchain[J]. Journal of Physics:Conference Series,2021,1748(4):042016.

[26] EL-ANSARY S,ALIMA L O,BRAND P,et al. Ef?cient Broadcast in Structured P2P Networks[J]. Peer-to-Peer Systems II,2003:304 － 314.

[27] NI Y Q,NYANG D H,XU W. A-Kad:An anonymous P2P protocol based on Kad network[C]//2009 IEEE 6th International Conference on Mobile Adhoc and Sensor Systems,2009:747－752.

[28] 郝杰,李巍海,赵鑫,等. 结构化 P2P 路由协议 Chord 的研究与改进[J]. 中国电子科学

研究院学报,2009,4(1):4.

[29] PARUCHURI V,DURRERI A,JAIN R. Optimized Flooding Protocol for Ad hoc Networks[J]. Computer Science,2003,1:280 - 284.

[30] LIN H Q,LI Z T ,ZHANG Y J,et al. Improving flooding protocol for unstructured P2P network[J]. Application Research of Computers,2009.

[31] HAAS Z,HALPERN J Y,LI L. Gossip-based ad hoc routing[J]. IEEE/ACM Transactions on Networking,2006,14(3):479 - 491.

[32] WAN Z,LO D,XIN X,et al. Mining Sandboxes for Linux Containers[C]//Proceedings of the10th IEEE International Conference on Software Testing,Verification and Validation(ICST),2017:92 - 102.

[33] BURNS B, GRANT B,OPPENHEIMER D,et al. Borg,Omega,and Kubernetes[J]. Communications of the ACM,2016,59(5):50 - 57.

[34] BERNSTEIN D. Containers and Cloud:From LXC to Docker to Kubernetes[J]. Cloud Computing,IEEE,2014,1(3):81 - 84.

[35] ROBINSON P. Survey of crosschain communications protocols[J]. Computer Networks,2021,200:108488.

[36] KONASHEVYCH O. Cross-blockchain protocol for public registries[J]. International Journal of Web Information Systems,2020,16(5):571 - 610.

[37] LEE K. Towards on blockchain standardization including blockchain as a service[J]. Journal of Security Engineering,2017,14(3):231 - 238.

[38] SONG J,ZHANG P,ALKUBATI M,et al. Research dvances on blockchain-as-a-service:architectures, applications and challenges[J]. Digital Communications and Networks,2021,8(4):466 - 475.

[39] 中国信通院. 区块链即服务平台 BaaS 白皮书(1.0 版)[EB/OL]. (2019 - 01 - 11)[2022 - 06 - 15]. http://www. caict. ac. cn/kxyj/qwfb/bps/201901/t20190111 _ 192631. htm.

[40] MONRAT A A,SCHELEN O,ANDERSSON K. A Survey of Blockchain From the Perspectives of Applications,Challenges,and Opportunities[J]. IEEE Access,2019,7: 117134 - 117151.

[41] SONI P. Blockchain-as-a-Service:Building Transparent Supply Chains For All[J]. Inbound Logistics,2019,(8):39.

[42] REN M,TANG H B,SI X M,et al. Survey of Applications Based on Blockchain in Government Department[J]. Computer Science,2018,45(2):1 - 7.

[43] 王胜寒,郭创新,冯斌,等.区块链技术在电力系统中的应用:前景与思路[J].电力系统自动化,2020,44(11):10 - 24.

［44］张宁,王毅,康重庆,等.能源互联网中的区块链技术:研究框架与典型应用初探[J].中国电机工程学报,2016,36(15):4011－4023.

［45］长铗,韩锋.区块链:从数字货币到信用社会[M].北京:中信出版社,2016.

［46］鲁然斯基,伍兹.软件系统架构:使用视点和视角与利益相关者合作[M].侯伯薇,译.北京:机械工业出版社,2016.

［47］安东波罗斯.精通比特币(影印版)[M].2版.南京:东南大学出版社,2018

［48］吉杰·宋.比特币程序设计(影印版)[M].南京:东南大学出版社,2020.

［49］莫迪.Solidity编程:构建以太坊和区块链智能合约的初学者指南[M].毛明旺,林海龙,陈冬林,译.北京:机械工业出版社,2019.

［50］安东波罗斯,伍德.精通以太坊:开发智能合约和去中心化应用[M].北京:机械工业出版社,2019.

［51］熊丽兵.精通以太坊智能合约开发[M].北京:电子工业出版社,2018.

［52］蔡亮,梁秀波,宜章炯.Hyperledger Fabric 源代码分析与深入解读[M].北京:机械工业出版社,2018.

［53］杨毅.HyperLedger Fabric 开发实战:快速掌握区块链技术[M].北京:电子工业出版社,2018.

［54］黎跃春,韩小东,付金亮.Hyperledger Fabric 菜鸟进阶攻略[M].北京:机械工业出版社,2019.

［55］何昊.区块链架构之美:从比特币、以太坊、超级账本看区块链架构设计[M].北京:电子工业出版社,2021.

［56］杨保华,陈昌.区块链原理、设计与应用[M].北京:机械工业出版社,2017.

［57］易哥.分布式系统原理与工程实践[M].北京:电子工业出版社,2022.

［58］张小松.区块链安全技术与应用[M].北京:科学出版社,2021.

［59］蔡康,唐宏,丁圣勇,郑贵峰.P2P 对等网络原理与应用[M].北京:科学出版社,2011.

［60］李凡,马勇,李伟岸.云计算应用技术导论[M].西安:西北工业大学出版社,2020.

［61］因德拉西里,库鲁普.gRPC 与云原生应用开发[M].张卫滨,译.北京:人民邮电出版社,2021.

［62］赛迪(青岛)区块链研究院.赛迪发布全球公有链指数:榜单前五名为 EOS、以太坊、波场、IOST 和 Tezos[EB/OL].(2021－08－19)[2022－06－15].https://www.ccidgroup.com/info/1096/33521.htm.

［63］国务院办公厅.国务院办公厅关于积极推进供应链创新与应用的指导意见(国办发〔2017〕84 号)[EB/OL].(2017－10－05)[2022－06－15].http://www.gov.cn/zhengce/content/2017－10/13/content_5231524.htm.

［64］新华社.习近平主持中央政治局第十八次集体学习并讲话[EB/OL].(2019－10－25)[2022－06－15].http://www.gov.cn/xinwen/2019－10/25/content_5444957.htm.

[65] 中国人民银行. 关于《中华人民共和国中国人民银行法（修订草案征求意见稿）》公开征求意见的通知[EB/OL]. (2020 - 10 - 23)[2022 - 06 - 15]. http://www. gov. cn/zhengce/zhengceku/2020 - 10/24/content_5553847. htm.

[66] 教育部. 教育部关于公布 2019 年度普通高等学校本科专业备案和审批结果的通知(教高函[2020]2 号)[EB/OL]. (2020 - 02 - 21)[2022 - 06 - 15]. http://www. gov. cn/zhengce/zhengceku/2020 - 03/05/content_5487477. htm.